图1 甜椒凹陷斑冷害

图2 甜椒烫伤斑冷害

图3 辣椒水渍状凹陷斑冷害

图4 李子果肉褐变冷害

图5 菠萝果肉水渍状冷害

图6 菠萝果肉褐变冷害

图7 香蕉果皮褐变冷害

图8 香蕉果肉褐变冷害

图9 茄子凹陷斑冷害

图10 茄子烫伤斑冷害

图11 茄子果肉褐变冷害

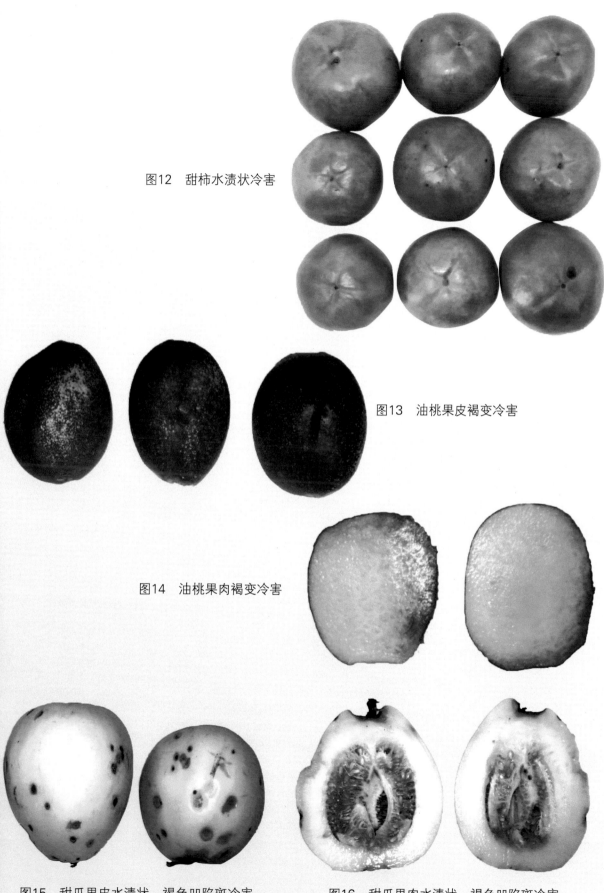

图12　甜柿水渍状冷害

图13　油桃果皮褐变冷害

图14　油桃果肉褐变冷害

图15　甜瓜果皮水渍状、褐色凹陷斑冷害

图16　甜瓜果肉水渍状、褐色凹陷斑冷害

图17　西葫芦凹陷斑冷害

图18　红薯果肉红褐、棕褐色斑和
　　　干腐冷害

图19　黄瓜果皮凹陷斑冷害　　　图20　黄瓜果肉水渍状冷害　　　图21　豆角水渍状冷害

图22　橙子水渍状和凹陷斑冷害

图23　杧果果皮黑变冷害

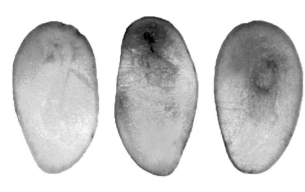

图24　杧果果肉褐变冷害

图25　'海沃德'猕猴桃果肉褐变冷害

图26　'海沃德'猕猴桃果肉水渍状冷害

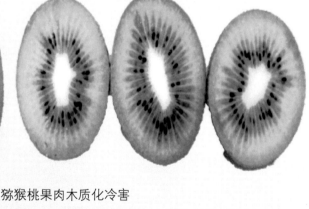

图27　'海沃德'猕猴桃果肉木质化冷害

图28　'红阳'猕猴桃果肉木质化冷害

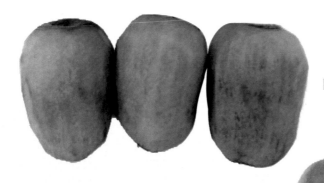

图29 '红阳'猕猴桃果肉木质化褐变冷害

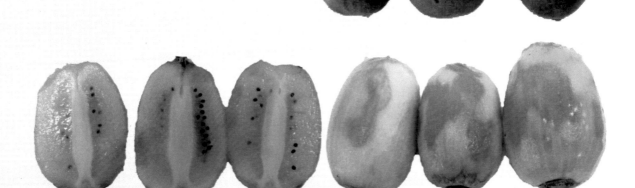

图30 '红阳'猕猴桃果皮褐变冷害

图31 '徐香'猕猴桃果肉水渍状冷害

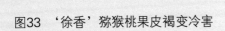

图32 '徐香'猕猴桃果肉褐变冷害

图33 '徐香'猕猴桃果皮褐变冷害

作者简介

杨青珍，女，1975 年生，博士／副教授。2000 年本科毕业于山西农业大学，2000 年 7 月在运城学院生命科学系任教，2004 年硕士毕业于山西农业大学。2010—2013 年在西北农林科技大学攻读博士学位，研究方向为农产品贮藏加工与物流。主要承担"果蔬贮藏学""果蔬加工学""植物生理学""鲜切花保鲜技术"等教学工作。近年来，主持山西省科学技术厅重点研究项目 1 项、山西省教育厅科技创新项目 1 项和山西省教育科学规划项目 1 项，作为主要方向带头人和主要参与人参与山西省重点学科建设项目 1 项、"1331 工程"食品科学与工程优势特色学科建设项目 1 项、陕西省科技统筹创新工程计划项目 1 项、陕西省果业发展项目 1 项、"十二五"国家科技支撑计划项目 1 项、运城学院院级科研项目 5 项。出版学术专著 1 部；在 *Postharvest Biology and Technology*、*Journal of the Science of Food and Agriculture*、*PLoS ONE*、*Hort Environ Biotechnol* 等国内外重要学术刊物上发表论文 30 余篇；授权发明专利 1 项、实用新型专利 5 项。

果蔬采后冷害与调控

杨青珍 著

科学技术文献出版社

SCIENTIFIC AND TECHNICAL DOCUMENTATION PRESS

·北京·

图书在版编目（CIP）数据

果蔬采后冷害与调控 / 杨青珍著. —北京：科学技术文献出版社，2018.12
ISBN 978-7-5189-3757-8

Ⅰ.①果… Ⅱ.①杨… Ⅲ.①水果—食品保鲜 ②蔬菜—食品保鲜
Ⅳ.① S660.9 ② S630.9

中国版本图书馆 CIP 数据核字（2018）第 300249 号

果蔬采后冷害与调控

策划编辑：魏宗梅　责任编辑：王瑞瑞　张永霞　责任校对：文　浩　责任出版：张志平

出　版　者	科学技术文献出版社	
地　　　址	北京市复兴路15号　邮编　100038	
编　务　部	（010）58882938，58882087（传真）	
发　行　部	（010）58882868，58882870（传真）	
邮　购　部	（010）58882873	
官 方 网 址	www.stdp.com.cn	
发　行　者	科学技术文献出版社发行　全国各地新华书店经销	
印　刷　者	北京虎彩文化传播有限公司	
版　　　次	2018 年 12 月第 1 版　2018 年 12 月第 1 次印刷	
开　　　本	787×1092　1/16	
字　　　数	318千	
印　　　张	14.5　彩插 8 面	
书　　　号	ISBN 978-7-5189-3757-8	
定　　　价	65.00元	

本书得到

山西省科学技术厅重点研究项目（20150311020-4）

山西省教育厅科技创新项目（2015182）

运城学院博士科研启动项目（YQ-2016013）

山西省重点学科建设项目（FSKSC）

"1331工程"食品科学与工程优势特色学科建设项目

资助

前　言

低温冷藏是果蔬采后最主要的保鲜技术之一，目前已经被广泛应用于果蔬贮藏及运输。通过降低温度抑制果蔬呼吸代谢作用和内源乙烯的释放、延缓果蔬衰老程度、延长其货架期，维持较为稳定的营养品质。同时，有效抑制微生物繁殖和生长，避免果蔬因受到侵染而造成腐烂变质。但不适宜的低温会导致果蔬出现生理机能障碍，导致果蔬细胞代谢失调与紊乱，最终发生冷害。冷害症状往往在果蔬产品离开低温条件转移到温暖环境货架中后才表现出来，因此不易及时发现并加以控制。果蔬贮藏期间冷害的发生严重影响其贮藏寿命和货架期，限制了低温贮藏技术在果蔬采后贮运中的应用。冷害的发生机制及控制措施一直是采后工作者关注的问题，但关于果蔬采后冷害的机制目前尚不十分清楚，看法各一，对可延缓和降低冷害症状的处理措施也各有千秋，而且在生产上应用极为有限。基于此，笔者开始了本书的写作，力求全面、详细地介绍果蔬采后冷害发生机制、调控措施及应用研究实例。

本书分为上、下两篇，上篇详细介绍了冷敏型果蔬的冷害症状及特点、低温冷害胁迫下果蔬采后生理、冷害的影响因素、调控措施及调控机制，以及典型的物理、化学和生物保鲜方法及新技术实例。下篇主要详细介绍了常见几种冷敏型果蔬贮藏特性、冷害特征、抗冷性保鲜方法及技术实例。

在本书撰写过程中，笔者在西北农林科技大学"园艺产品采后处理实验室"完成的"猕猴桃果实采后冷害发生生理机制及调控作用"这一研究工作为本书的撰写提供了较好的写作思路和研究内容，奠定了重要的写作基础。

本书的撰写基于笔者多年从事果蔬采后生理与分子生物学的研究工作，也基于笔者多年来参加陕西省科技统筹创新工程计划项目（2012KTJD03-05）、"十二五"国家科技支撑计划项目（2015BAD16B03）、山西省重点学科建设项目（FSKSC）和"1331 工程"食品科学与工程优势特色学科建设项目的研究经历，也基于笔者所主持的山西省科学技术厅重点研究项目（20150311020-4）、山西省教育厅科技创新项目（2015182）和运城学院博士科研启动项目（YQ-2016013、YQ-2014025）。

本书所含学术内容从研究到出版过程中，承蒙博士生导师饶景萍教授、任小林教授、张继澍教授和刘兴华教授给予了悉心的指导，王锋、高慧、索江涛、王玉萍、马秋诗等师兄妹在案例实施过程中均给予了很大的帮助。运城学院和西北农林科技大学的各位领导和老师均为本书的撰写提供了重要支持。王竞珮、郝民权、吕燕婷、祁迎春、石雪艳、文港、申博文、汪晶晶、雷伟、康杰等参与了资料采集和整理工作。山西省科学技术厅重点研究项目（20150311020-4）、山西省教育厅科技创新项目（2015182）、运城学院博士科研启动项目（YQ-2016013）、山西省重点学科建设项目（FSKSC）、"1331 工程"食品科学与工程优势特色学科建设项目资助本书的撰写和出版。在此，对以上个人和单位的贡献与支持表示最衷心的感谢。

因笔者能力所限，书中的错误、遗漏和缺点在所难免，恳请读者批评指正！

杨青珍

2018 年 10 月

目 录

上 篇

下　篇

上　篇

第一章　概　述

　　果蔬新鲜脆嫩、风味可口、芳香浓郁、营养丰富，富含人体需要的糖类、维生素、蛋白质、可食性纤维、矿物质，不仅对人体健康有重要的营养价值，而且对丰富人们的食品种类，改善食品结构，增加食物的美学价值有着非常重要的作用。由于果蔬有很强的季节性、区域性和易变性，而且新鲜的果蔬内部为保持多种生理代谢平衡，会分解和消耗自身的养分，释放大量呼吸热，从而使新鲜果蔬易变质和腐败，严重影响其贮藏品质。目前，低温贮藏是果蔬贮藏保鲜领域应用最有效且最为普遍的方法，低温贮藏不但可以抑制呼吸强度，推迟呼吸高峰的出现，抑制病原微生物的生长和繁殖，而且还可以延缓果蔬组织的衰老，保持较好的品质。但不适当的低温或在适宜低温下长时间贮藏，都会使果蔬遭受不同程度的伤害，出现各种生理失调，严重时会造成细胞和组织死亡，品质败坏，失去商品价值和食用价值。33%左右果蔬为冷敏型，据不完全统计，我国每年因低温冷害导致的果蔬损失率占总贮运量的30%左右，有些甚至超过了50%，如热带的杧果、香蕉、荔枝等，温带的桃、苹果、黄瓜、梨、西葫芦、番茄等，这些冷敏果蔬遭受冷害时，往往造成巨大损失。因此，冷害已成为果蔬贮藏过程的重要问题之一。

一、冷害概念

　　冷害是指冰点以上的不适宜低温对果蔬组织产生的伤害。它是冷敏型果蔬在低温贮运期间常见的一种生理病害，发生冷害的常见温度在 0 ~ 13 ℃。大多数原产于热带、亚热带果蔬由于系统发育处于高温的环境中，在采后较低的温度下极易遭受冷害。冷害症状往往在低温条件不易被及时发现，当转移到较高温度环境下才表现出来，而且遭受冷害的果蔬更易受病菌危害，因而冷害造成的果蔬损失颇为严重。

二、冷害症状

　　冷害是由于受低温胁迫出现的生理机能障碍，是一种果实细胞代谢的失调与紊乱。果蔬在低温下受到冷害后，首先出现生理代谢阻碍，然后从外部表现出受害症状。果蔬的冷害症状主要表现为：①表面凹陷、变色，普遍为表皮凹陷，主要由于表皮下层细胞的塌陷而引起的，凹陷处时常伴随着变色、失水等现象，进而加重凹陷程度。一般果皮硬厚的果实多表现为此症状。②表面水渍状，一般果皮较薄的果实常呈现此症状。③表皮和内部组织褐变，褐变主要为表皮褐色、棕色或黑色的斑块或者条纹，一般出现在果蔬外部或内部组织中，以及果蔬输导组织的周围。④失去后熟能力或成熟不均匀，一些跃变型的未完全成熟的果蔬受到冷害后，后熟过程被明显阻止，不能食用。例如，桃和油桃冷害后果肉絮败，汁液减少，不能产生正常风味。冷害后香蕉和杧果不能转黄。⑤腐烂和衰老加剧，冷害破坏果蔬的表皮结构，而且冷害组织抗病能力减弱，易为病原微生物侵入，致使腐烂发生。例如，在冷害斑表面生出黑色或墨绿色的霉状物，大多由交链孢霉等真菌造成。⑥异味，部分果实表现有异味。⑦干疤，鳄梨、葡萄柚、柠檬和柑橘类多表现干疤。几种常见果蔬的冷害临界温度及冷害症状如表1-1所示。

表1-1　几种常见果蔬的冷害临界温度及冷害症状

产品	冷害临界温度/℃	冷害症状
苹果	2~3	果肉内部褐变，褐心，水渍状，表皮烫伤
鳄梨	4.5~13	果肉灰褐色
葡萄柚	10	表皮凹陷，果肉水渍状崩溃
香蕉	11.5~13	色泽暗淡，不能后熟
番石榴	4.5	果肉崩溃，腐烂
柠檬	11~13	表皮凹陷，红斑，洼斑，内部膜变色，发生红色污迹
荔枝	3	表皮褐变
杧果	10~13	表皮灰色，烫伤斑，不均匀后熟，褐变
柑橘	3	表皮凹陷，褐斑
菠萝	7~10	表皮暗淡，果肉内部褐变，后熟后呈暗绿色
哈密瓜	2~5	表皮凹陷，腐烂
甜瓜	7~10	表皮凹陷，腐烂，不能后熟
石榴	4.5	表皮凹陷，褐斑
马铃薯	3	红心，褐变，糖化
南瓜	10	腐烂，软烂
菜豆	1~4.5	锈斑，水渍状，洼斑，褐变
姜	7	软化，组织崩溃，腐烂
黄瓜	7	表皮凹陷，水渍状，腐烂，洼斑
红熟番茄	13	水渍状，软烂
绿熟番茄	7~10	转色差，腐烂
茄子	7	烫伤斑，软烂，种子发黑，表皮褐变，洼斑
甜椒	7	表皮凹陷，萼柄软腐，种子暗淡
西葫芦	12	表皮凹陷，腐烂
葡萄	10	褐变，洼斑，水分增多
西瓜	4.4	洼斑，风味异常
甘薯	13.8	洼斑，内部变色，腐烂

三、冷害临界温度

果蔬因种类不同冷害临界温度存在差异，较低的如核果类、仁果类、柑橘及马铃薯等，临界温度可在 0~5 ℃；中间的如瓜类、茄果类、豆类等蔬菜，临界温度可在 7~10 ℃；较高的如鳄梨、香蕉、杧果等，临界温度可在 13 ℃。

同一种类不同品种间，冷害的临界温度存在差异。紫花杧果能够在 8 ℃ 的条件下安全贮藏 1 个月左右，但在 13 ℃ 的条件下 'Kent' 杧果到第 10 天就发生严重的冷害；检柑在 7~9 ℃ 环境中贮藏 2.5 个月就发生冷害，而蕉柑在 4~6 ℃ 环境中贮藏 3 个月出现的冷害症状还很轻。

不同成熟度和发育环境的果实冷害的临界温度也存在一定的差异。九成熟的水蜜桃耐冷性要优于七八成熟的果实；番木瓜果实对低温的敏感性随着成熟度的增加而减小。

一些果蔬的冷害表现为"中温"反应，即在 0 ℃ 下产品迅速受伤，但在稍高于 0 ℃ 的温度下，其冷害症状出现更早的现象。例如，桃果实在 2.2~7.6 ℃ 下冷害发生较 0 ℃ 下更早更严重；贮藏在 1~3 ℃ 下广东甜橙的冷害斑要比贮藏在 4~6 ℃ 或 7~9 ℃ 下的少；葡萄柚在 0 ℃ 或 10 ℃ 下贮藏 4~6 周很少出现冷害，而中间温度常导致严重冷害的发生。究其原因可能在于冷害的发生包括伤害的诱导和症状的出现两个过程，0 ℃ 低温虽可迅速诱导伤害，但由于在低温下生理和生化反应减缓而推迟了症状的出现。"中温"反应仅局限于部分产品和一定的时间，对大多数果蔬而言，冷害症状的严重程度还与临界温度和时间密切相关。

四、果蔬冷敏性分类

冷害可以发生在田间和采后的任何阶段，不同种类的果蔬对低温的敏感性不同。一般分为以下三类。

最敏感型：香蕉、杧果、凤梨、柠檬、甘薯等热带果蔬。

敏感型：柑橘、黄瓜、番茄等亚热带果蔬。

较敏感型：桃、梨、冬枣等温带果蔬。

此外，还可根据果蔬对冷害的反应速度将其分为两大类：一类是直接伤害，即果蔬在低温环境下最多 1 天就会出现冷害症状，主要是因为低温影响甚至直接破坏原生质活性而引起的伤害；另一类是间接伤害，即果蔬受低温影响较长时间内才出现冷害现象，主要是因为低温引起代谢失调而造成的伤害。一般采后果蔬贮藏期内发生的冷害大多数属于后者。

五、冷害研究现状及展望

低温可以明显抑制采后果蔬的呼吸作用、抑制微生物的生长，因而在保持果蔬品质、风味、控制其成熟衰老和延长贮藏期等方面发挥重要作用。许多果蔬产品对低温相当敏感，如果贮藏温度过低，就易发生冷害。由冷害发生导致所贮产品品质降低甚至腐烂变质，严重影响了经济效益。

冷害的发生机制及控制措施一直是科研工作者关注的问题。对于果蔬贮藏过程中的冷害，学者们得到了诸多尚不能确定和一些相互矛盾的结果。这既反映了果蔬冷害机制的复杂性，又表明深入研究有关理论的必要性。但仅仅从某一个层面或仅在某个环节入手去研究冷害机制是不科学的，因为不同果蔬产品的生理基础不同，抗冷性也不同，冷害形成时代谢紊乱的表现也各有不同。果蔬冷害影响因素是多方面的，受果蔬种类与品种、原产地、采前栽培条件、采收成熟度、贮藏时间、贮藏温度等因素影响，且果蔬抗冷性与这些复杂的影响因素之间的关系并不十分清楚。这些问题的存在为冷害机制的进一步研究提供了良好的课题，并在此基础上为探求更全面、更好控制冷害的方法奠定了理论基础。

第二章　低温冷害胁迫下果蔬采后生理

第一节　低温冷害胁迫下果蔬采后组织细胞结构变化

一、低温冷害胁迫下组织结构的变化

组织结构包括表皮保护组织和内部组织。表皮保护组织由角质层和蜡质层、气孔构成。内部组织由薄壁组织、厚角和厚壁组织、胞间隙构成。

低温对冷敏果蔬的影响在外部形态发生可见状之前，细胞结构已发生了剧烈变化。果蔬遭受低温伤害时，其细胞微结构变化总是先于外观变化。表皮细胞下数层薄壁细胞首先发生质壁分离、细胞扁平化，同时部分表皮细胞严重收缩，造成表皮下陷，为后期病菌的侵入提供了条件。例如，在哈密瓜、甜椒、桃中观察到果肉细胞发生质壁分离，细胞间隙变大。许玲发现，在 0~2 ℃ 冷害温度下，哈密瓜表皮细胞下数层薄壁细胞首先发生质壁分离，细胞扁平化，从而导致表皮组织下陷，冷害症状的起始部位在气孔处（图 2-1）。

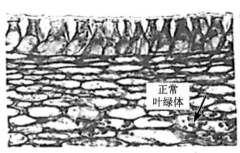
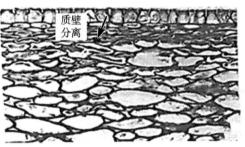

a 贮前表皮及皮层细胞结构（×268）　　b 冷害初期皮层细胞发生质壁分离现象（×134）

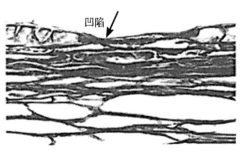
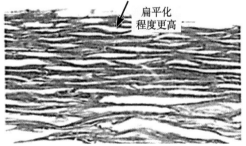

c 冷害中期细胞严重扁平化收缩产生凹陷（×268）　　d 冷害后期水浸状下陷处表皮消失，细胞扁平化程度更高（×268）

图 2-1　哈密瓜表皮细胞结构（许玲 等，1990）

二、低温冷害胁迫下细胞壁结构的变化

（一）细胞壁组分和结构

细胞壁主要成分是纤维素、半纤维素和果胶，可用于支撑和维持果蔬细胞的形状（图2-2）。

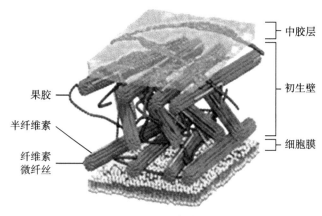

图 2-2　细胞壁结构

细胞壁从外向内分为胞间层（middle lamella）、初生壁（primary wall）和次生壁（secondary wall）3 层。胞间层是细胞间的黏结层，由无定形的胶体组成，主要成分为果胶物质。

所有果蔬细胞都有初生壁，一般较薄，有韧性，主要成分为纤维素。次生壁在初生壁的里面，但不是所有的细胞都具有次生壁。次生壁是在细胞停止生长后分泌形成的，可以增加细胞壁的厚度和强度，主要成分为纤维素，但与初生壁所含纤维素比例不同，初生壁所含纤维素比例较少。细胞壁具有全透性，允许水和营养物质自由进出。

（二）低温冷害胁迫下细胞壁结构的变化

果蔬遭受低温胁迫时，细胞质出现失水皱缩，发生质壁分离，细胞间隙进一步扩大，并形成中央腔室出现分枝，细胞壁会降解或有果胶物质沉积，导致细胞壁变形、解体和结构丧失等。

许玲发现，正常哈密瓜皮层组织细胞壁上有多条胞间连丝，原生质膜紧贴在细胞壁上，液泡膜也很清晰。2 ℃ 条件下冷害后，细胞发生质壁分离，细胞壁中胞间连丝消失，细胞壁弯曲、变形，并开始解体，原生质膜、液泡膜无法辨认（图2-3）。

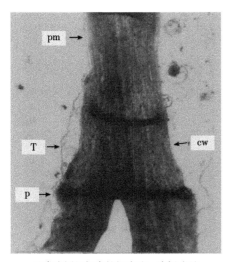
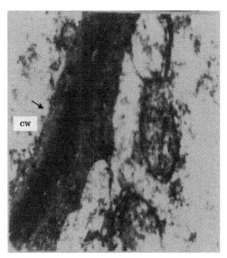

a 正常皮层组织中的细胞壁、胞间连丝、
原生质膜、液泡膜、线粒体（×60 000）

b 冷害中期细胞壁瓦解（×8000）

图 2-3　哈密瓜表皮超微结构（许玲 等，1990）

pm：原生质膜；cw：细胞壁；T：液泡膜；p：胞间连丝

三、低温冷害胁迫下细胞膜结构的变化

（一）细胞膜组分和结构

细胞膜（cell membrane）是包围在细胞质外的一层膜，又称质膜（plasma membrane）。细胞膜由磷脂双分子层和蛋白质组成，蛋白质镶嵌在双分子层中（图 2-4）。

细胞膜为半透性，选择透过一些离子，来维持细胞正常生理代谢作用。细胞膜结构的特征之一就是具有流动性，质膜和膜蛋白可在膜中以一定方式流动，这是保证细胞膜正常功能的结构基础。

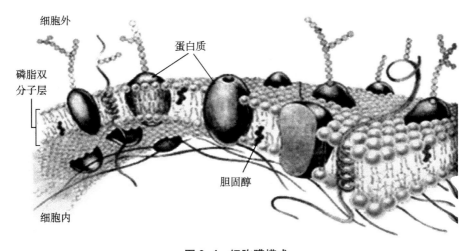

图 2-4　细胞膜模式

（二）低温冷害胁迫下细胞膜结构的变化

细胞膜在冷害初期主要表现是逐渐由平滑变的皱折，甚至凹凸不平，在膜周围出现大量囊状物堆积；随着冷害的加剧，主要表现为出现质壁分离，细胞膜受损破裂，胞质外渗。朱璇等在电镜下发现，杏果实发生冷害时细胞质膜及液泡膜模糊，叶绿体双层膜结构消失（图2-5）。

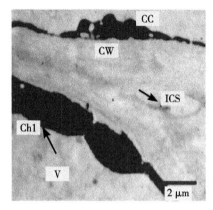 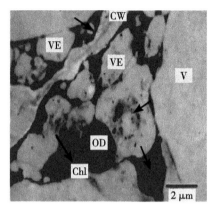

a 细胞质明显减少，细胞质膜及　　　　　b 叶绿体双层膜结构消失（×10 000）
液泡膜模糊（×5000）

图2-5　冷害杏果实超微结构（朱璇，2014）

CW：细胞壁；Chl：叶绿体；V：液泡；OD：嗜锇颗粒；CC：细胞内含物；ICS：细胞间隙；VE：囊泡

四、低温冷害胁迫下细胞器结构的变化

（一）细胞器

细胞质中具有一定形态、结构和功能的微结构，称为细胞器，包括质体、线粒体、液泡、内质网、高尔基体、溶酶体、微体、核糖体和细胞骨架。

线粒体是呼吸作用的主要场所，能量代谢的中心。一般代谢越旺盛，细胞中线粒体数目越多。果蔬细胞中活性氧（reactive oxygen species，ROS）的产生主要来源于线粒体、叶绿体和过氧化物体等，其中线粒体是产生ROS的主要部位。

质体是一类合成和积累同化产物植物细胞特有的细胞器，根据其所含的色素和功能的不同，可分为白色体、有色体和叶绿体3种。在一定条件下，不同的质体之间可以相互转化，如萝卜的根，在光照的条件下会变绿，这就是白色体向叶绿体的转化，柑橘幼嫩时为绿色，而成熟时则变为橙色，即是叶绿体转变为有色体的缘故。

液泡是植物细胞质中的泡状结构，由一层单位膜构成，具有半透性。其主要成分是水，不同种类细胞中含有不同的物质，如糖类、脂类、蛋白质、无机盐、酶、单宁、生物碱、树胶等，液泡不仅能调节细胞的内环境，还可使细胞保持一定的渗透压，而且能贮藏和消化细胞内的一些代谢产物。液泡的存在有利于果蔬保持一定的风味和颜色，例如，甜菜中的蔗糖贮藏在液泡中，而许多花的颜色是色素在花瓣细胞液泡中浓缩的结果。

（二）低温冷害胁迫下细胞器结构的变化

1. 叶绿体

低温胁迫下，果蔬细胞器中最先受到伤害的是叶绿体。冷害引起叶绿体变化的最初症状是：叶绿体膨胀；类囊体腔膨大，并且变形，改变排列方向或弯曲；淀粉粒体积变小，数量减少，同时其被膜变成许多串联的小囊泡。在继续延长低温胁迫下，拟脂颗粒发生积累，基粒垛叠片层消失，基质变成暗黑，被膜破裂，其中的内含物与细胞质相混合。

许玲等在电镜观察中发现，正常哈密瓜皮层组织中的叶绿体被完整的双层膜包被，其内基粒类囊体、间质类囊体和原始类囊体清晰可见，并含有较多嗜锇球（图2-6a）。-2℃条件下冷害初期叶绿体片层结构不清晰，叶绿体膜开始局部破裂，嗜锇球进入细胞质中并迅速增大（图2-6b）。冷害中期叶绿体膜基本被破坏，但仍可见模糊的平行片层状结构。冷害后期水浸状冷害部位叶绿体膜彻底瓦解，嗜锇球、间质类囊体片层的残迹遍布整个细胞（图2-6c）。

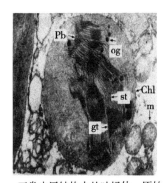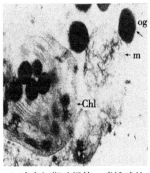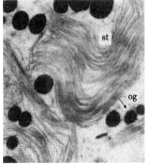

a 正常皮层结构中的叶绿体、原始类囊体、基粒类囊体、间质类囊体、嗜锇球、线粒体（×200 000）　　b 冷害初期叶绿体、嗜锇球的变化（×300 000）　　c 冷害后期叶绿体彻底瓦解（×120 000）

图2-6　哈密瓜表皮超微结构（许玲 等，1990）

Chl：叶绿体；gt：基粒类囊体；m：线粒体；og：嗜锇球；Pb：原始类囊体；st：间质类囊体

2. 线粒体

低温胁迫下，线粒体变化要晚于叶绿体，膨大也不是很明显，但随着冷害的加剧，线粒体的膨大加剧，膜清晰度下降，模糊不清，基质环膜与蜡的高电子密度区逐渐变淡，贮藏后期冷害发展严重时出现外膜伤裂和空泡化，这是线粒体解体的标志。

齐灵等通过电镜观察冷害桃果实发现，其线粒体的电子透明度增加；郑国华等发现，冷害下的枇杷幼果内线粒体没有明显的内嵴，内部呈小泡化，膜边界模糊，双层膜破坏严重。许玲等在电镜观察中发现，正常哈密瓜皮层组织中线粒体在细胞中分布广，双层膜结构完整。在-2℃条件下叶绿体开始解体的同时，线粒体发生膨胀现象，部分线粒体膜破裂，但在冷害后期仍能观察到完整膜包被的线粒体结构（图2-7）。

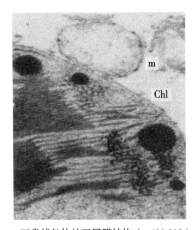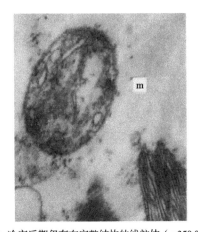

a 正常线粒体的双层膜结构（×400 000） b 冷害后期仍存在完整结构的线粒体（×350 000）

图 2-7 哈密瓜表皮超微结构（许玲 等，1990）

Chl：叶绿体；m：线粒体

3. 液泡

低温胁迫下，液泡由充满整个细胞逐渐萎缩碎化，液泡液也逐渐由清澈变得混浊，液泡膜模糊不清，出现皱褶，界面模糊，冷害继续发展则出现液泡膜严重伤害，出现伤裂，液泡液与细胞液混合，彻底打破区域化分布。

4. 细胞核

低温胁迫下，细胞核由扁圆形或椭圆形逐渐变成不规则形状或梨形，核膜、核仁和核孔逐渐模糊不清，染色体出现堆积，核质混浊，贮藏后期严重冷害时核膜出现破裂，核质与细胞液混合。

第二节 低温冷害胁迫下果蔬采后生理

一、细胞膜系统受损

（一）膜脂相变

低温引起的膜系统受损是果蔬发生冷害的重要原因。低温对细胞伤害的原初位点是细胞膜，即低温会引发细胞脱水、膜脂过氧化、胞壁间粘连及蛋白质变性。早在1970 年，Lyons 和 Raison 就提出低温胁迫是通过膜相变来影响生物膜透性的。

1. 膜结构的变化

细胞膜是果蔬细胞与外界环境的一个界面结构，细胞膜的流动性和稳定性是细胞赖以生存的基础，冷害对细胞的影响首先作用于细胞膜。果蔬细胞在正常环境条件下，细胞膜呈液晶态，冷害温度条件下，细胞膜首先发生膜脂的物相变化，由液晶态变为凝胶态，膜的外形和厚度也随之改变，并出现孔道和龟裂。膜脂的脂肪酸链由无序排列变为有序排列，膜的流动性减弱，选择性下降，膜的透性增大，造成胞内离子渗漏，打破细胞内外离子分布平衡，进而造成膜结合酶活性的改变，活化能增加，正常新陈代谢紊乱，中间产物和有毒物质大量积累，最后毒害细胞甚至造成细胞解体。

2. 膜脂组分的变化

膜脂的脂肪酸最常见的有棕榈酸、邻苯二甲酸、亚油酸、亚麻酸及硬脂酸等。根据脂肪酸烃链是否为饱和烃，可将细胞内的脂肪酸分为饱和脂肪酸（saturated fatty acid）与不饱和脂肪酸（unsaturated fatty acid），植物膜脂中常见的不饱和脂肪酸有亚油酸、亚麻酸、油酸及花生四烯酸等。膜脂的脂肪酸中不饱和脂肪酸所占的比例构成了脂肪酸的不饱和度。生物膜的相变温度与脂肪酸的不饱和度密切相关。不饱和脂肪酸含量高，膜流动性大，膜的相变温度较低；反之膜的流动性小，相变温度较高。已有研究证明，转入耐低温的拟南芥甘油-3-磷酸酰基转移酶基因的烟草转化株，其不饱和脂肪酸增加，抗冷性提高，而转入冷敏感植株南瓜甘油-3-磷酸酰基转移酶基因的转化株，其不饱和脂肪酸降低，抗冷性减弱。该研究成果为不饱和脂肪酸与冷害的关系提供了有力证明。

果蔬饱和脂肪酸主要是棕榈酸（$C_{18:0}$）和硬脂酸（$C_{18:0}$），不饱和脂肪酸主要是油酸（$C_{18:1}$）、亚油酸（$C_{18:2}$）和亚麻酸（$C_{18:3}$）。一般耐冷型果蔬的不饱和脂肪酸含量高于冷敏型果蔬。例如，耐冷 'qingzhong' 枇杷品种的不饱和脂肪酸含量显著高于冷敏型 'fuyang' 枇杷品种。能够在温度下降时迅速提高不饱和脂肪酸含量，就会在较低的温度下仍能保持其膜的流动性，从而表现为较强的抗冷性。例如，热处理石榴和香蕉保持较高的不饱和脂肪酸/饱和脂肪酸比率，提高果实抗冷性。茉莉酸甲酯（MeJA）处理可提高枇杷果实亚麻酸与亚油酸等不饱和脂肪酸含量，使膜在低温下仍能保持液晶状态，从而提高果蔬的抗冷性。

3. 膜蛋白的变化

膜蛋白与抗逆性有关。低温胁迫不仅影响膜脂组分的变化，同时也影响膜蛋白组分及活性的变化，进而影响果蔬的抗冷性。在低温逆境条件下，膜蛋白的构型变化，导致与膜脂的结合力下降，随后从膜上脱落下来，最终膜解体，组织坏死。例如，甘薯块茎随着低温（0 ℃）贮藏天数的增加，线粒体膜上的膜蛋白对磷脂结合力降低，使磷脂酰胆碱（PC）和脱酰磷脂酰胆碱（LPC）从膜上游离下来，进而导致线粒体膜破坏，组织坏死。

果蔬的抗冷性不仅与膜上的原有蛋白有关，可能还与新产生的膜蛋白有关，即低温胁迫可能会造成新的膜蛋白合成或是抑制原有蛋白的合成。膜蛋白与果蔬抗冷性之间也存在一定关系。例如，38 ℃ 热处理可以增加绿熟番茄 70 kDa 和 2 种 18 kDa 蛋白量，且诱导 1 种 23 kDa 新蛋白的产生，提高果实抗冷性。

4. 膜透性的变化

在低温胁迫下冷敏型果蔬细胞膜结构遭受损伤，使得细胞膜透性增大，引起细胞内电解质渗出率增加。番茄、茄子、甜椒、黄瓜和橄榄等果蔬受到冷害后细胞膜透性增加。冷害造成细胞膜透性的升高明显早于果蔬外部形态的变化。例如，电解质外渗率能及时准确地反映香蕉受冷害情况，并证实果实受害后外观上的表现明显晚于电解质外渗率的增加。另外，抗冷性强或受冷害轻的果蔬细胞膜透性增加幅度小，可在适宜条件下恢复正常。受害严重时，则大幅度增加，很难恢复。例如，甜椒于 0 ~ 1 ℃下贮藏 5 d，未受到永久伤害，回到 18 ~ 20 ℃ 膜损伤得到修复，透性下降。而 0 ~ 1 ℃ 下 15 d 后再转回室温，由于受害严重，膜的修复能力完全丧失，离子渗漏加剧。

（二）膜脂过氧化作用

膜脂过氧化也是低温对细胞伤害的重要表现，是导致膜脂流动性降低的重要原因。在低温胁迫下果蔬细胞膜系统的损伤可能与自由基和活性氧引起的膜过氧化和蛋白质破坏有关。

1. 膜脂过氧化

在低温胁迫下，果蔬细胞体内活性氧清除酶的分子结构被改变或被破坏，酶活性下降，同时抗氧化物质含量下降，大量活性氧自由基难以被清除出去造成大量积累。

过剩自由基的毒害之一是引发或加剧膜脂过氧化作用。脂氧合酶（LOX）是膜脂过氧化作用的关键性酶。在冷胁迫的环境下，组织的 LOX 活性升高，引起细胞膜脂过氧化作用加剧，增加细胞膜透性，进一步引起细胞膜的降解和细胞功能的丧失，最终导致冷害的发生。一旦 LOX 启动细胞膜脂质过氧化作用后，就会使膜磷脂不断水解，产生游离脂肪酸，在脂肪酸脱饱和酶的作用下，油酸转化为亚油酸和亚麻酸，为 LOX 积累了底物，促进了 LOX 自我活化和膜脂过氧化的加剧，从而加速了细胞膜的破坏，最终导致果蔬冷害发生和冷害程度的加剧。

2. 膜脂过氧化对细胞的伤害

膜脂过氧化过程中的中间产物——自由基能够引发蛋白质分子脱去 H^+ 而生成蛋白质自由基（P·）。蛋白质自由基与另一蛋白质分子发生加成反应，生成二聚蛋白质自由基（PP·），依次对蛋白质分子不断地加成而生成蛋白质分子聚合物，造成细胞膜的损伤。

细胞膜中蛋白质的聚合和交联会引起细胞膜损伤。膜脂过氧化产物丙二醛与蛋白质结合使蛋白质分子内和分子间发生交联，这样细胞膜上的蛋白质和酶由于发生聚合和交联，使其空间构型发生改变，从而使其功能或活性发生改变，最终使膜的结构与功能发生变化，导致细胞损伤甚至死亡。因此，通常用 MDA 来表示细胞膜脂过氧化程度和逆境伤害的强弱。

二、细胞壁代谢异常

果蔬的细胞壁主要是由纤维素、半纤维素、木质素和果胶质成分组成，其中果胶质多存在于细胞壁中胶层。在果实逐渐软化的过程中，原果胶经过果胶甲酯酶（PME）和多聚半乳糖醛酸酶（PG）的催化作用进一步转化为可溶性果胶，因而表现出果实的柔软多汁。低温逆境胁迫会改变果蔬细胞壁成分及结构，调节细胞壁修饰酶的活性，进而影响果实细胞壁物质代谢，导致果实不能正常的软化而出现果肉木质化、果肉发绵、果肉多汁或汁液减少等一系列冷害症状，严重影响了果实的贮藏保鲜期及商品价值。

（一）果实絮败冷害

果实硬度增加和出汁率减少等絮败发生与果胶质降解代谢异常有关。低温胁迫造成细胞壁中结合态果胶质的解离和随后的解聚过程受到了阻碍，导致冷害果实中含有较多的共价结合果胶质和离子结合果胶质，水溶性果胶质较少，但总的果胶含量上升。一般认为，果胶质降解代谢异常与 PME 和 PG 活性变化关系密切。低温逆境胁迫下，PME 和 PG 的活性变化不协调，就可能导致果实絮败发生。目前，对 PME 和 PG 引起果实絮败冷害观点如下：①PME 和 PG 活性降低，果实不能正常成熟软化；②PME 作用不明显，PG 活性的异常变化才是引起冷藏果实果肉凝胶化的主要原因；③冷害果实具有相对较高的 PME 活性和较低的 PG 活性，去甲酯化加强，作为果胶主要组分的多聚半乳糖醛酸去酯化后却未能降解，积累不溶性的高分子量低甲氧基果胶，进而与细胞壁中释放的钙形成凝胶，束缚果实中的游离水，从而造成果肉硬度增加和出汁率减少的絮败发生。例如，桃在低温下贮藏时，PME 活性增加，而 PG 活性很低，导致果胶物质不能正常降解，高分子量低甲氧基果胶积累。低甲氧基果胶易于钙离子结合而形成具强持水力的凝胶，从而造成桃果肉硬度增加和出汁率减少的絮败发生。

（二）果实木质化冷害

冷害果蔬木质化败坏与细胞壁中果胶质、纤维素和半纤维素代谢异常，以及木质素的积累有关。低温胁迫阻碍了细胞壁中结合态果胶质的解离和随后的解聚过程，导致水溶性和离子结合果胶含量逐渐降低，而共价结合果胶则呈上升趋势，但有些学者发现，冷害果蔬有较多的共价结合果胶质和离子结合果胶质，较少的水溶性果胶质。这种差异可能与不同种类、品种的果蔬有关。随着果蔬硬度的不断上升，在冷害果蔬中伴有木质素、纤维素和半纤维素的含量也逐渐增加。因此，细胞壁中果胶质、纤维素和半纤维素代谢异常，以及木质素的积累是冷害果蔬木质化败坏的主因。

果胶质降解代谢异常与 PME 和 PG 活性变化有密切关系。冷害胁迫下，PME 和 PG 活性较贮藏前都有下降，PME 活性下降比较平缓，而 PG 活性下降显著，从而有可能导致低甲氧基果胶积累和凝胶的产生，使原果胶增加，可溶性果胶减少，最终导致果蔬木质化败坏症状。

木质化败坏与果蔬中木质素的合成有关。低温诱导苯丙氨酸解氨酶（PAL）、过氧化物酶（POD）和多酚氧化酶（PPO）活性的上升是导致果蔬发生木质化的主要原因。PAL、POD 和 PPO 是木质素合成途径的关键酶类，参与植物组织的木质化进程。其中，PPO 参与酚类物质氧化，为木质素合成提供前体物质，PAL 作为木质素单体合成的起始酶，直接影响木质素积累，POD 参与木质素生物合成的最后步骤，即通过催化 H_2O_2 直接促进单体木质素聚合形成木质素多聚体。已有研究表明，红肉类枇杷果实冷害的发生与木质化合成酶 PAL、POD 和 PPO 活性的增加密切相关。迄今为止，有关纤维素和半纤维素代谢相关酶类的研究未见报道。

（三）絮败与木质化冷害之间的关系

絮败和木质化为 2 种不同的冷害，形成机制具有一定的独立性，但最近发现 2 种不同的冷害却共存于 1 个桃品种上，并且发现絮败果实可以再次向木质化转变，但木质化果实不可以再次向絮败果实转变，木质化是絮败更高一级的损伤。

絮败果实较正常果实具有更高的 CDTA 溶解性果胶（CSF）和 Na_2CO_3 溶解性果胶（NSF1），以及更低的可溶性果胶（WSF）。絮败的形成与果胶酶活性不平衡有密切关系。絮败果实有较低内切多聚半乳糖醛酸酶（endo-PG）活性和较高 PME 及外切多聚半乳糖醛酸酶（exo-PG）活性，使得果胶仅部分降解，或者说是不同组分降解不一致而导致的初生壁和细胞间黏接力不一致引起的。

在絮败过程中，虽然 PAL、POD 活性也较强，但絮败果实和正常后熟的果实之间木质素含量并没有太大的差异，因此木质素并没有促进絮败症状的形成。PAL 和 POD 并没有启动参与合成木质素，其更多地参与其他代谢途径。一旦果实丧失后熟性能，货架期 PAL 和 POD 参与代谢途径改变，即会促使木质素合成和木质化的产生。

三、呼吸异常

呼吸作用是果蔬采收后生命活动的中心。果蔬刚遭受冷害时，呼吸速率会比正常时还高，可能低温诱导体内呼吸相关酶系统和代谢途径发生改变，呼吸系统中各阶段的协调性被破坏，表现为异常增加，且呼吸上升和冷害程度直接相关。例如，贮藏在 7 ℃ 及以下温度的青椒，转入室温后都有呼吸异常的上升，而 10 ℃ 贮藏的在整个贮期呼吸强度几乎没有超过开始贮藏时的数值，这说明了 7 ℃ 及以下温度对呼吸系统的伤害；苦瓜 6 ℃ 下贮藏 6 d 后其呼吸强度显著高于 20 ℃ 时的呼吸强度，说明 6 ℃ 6 d 已经导致苦瓜呼吸代谢紊乱。

冷害使呼吸强度升高的原因可能在于：①低温致使正常新陈代谢失调，酶促反应从平衡状态变为不平衡状态，无氧呼吸增强，使一些有毒产物如乙醇、乙醛等在细胞内积累。②呼吸途径变更，即低温可引起组织呼吸代谢途径与电子传递途径发生改变，在冷害呼吸过程中，不是通过正常的细胞色素电子传递系统传递电子，而是通过另一条支路——抗氰呼吸途径进行的，抗氰呼吸也可以被活性氧所诱导，而抗氰呼吸的运行可以参与活性氧的清除。

对于轻微冷害损伤，若能及时回复到正常温度，则可使呼吸恢复到原来的水平。例如，黄瓜在 5 ℃ 下贮藏 4 d，然后置于 25 ℃ 环境中，呼吸强度虽然突然升高，但是很快又恢复到原来的水平；若在 5 ℃ 下贮藏 8~10 d，再在 25 ℃ 下放置，则呼吸强度持续升高，不能再恢复到原来的水平，说明冷害已伤及细胞结构。这种现象在跃变型果实和非跃变型果实中均有发生。

随着冷害的发展，呼吸强度又显著下降，这是因为原生质停止流动，氧供应不足，无氧呼吸比重增大。这预示不可逆生理伤害的开端。例如，甜椒在低温胁迫下果实呼吸上升，但当冷害严重伤及细胞结构时，呼吸不再大幅上升。

四、乙烯释放量异常增加

乙烯释放量异常增加是果蔬对低温冷害胁迫的一种生理反应。冷敏型果蔬遭受冷害时，需依靠呼吸产生能量来防御低温，导致呼吸速率异常增加，同时也诱导了乙烯的积累。冷害诱导果蔬组织中 1-氨基环丙烷-1-羧酸（ACC）合成酶（ACS）的活性升高，加速了 S-腺苷蛋氨酸（SAM）向 ACC 方向转化的反应进程，使 ACC 积累。ACC 合成酶是乙烯合成途径中的限速酶，一旦限速酶被诱导，只要有微量的 ACC 生成就会加速后期反应的进程，生成大量的乙烯。例如，黄瓜在 $2.5\ ℃$ 下 ACC 积累量远高于 $12.5\ ℃$ 下的果实。由于 ACC 合成酶是膜结合蛋白酶，因而低温诱导的乙烯大量释放与膜透性增加有关，反过来大量乙烯又会加剧膜的损伤，导致膜透性增加和细胞区隔化破坏，从而加速果蔬衰老和冷害的发生。在冷害后期，乙烯释放量下降。冷害会严重伤及细胞结构，由于乙烯合成酶与细胞膜相连接，冷害损坏细胞膜结构的同时也影响 ACC 向乙烯的转化，从而抑制了乙烯的生成，故而乙烯释放量能在一定程度上反应果实冷害的程度。

一些学者研究发现，一些冷敏型果蔬发生冷害时，并没有引起乙烯的大量合成，冷害果蔬的乙烯水平反而一直比正常果低，果蔬不能正常后熟。如'白风'桃果实发生冷害时并没有引起乙烯的大量合成，其乙烯水平一直比正常果低，冷害桃不能后熟软化。这可能是持续低温抑制 ACC 氧化酶 mRNA 的生成及其活性，从而抑制乙烯的产生，使果实不能正常后熟，导致出现冷害症状。

五、活性氧代谢失调

正常情况下，果蔬体内活性氧自由基的产生与清除处于平衡状态，但在低温胁迫时这种平衡遭到破坏，导致大量活性氧自由基积累。这些活性氧会损害果蔬的生理功能，破坏超氧化物歧化酶（SOD）、POD、过氧化氢酶（CAT）等酶的活性，影响了膜系统的稳定性，最终导致膜脂过氧化，破坏膜的结构，对果蔬产生极其严重的伤害。它一方面能连锁地引发脂质过氧化作用；另一方面又能使蛋白质脱去 H^+ 而生成蛋白质自由基。脂质过氧化物亦可分解产生 MDA，它与蛋白质结合引起蛋白质分子内和分子间的交联，从而破坏膜结构功能，使膜的透性增加甚至解体。活性氧胁迫导致冷害的发生已在李、黄瓜和青椒等果蔬上得到证实。

活性氧自由基清除系统主要由活性氧清除酶和抗氧化物质两部分组成。活性氧清除酶系统主要由 CAT、SOD、抗坏血酸过氧化物酶（APX）及谷胱甘肽还原酶（GR）等组成。SOD 可专一性歧化 $O_2 \cdot^-$ 成 H_2O_2，CAT、APX 和 GR 可将 H_2O_2 转化成 H_2O，这些酶必须协调一致，才能将活性氧维持在较低水平，从而防止其对细胞的毒害作用。

抗氧化物质主要包括维生素 E、还原型谷胱甘肽（GSH）、类胡萝卜素、辅酶 Q 和抗坏血酸（ASA）等。类胡萝卜素具有清除 $O_2 \cdot^-$ 和 H_2O_2 自由基、抑制膜脂发生过氧化，从而起到保护生物有机体的作用；而 GSH 则可以抑制膜过氧化作用，对保护完整性细胞膜结构具有一定的作用。ASA 是生物体内一种小分子的抗氧化剂。ASA 可直接同 ROS 进行还原反应，清除 ROS，又可作为酶的底物在 ROS 的清除过程中起重要的作用。同时，ASA 对维持体内维生素 E 的含量有重要作用。

六、能量亏损

果蔬在正常的生命活动中能够合成足够的能量以维持其正常的代谢活动，但当采后果蔬处于衰老过程或低温逆境胁迫下，果蔬的呼吸链损伤、线粒体结构和功能破坏，导致 ATP 合成能力降低，果蔬的代谢发生紊乱、细胞结构破坏，最终细胞受到不可逆损伤而导致细胞凋亡。

（一）线粒体结构和功能变化

能量是一切生命活动的基础，线粒体作为产生能量的重要场所，控制着细胞的能量代谢。正常果蔬细胞内线粒体数量较多，均匀分布于细胞壁边缘。正常果蔬细胞内的线粒体具有完整的双层膜，膜间具有跨膜通道。但在受冷害的植物细胞中，线粒体会遭到不同程度的损伤。

线粒体结构的破坏与低温引发的氧化胁迫有关。低温逆境会破坏细胞内 ROS 产生和清除的平衡体系导致 ROS 积累，诱发氧化胁迫。ROS 攻击线粒体的膜系统，导致其膜质的过氧化或脱脂化，从而导致线粒体结构受损，能量产生受到影响，而这又会产生更多的自由基进攻细胞膜产生恶性循环。例如，桃果实的贮藏过程中，随着线粒体结构的损坏和功能的下降，细胞内 ROS 迅速增加，细胞膜成分受到损伤。此外，在低温逆境条件下，线粒体膜脂由液晶态向凝胶态转变，使得线粒体内膜完整性受损，从而导致氧化磷酸化解偶联，氧化过程虽然照样进行，但不能形成 ATP。

（二）能量代谢过程

氢离子 ATP 酶（H^+-ATPase）、钙离子 ATP 酶（Ca^{2+}-ATPase）、琥珀酸脱氢酶（SDH）和细胞色素氧化酶（CCO）是线粒体内膜上的关键呼吸酶，其活性能够反映线粒体的能量合成状态。

H^+-ATPase 和 Ca^{2+}-ATPase 是重要的离子调节酶，为 Na^+ 与 H^+、Ca^{2+} 等信号离子的交换提供动力。H^+-ATPase 作为细胞膜的质子泵，通过将 H^+ 从线粒体内膜泵至外侧，产生跨膜质子推动力从而合成 ATP。随着冷害温度下贮存时间的增加，冷害程度上升，H^+-ATPase 活性持续降低，H^+-ATPase 活性的下降和组织能量损失保持一致。

低温影响 H^+-ATPase 活性与以下几方面有关：①低温通过影响膜流动性进而影

响 H^+-ATPase 的活性。膜脂一般由亲水性的极性端基和疏水性的脂肪酸末端组成，磷脂的极性端和脂肪酸链的长短和饱和度都通过膜流动性影响着膜结合酶 H^+-ATPase 的活性。②低温直接影响了 H^+-ATPase 的活性。H^+-ATPase 的结构中富含 —SH 基团，低温环境下 —SH 极易向—S—S 转变，导致 H^+-ATPase 的变性。③低温引起的氧化胁迫也会对 H^+-ATPase 造成损伤。

Ca^{2+}-ATPase 是细胞器膜上的 Ca^{2+} 泵，是维持细胞稳态的重要机制之一。Ca^{2+}-ATPase 的活性也会影响线粒体结构的完整性，Ca^{2+}-ATPase 能维持细胞线粒体内 Ca^{2+} 平衡，在正常情况下，线粒体通过 Ca^{2+}-ATPase 将 Ca^{2+} 从细胞质运输到线粒体内，同时参与各种调节，当其活性降低时，线粒体内 Ca^{2+} 浓度降低，细胞质内 Ca^{2+} 浓度升高，导致线粒体受损。

糖酵解和三羧酸循环是果蔬呼吸过程的两个阶段，在该过程中，1 分子葡萄糖能够产生 36 分子 ATP，是果蔬生命活动的主要能量来源。琥珀酸脱氢酶（SDH）是连接氧化磷酸化与电子传递的枢纽之一，其主要作用是在三羧酸循环中催化琥珀酸脱氢生成延胡索酸，脱下的 H^+ 经电子传递最后生成 ATP，它的活性可以作为三羧酸循环运行的指标。在研究中发现，SDH 的活性与冷害有着密切联系。随着低温下贮藏时间延长，果蔬体内的 SDH 活性逐渐降低，冷害程度也随之加深。

CCO 是线粒体呼吸链上氧化磷酸化过程中的关键酶，能够将电子从细胞色素 C 传递给氧分子，为氧化磷酸化提供能量。CCO 活性一旦降低会导致氧化磷酸化效率下降，ATP 生成受阻，因此该酶在能量供应过程中起着重要作用。桃果实冷害中发现，随着果实冷害程度的加重，CCO 活性下降，ATP 生成量减少，果实冷害加重。

SDH 和 CCO 活性的下降会阻碍三羧酸循环和呼吸链的顺利进行，从而导致线粒体功能障碍，影响能量生成效率。

七、冷害对果蔬采后渗透调节的影响

当果蔬受到低温胁迫时，果蔬常通过自身内部的防御机制来调控相应的生理代谢途径，通过产生渗透调节物质以降低或消除逆境胁迫对果蔬造成的伤害。在游离氨基酸中，脯氨酸（Proline）是果蔬体内最重要的有机渗透调节物质之一。正常条件下，果蔬体内游离氨基酸的含量很低，低温胁迫会使游离氨基酸与游离氨大量积累，尤其是脯氨酸增加显著。促进脯氨酸含量积累，有利于提高果蔬抗冷性、缓解低温贮藏过程中发生冷害。例如，低温能诱导茄子脯氨酸的积累，而且随着冷害胁迫的增加，脯氨酸含量也增加。脯氨酸提高果蔬抗冷性的可能作用机制是：①逆境胁迫下果蔬可通过积累脯氨酸来降低细胞质水势、减少水分散失而保护细胞；②脯氨酸水溶液是亲水性胶体，能产生疏水骨架与蛋白质结合而保护蛋白质分子；③脯氨酸能有效清除自由基，稳定果蔬细胞膜；④脯氨酸可作为碳源、氮源，在胁迫解除后的降解过程会产生大量的 NADPH，可为细胞恢复提供能量，还能影响与能量代谢相关的途径。因此，脯氨酸在提高细胞的渗透、适应环境胁迫、稳定细胞膜结构、保护细胞免受氧化胁迫伤害等方面具有重要的作用。

此外，甜菜碱是细胞内另一种重要的渗透调节物质。它是一种水溶性生物碱，广泛存在于果蔬体内，其主要功能是有效维持蛋白质分子和生物膜的结构。它同脯氨酸一样，参与调节细胞渗透势，保持细胞内的膨压。在低温胁迫条件下，甜菜碱可以保护果蔬类囊体膜抵御冰冻胁迫，它还能稳定复杂蛋白质高级结构，使得许多代谢过程中的重要酶类在渗透胁迫下继续保持活性，从而提高果蔬抗冷能力。

八、冷害对内源多胺的影响

多胺主要由亚精胺（Spd）、精胺（Spm）和腐胺（Put）组成。伴随着果蔬冷害症状的出现，内源多胺含量常常发生一些显著变化。

油桃果实采后冷害与 Put 大量累积和 Spm、Spd 含量的降低有关，冷害的发生程度与 Put 的积累水平呈极显著正相关，而与 Spm 和 Spd 的积累水平存在着极显著负相关性。而柿果冷害的发生程度与 Spm、Spd 和 Put 的积累水平存在明显的负相关性。宽皮橘、甜橙和南瓜果实受冷害时，Put 大量累积，Spm、Spd 含量减少。

九、展望

果蔬采后受到低温胁迫后，会引发一系列不利于贮藏的生理生化变化，降低果蔬的贮藏品质，最终造成严重的经济损失。

近年来，关于果蔬冷害生理的研究很多，其中有从细胞生理角度出发的，有从物质和能量代谢角度出发的，也有从基因角度出发的，但大都局限于某一个或某几个方面。冷害胁迫对果蔬的伤害是多方面、多线条的，不能过于单一、片面。从多方面研究果蔬冷害发生时的生理生化变化，对于揭示各方面内在联系，最终阐述冷害发生机制有十分重要的意义。目前，对低温胁迫下果蔬细胞生理、物质和能量代谢方面研究较为深入，但对低温环境下果蔬的应答机制及信号传导途径研究较浅，开展此方面研究有助于深入揭示冷害发生机制，对进一步探求减轻冷害的方法有重要帮助。

第三章　冷害发生影响因素

第一节　采前因素对果蔬采后冷害的影响

一、生物因素的影响

（一）种类

不同种类果蔬冷敏性不同。黄瓜在 10 ℃ 以下贮藏就会出现冷害，而砂糖橘一般在 3 ℃ 以下才会出现冷害。0 ℃ 条件下桃在贮藏 4 周后依然可保持新鲜，而龙眼在该温度下仅 14 d 后就会出现冷害。甘薯在 0 ℃ 贮藏 1 d 就表现冷害现象，而杧果在相同的条件下贮藏至 15 d 才开始出现褐变现象。石榴果实采后低于 1 ℃ 贮藏会出现表皮凹陷褐变等冷害症状，番木瓜于 6 ℃ 和 11 ℃ 贮藏均会发生冷害。香蕉在 12~13 ℃ 贮藏时，出现果皮褐变、水浸状、果肉不能正常后熟等冷害症状，而甜瓜 7 ℃ 贮藏会发生表皮凹陷、不能正常后熟等冷害。

（二）品种

同一种类不同品种间果蔬冷敏性存在差异。一般早熟品种对低温敏感性高，而晚熟品种的敏感性低。晚熟哈密瓜冷害临界温度为 1~3 ℃，中熟为 3~5 ℃，早熟为 5~7 ℃，晚熟品种'新密 11 号'耐低温能力强于中晚熟品种'新密 3 号''西周密 25 号'；晚熟猕猴桃品种'徐香'较中熟'华优'、早熟'红阳'耐冷；4 个黄桃品种中，'中油 4 号'的耐冷性就要明显优于'仓方早生''春美''锦香'；紫花杧果能够在 8 ℃ 的条件下安全地贮藏 1 个月左右，但在 13 ℃ 的条件下'Kent'杧果到第 10 天就发生严重的冷害；检柑在 7~9 ℃ 环境中贮藏 2.5 个月就发生冷害，而蕉柑在 4~6 ℃ 环境中贮藏 3 个月出现的冷害症状还很轻；'Micro-Tom'番茄比'Mini-tomato'番茄耐冷；'红皮'葡萄比'黄皮'葡萄耐冷；红熟辣椒在 1 ℃ 1~2 周未出现冷害，绿熟辣椒则表现出冷害。

（三）树龄和树势

从树龄很幼小或很衰老的树上采收的果实其抗冷性不如成龄树上采收的果实。幼树上的果实个大，钙含量不足，含氮量相对高，细胞大，组织不充实，呼吸代谢旺盛，蒸腾失水快，在低温冷藏中容易发生冷害、生理病害和传染性病害。老龄树或生长衰弱植株根部吸收差，地上部的同化能力低，所结果实偏小，干物质积累少，耐贮性和抗冷性均低。一般 5~6 年生的树上的果实品质、风味较好，抗冷性和耐藏性也较强。例如，柑橘 2~3 年生的树上的果实，一般表现为果汁可溶性固形物含量低、味较酸、风味差，在贮藏中容易受冷害，而 5~6 年生的树上的果实品质、风味较好，耐藏性和抗冷性也强。

（四）果实大小

同一种类、同一品种甚至同一植株上的果蔬冷敏性也存在较大差异。大果实和小果实均不如中等大小果实抗冷性强。大果实由于生长发育过快，组织疏松，呼吸旺盛，营养消耗快，容易发生冷害。小果实生长发育不良，品质低劣，固形物含量低，抵抗力较差，冷敏性更高。平均大小是果实成熟时生理性状最好的指标，其抗冷性强。例如，大个和小个的'红阳'猕猴桃采后低温下更易发生褐变和木质化等冷害症状。

（五）结果部位和果实部位

同一植株上着生在不同部位的果实抗冷性存在差异。一般植株中上部和外围的果实，比内膛果实光照条件好，干物质、糖、酸含量都高，品质好，抗冷性也较好。

果菜类的着生部位与抗冷性的关系与果实有所不同。一般生长在植株中部的果实品质好，抗冷性最强。例如，生长在顶部和最底部的番茄、茄子和辣椒的果实抗冷性不如中部的。生长在瓜蔓基部和顶部的瓜类果实不如生长在中部的果实抗冷性和耐贮性强。

除了结果部位影响外，果实的不同部位受冷害的影响也不同。猕猴桃果实果柄处比果顶处更易发生木质化、褐变等冷害现象。黄瓜果实不同部位的冷敏性存在明显差异，黄瓜果实的冷害最初在头部出现，再逐渐蔓延到中部和尾部。黄瓜果实从尾部到头部的耐低温能力逐渐降低。这种冷敏性的差异与磷脂酶（PLD）和脂氧合酶（LOX）的活性及膜结合钙离子浓度存在着密切的联系。

（六）成熟度

果蔬成熟度不同，对冷害的敏感性不同。一般认为未成熟果实对低温较敏感，易受冷害，而成熟果实对冷害的敏感性较低，抗冷性较强。4 ℃ 条件下，完全成熟的甜瓜冷害发生率为 12.4%，九成熟的甜瓜为 36.1%，而七八成熟的甜瓜则高达87.5%；九、十成熟'白凤'桃果实对低温不敏感，冷害发生率明显低于六七成熟果实；在 0 ℃ 的贮藏条件下番茄红熟果实比绿熟果实冷害发生率更低；番木瓜、油桃、杧果、水蜜桃及橄榄果实成熟度越低，采后耐冷性越差，反之，耐冷性越强。但也有例外，据报道，葡萄柚因收获期的不同其冷敏性也不同，中期收获的抗冷性最强，早期收获和晚期收获的冷敏性较大；柑橘和李子等果实的采收成熟度越高，越不耐冷；适当提早采收有利于提高桃果实的贮藏保鲜效果，减轻冷害。

二、生态因素的影响

（一）起源

不同种类的果蔬由于原产地的不同而对冷害的敏感性也有所差异。一般情况下，原产于热带、亚热带的果蔬的抗冷性差，容易遭受冷害，原产于温带的果蔬抗冷性较强，不易遭受冷害。果实冷敏性的不同主要和脂肪酸含量及饱和程度有关。长于温暖地区的果蔬，细胞膜中不饱和脂肪酸的含量低，膜脂的不饱和程度也低，在低温环境下容易凝固液晶态凝胶，因而发生冷害；而生长于凉冷地区的植物，细胞膜中的不饱和脂肪酸比例较高，在低温环境下细胞膜仍为液晶态，因此不易产生冷害。例如，香蕉、柠檬、杧果等低于 10 ℃ 就会出现冷害，亚热带生长的番茄和茄子低于 7 ℃，而温带生长的苹果、梨低于 0 ℃ 才发生冷害。

（二）温度

同一产地，夏季生长的果蔬比秋冬季生长的果蔬耐冷性差。同样的茄子在 10 月采摘要比在 7 月采摘的更耐冷。夏天采收的甜椒比秋天采收的对低温更敏感，较早发生冷害。

（三）光照

太阳光是果蔬合成糖类，形成良好品质的必要条件之一。绝大多数果蔬属于喜光性植物，特别是果实、叶球和球根的形成，必须有一定的光照强度和充足光照时间。光照对果蔬的质量、贮藏性及抗冷性等有重要的影响。光照不足，果蔬的化学成分特别是糖和酸的形成明显减少，不但降低产量，而且影响质量、贮藏性和抗冷性。长期阴雨，光照不足，果蔬生长不充实，采后耐贮性和抗冷性下降。有研究发现，连续阴雨季节生长的猕猴桃，含糖量下降，采后抗冷性降低，而且易发生多种生理性病害。但光照过强对果蔬的生长发育及贮藏也不利。苹果、猕猴桃等植株上向阳部位的果实，因光照过强而使果实日灼病发生严重，'富士''元帅''秦冠''红玉'等品种受强日照后易患水心病，果实抗冷性也降低。特别是干旱季节或者年份，光照过强对果蔬造成的不良影响更为严重。

（四）降水量

降水量多少和降水时间的分布与果蔬的生长发育、质量、贮藏性及抗冷性密切相关。降水量过多，土壤中可溶性营养减少，果实中糖、有机酸、维生素 C 含量积累较少，采后抵抗低温逆境的能力降低，生理病害和侵染性病害均易发生。土壤水分缺乏时，果蔬的正常生长发育受阻，含钙量低，个体小，着色不良，品质不佳，成熟期提前，抗低温逆境的能力降低。

降水不均衡，久旱后遇骤雨或者连阴雨，特别在果蔬成熟前后，核果类、石榴和大枣在树上裂果严重，采后抵抗低温逆境的能力降低。旱后遇骤雨，果蔬短期内骤然猛长，其组织变得疏松，品质低劣，抗低温力较差，冷敏性更高。

（五）土壤

土壤的理化性状、营养状况、地下水位高低等与果蔬品质形成、化学成分含量、组织结构均有很大的关系，进而影响到果蔬品质、采后耐贮性和耐低温能力。

大多数果蔬适宜生长在土质疏松、酸碱适中、施肥适当、湿度合适的土壤中。在适生土壤生产的果蔬具有良好的质量和抗低温的能力。浅层砂地和酸性土壤生产的果蔬容易发生缺钙，抗低温能力差。疏松的砂质轻壤土生产的果蔬，则有早熟的倾向，贮藏中易发生低温伤害，耐贮性较差。黏质土壤生产的果蔬，成熟期推迟、着色较差，质地较硬，尚具有一定的耐贮性和抗低温的能力。

三、农业技术因素的影响

（一）施肥

施肥对果蔬生长发育、品质形成、采后耐贮性及抗低温逆境有显著影响。适量施用氮肥，增施有机肥和复合肥对果蔬的品质、耐贮性和抗低温有很大影响。研究证明，过多施用化肥，尤其是氮肥，或土壤中缺磷、钾肥，将会造成果蔬结构疏松，呼吸代谢旺盛，采收和运输时极易受到损伤，抗低温能力下降，易发生冷害和多种生理性病害。

Ca^{2+}是果蔬细胞壁和细胞膜的结构物质，在保持细胞壁结构、维持细胞膜功能方面有重大作用。果蔬中Ca^{2+}含量高，呼吸速率低，抗低温能力强。相反Ca^{2+}含量低，同时增加 N 含量，呼吸速率高，采后代谢易失调，抗低温能力弱，生理病害或侵染性病害容易发生。采前喷钙肥，可明显降低猕猴桃、桃等果蔬贮藏期间呼吸速率，提高果蔬硬度、酸度、维生素 C 的含量，增强对低温的抵抗力，减少冷害的发生。此外，土壤中锌、铜、铯、硼、钼等微量元素缺乏或过多，都会影响果蔬的生长发育，最终影响品质、贮藏性和抗冷性。

（二）灌溉

水分是果蔬生长发育、产量、品质、耐贮性及抗冷性的另一个重要因素。土壤水分不足，果蔬的正常生长发育受阻，含钙量低，个体小，着色不良，品质不佳，成熟期提前，抗低温逆境的能力降低。土壤水分过大，果实过大，干物质积累少，又会延长果实的生长期，冷害、生理病害和侵染性病害均易发生。用于贮藏尤其是长期贮藏的水果，采前 7~10 d 一般不应灌水。例如，猕猴桃、桃、葡萄、枣采前几天应停止灌水，以提高果实的贮藏性和抗冷性。

（三）修剪和疏花疏果

修剪和疏花疏果的目的是调节果树各部分的平衡生长，保证叶、果的适当比例，使果实能够获得足够的营养，进而保证果实有一定的大小和品质，因此这些栽培措施也会间接影响果实的耐贮藏性和抗冷性。

修剪和疏花疏果对植株自身养分的分配起调节作用，由于营养状况的改变，果蔬含糖量与花青素形成，以及果型大小也会发生变化，从而间接影响果蔬的贮藏性和对低温逆境的抵抗能力。

（四）喷药

果蔬栽培中，为了提高产量和质量，控制病虫害等目的，需要喷生长调节剂、杀菌灭虫的农药，这些药直接或间接地影响果蔬贮藏和抗低温的能力。

1. 生长调节剂

（1）脱落酸与果蔬的抗冷性关系

脱落酸（Abscisci acid，ABA）与果蔬的抗低温能力密切相关。据报道，提高内源 ABA 含量可以提高果蔬抗冷能力。外施 ABA 可改变果蔬体内 ABA 含量和激素平衡，来提高果蔬的抗冷能力。ABA 含量与果蔬耐冷力呈正相关。ABA 诱导果蔬抗冷性的作用机制可能在于：①增加膜的稳定性。②促进气孔关闭，增加低温时果蔬的水分平衡能力。③促进某些抗冷物质的形成。

（2）生长素与果蔬的抗冷性关系

果蔬的抗冷性与生长素（Auxin，IAA）含量关系密切。杧果冷藏时减少 IAA 含量有利于提高杧果的抗冷能力。然而提高 IAA 含量有利于提高奈李的抗冷性。

（3）赤霉素与果蔬的抗冷性关系

赤霉素（GA_3）是最早被认为与抗寒力有关的植物激素。耐冷性较强的果蔬 GA_3 含量一般低于耐冷弱的果蔬。降低内源 GA_3 含量有利于提高菠萝的抗冷能力。但高 GA_3 含量有利于提高杧果的抗冷能力。

（4）细胞分裂素与果蔬的抗冷性关系

细胞分裂素（CTK）是影响果蔬抗冷性的重要激素。CTK 可提高抗氧化酶的活性，清除自由基，改变膜脂肪酸组成的比例，从而延缓果蔬衰老和增强抗逆性。另外，CTK 可作为一个信号分子来调控果蔬对低温胁迫的适应能力。但 CTK 剂量超过一定范围，则会使果实细胞分裂过多，果实表现为个大，组织不实，反而对低温较为敏感，更易诱发冷害。

2. 杀菌剂和灭虫剂

杀菌剂和灭虫剂在降低生产、贮藏、运输和销售中的腐烂损失，以及田间病虫害防治方面发挥着重要作用，同时也直接或间接影响着果蔬贮藏和对低温逆境的抵抗能力。

第二节　采前因素对果蔬采后冷害影响研究实例

一、不同种类或品种间果蔬的冷敏性不同研究实例——不同品种猕猴桃果实耐冷性差异研究

不同种类的果实对低温的敏感性不同，通常原产于热带的水果如杧果、菠萝、荔

枝等相较于亚热带、温带水果对低温更敏感，杧果贮藏在 10~13 ℃ 条件下就有可能发生冷害。苹果、梨和猕猴桃等通常在 0 ℃ 左右会有冷害发生的风险。同一种类不同品种的果实对低温的敏感性也存在明显差异，冷害症状和发生特点也有所不同。

'红阳'（*Actinidiachinensis*）是早熟红肉型中华猕猴桃品种，果皮绿褐色，果毛柔软较易脱落，果皮薄。'华优'（*Actinidiachinensis*）是中熟黄肉中华猕猴桃品种，果皮棕褐色或绿褐色，茸毛细小、稀少、易脱落，果皮较厚难剥离。'徐香'（*Actinidiadeliciosa*）是晚熟绿肉美味猕猴桃品种，果皮黄绿色，被黄褐色茸毛，果皮薄易剥离。

猕猴桃属于呼吸跃变型果实，采后冷藏可以有效抑制其软化，延长贮藏时间。然而多数猕猴桃品种对低温比较敏感且品种间冷敏性差异较大，在采后长期低温贮藏中易造成生理代谢失调等冷害现象。发生冷害的果实抗病性和耐贮性下降造成严重腐烂和品质劣变。国外对猕猴桃采后冷害的研究仅集中在冷害症状、采前温度调控及采收成熟度对其冷害的影响上。但目前有关不同品种猕猴桃果实耐冷性差异尚未见报道。本书案例主要对'红阳'、'华优''徐香'3 个不同品种猕猴桃果实在低温贮藏过程中的耐冷性及相关生理变化进行了研究与探讨，为生产中的冷害识别与控制提供参考，为今后选育耐冷性品种提供一定的依据。

早熟红肉'红阳'、中熟黄肉'华优'和晚熟绿肉'徐香'3 个品种猕猴桃果实均于可溶性固形物（TSS）达 6.5~7.5 时采收。'红阳'于 2011 年 9 月 14 日采自陕西省宝鸡市眉县陈家庄一管理良好的果园，'华优''徐香'分别于 2011 年 9 月 27 日和 10 月 12 日采自眉县青化镇管理良好的果园。

果实采后当天运回实验室，挑选大小均一，无伤、残、次、病虫害的果实，直接放入温度（0±0.5）℃、相对湿度为 90%~95% 的冷库中贮藏，每品种 3 次重复，每次重复 500 个果。入库当天及此后每 10 d 各取 10 个果实测定相关指标，用于相关酶活性测定的样品保存于 -80 ℃ 的超低温冰箱中。另外，每 10 d 各取出 30 个果于 20 ℃ 下放置 5 d 用于统计冷害指数和冷害率，直至 90 d。

（一）低温贮藏下 3 个品种猕猴桃果实的冷害症状及冷害程度比较

猕猴桃果实 0 ℃ 贮藏期间无明显冷害症状（图 3-1a、图 3-1c、图 3-1e），当移到 20 ℃ 下后熟时，冷害症状逐渐表现出来，不同品种间冷害症状不同。'红阳'贮藏 50 d 时开始出现皮下果肉组织木质化，近果柄处最早褐变，并伴随皮下果肉组织木质化，随着贮藏时间的延长（90 d），果面褐变面积及果肉木质化范围逐渐扩展（图 3-1b）。'华优'贮藏 60 d 左右出现冷害症状，也表现皮下果肉组织木质化，但冷害果实表皮无明显症状，随着冷藏时间延长，皮下果肉组织木质化程度加重，果实腐烂（图 3-1d）。'徐香'在 70 d 左右部分果实表现表皮凹陷，皮下果肉组织呈现水渍状斑块（图 3-1f），随着贮藏时间的延长果皮局部褐变，皮下果肉组织伴有轻微木质化。

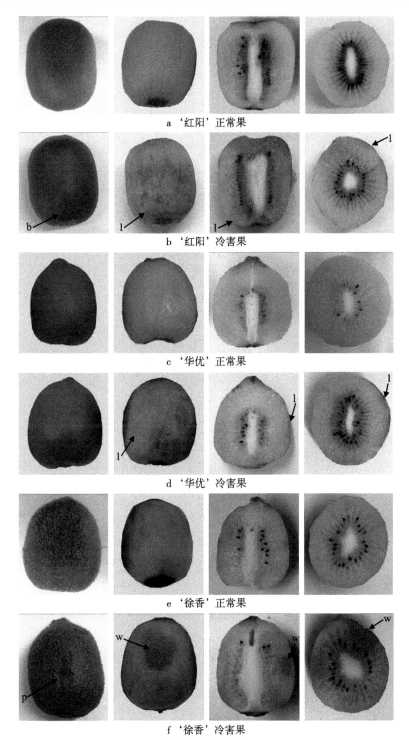

a '红阳' 正常果

b '红阳' 冷害果

c '华优' 正常果

d '华优' 冷害果

e '徐香' 正常果

f '徐香' 冷害果

图 3-1 猕猴桃果实 0 ℃ 贮藏 90 d 后 20 ℃ 后熟 5 d 时的冷害症状

b：表皮褐变；l：果肉组织木质化；p：表皮凹陷；w：果肉水浸状

  冷藏 50 d 后，'红阳''华优''徐香'相继表现出冷害症状，'红阳'出现最早，其次是'华优'，'徐香'最晚。贮藏后期，'徐香'冷害率和冷害指数显著低于'红阳''华优'（$P<0.01$），后两者间差异不显著（$P>0.05$）（图3-2），说明'徐香'对低温胁迫的耐性最强，'红阳''华优'较弱。

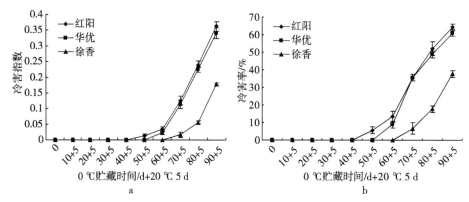

图3-2 低温贮藏下3个品种猕猴桃果实的冷害指数和冷害率比较

（二）低温贮藏 90 d 后 3 个品种猕猴桃果实的好果率

0 ℃ 贮藏90 d后20 ℃ 放置5 d，'徐香'的好果率最高，'华优'次之，'红阳'最低。'徐香'好果率显著高于'华优''红阳'（$P<0.01$），后两者差异不显著（图3-3）。

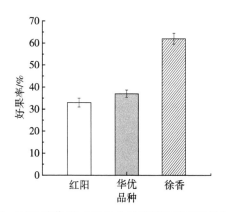

图3-3 0 ℃ 贮藏90 d 后 3 个品种猕猴桃果实的好果率

（三）冷藏期间3个品种猕猴桃果实呼吸速率和乙烯释放速率的变化

冷敏性植物在冷害临界点下贮藏时呼吸速率迅速显著升高。由图3-4a可以看出，贮藏至10 d时3个品种均有1个呼吸高峰，其中'红阳'最高，'华优'次之，'徐香'最低（$P<0.05$）。呼吸峰后，三者均呈下降趋势，之后维持在较低水平，但后期'红阳'和'华优'的呼吸反而低于'徐香'，这可能由于低温冷害使果实受到严重生理伤害，正常的生理代谢功能受到限制。这与在柑橘和甜柿上的研究结果一致。

冷害可诱导乙烯的大量释放，随着冷害程度的加深，乙烯的生成量不再增加，反而急剧下降，直到最低水平。贮藏前期果实产生的乙烯量很少，随着贮藏时间的延长，在冷害症状出现的前期乙烯释放量均异常升高。'华优''红阳'乙烯释放速率在 50 d 时达高峰，'徐香'的乙烯释放高峰晚 10 d 出现，且前两者的峰值显著高于后者（$P<0.05$）（图 3-4b）。

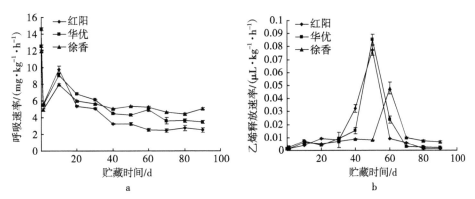

图 3-4 0 ℃贮藏过程中 3 个品种猕猴桃果实的呼吸速率和乙烯释放速率变化

（四）低温贮藏 90 d 后 3 个品种猕猴桃果实的失重率

果实贮藏过程中随贮藏时间延长质量不断下降，蒸腾失水是其主要原因。由图 3-5 可以看出，贮藏 90 d 后，'红阳'的失重率最高，'华优'次之，'徐香'最低，三者间差异显著（$P<0.05$）。

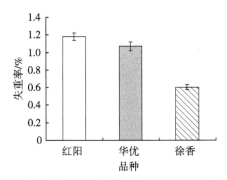

图 3-5 0 ℃贮藏 90 d 后 3 个品种猕猴桃果实的失重率

（五）冷藏期间 3 个品种猕猴桃果实的硬度变化

在冷藏条件下，随着贮藏时间的延长，各品种果实硬度都呈下降趋势，且贮藏前期下降较快，后期下降较缓慢（图 3-6）。贮藏结束（90 d）时'红阳''华优''徐香'硬度分别下降了 81.93%、88.11% 和 77.16%。其中'华优'在整个贮藏过程中硬度下降最快，表明该品种果实对低温的适应性较弱。

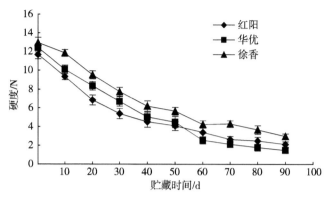

图 3-6　0 ℃贮藏过程中 3 个品种猕猴桃果实的硬度变化

（六）冷藏期间 3 个品种猕猴桃果实 LOX 活性和 MDA 含量变化

LOX 是一种广泛存在于植物体内的含非血红素铁的蛋白质，启动膜脂过氧化，降低膜脂脂肪酸的不饱和程度，加剧对植物组织细胞结构和功能的破坏。贮藏期间 3 个品种果实 LOX 活性均表现为先上升后下降再上升的变化趋势（图 3-7a），且贮藏后期（70 d）'徐香'的 LOX 活性显著低于'红阳''华优'，而后两者之间无显著差异（$P<0.05$）。'华优''红阳'冷害发生较严重，LOX 活性较高，导致膜脂过氧化作用加强，说明较高的 LOX 活性与猕猴桃冷害有一定关系。这与在柿和橄榄上的研究结果相似。

MDA 是膜脂过氧化的产物，损伤大分子生命物质，引起一系列生理生化代谢紊乱，最终导致膜的损伤和冷害发生。三者贮藏过程中 MDA 逐渐积累，从 50 d 开始'红阳'MDA 上升速度加快，60 d 时显著高于'华优''徐香'（$P<0.05$），之后'华优'也快速上升，'徐香'增速相对要缓慢得多（图 3-7b）；贮藏后期'红阳''华优'显著高于'徐香'（$P<0.05$），表明'徐香'冷伤害程度较轻。

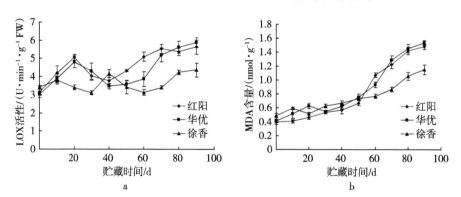

图 3-7　0 ℃贮藏过程中 3 个品种猕猴桃果实的 LOX 活性和 MDA 含量变化

（七）冷藏期间 3 个品种猕猴桃果实 POD 和 PPO 活性变化

POD 是细胞内清除活性氧的保护酶之一，POD 对减少活性氧积累、抵御膜脂过氧化和维护膜结构的完整性有重要作用，可降低低温胁迫下活性氧在植物体内的产生和积累导致的伤害。

贮藏过程中'徐香'的 POD 活性始终维持在较高水平且显著高于'红阳''华优'（图 3-8a），50 d 时达活性高峰，'华优''红阳'的 POD 活性高峰出现在 60 d，此时'华优'的活性峰值最低，'徐香'最高，三者间峰值差异显著（$P<0.05$）。'徐香' POD 活性在整个贮期始终保持在较高水平，冷害症状较轻，表明其清除活性氧的能力较强。这与 POD 活性越高，辣椒冷害程度越轻；较高的 POD 活性与水蜜桃果实的抗冷性有一定关系的报道相似。

低温引起植物组织褐变主要是 PPO 起作用，冷害使细胞膜完整性丧失，为组织内 PPO 与底物的接触同时发生褐变提供了必备条件。由图 3-8b 可知，整个贮藏过程中'徐香'的 PPO 活性始终维持在较低水平且无明显的活性高峰出现，而'红阳''华优'分别在 50 d 和 60 d 时达到 PPO 活性高峰，前者峰值显著高于后者（$P<0.05$）。峰值过后均表现出明显的冷害症状。这与在鳄梨、甜柿、李子和番茄上的研究结果一致。

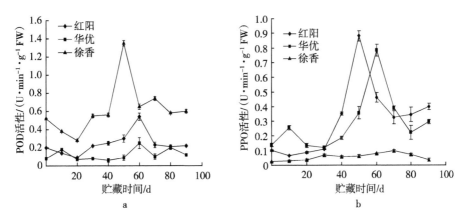

图 3-8 0 ℃ 贮藏过程中 3 个品种猕猴桃果实的 POD 和 PPO 活性变化

综上所述，'徐香'的耐冷性强于'红阳''华优'，这种品种间耐冷性差异除与生长条件等环境因素有关外，可能还与本身的生理特性有关，这为今后选育耐冷性品种提供了一定的理论依据。

二、采收成熟度对果蔬采后冷害影响研究实例——采收成熟度对猕猴桃果实冷害、品质和生理的影响

采收成熟度对低温贮藏果蔬产品的冷害指数和冷害发生率及品质指标产生重大影响。一般来说，相同栽培条件下的果实采收越早，冷敏性越强，果实冷害发生越严重。Zhao 等（2009）和 Kienzle 等（2011）发现杧果对低温的敏感性随着成熟度的升高而降低。孙芳娟等（2009）研究发现成熟度越低的桃果实越容易发生冷害，而高成熟度的果实则未出现明显的冷害症状，并保持较好的硬度、较高的可溶性固形物和可滴定酸含量。适期采收的杧果果实比早采果实的冷害发生率低，且贮藏品质较好。郜海燕等（2009）发现在相同的贮藏条件下七八成熟的水蜜桃出现明显的冷害症状，

而九成熟的果实则未出现明显的冷害症状，而且果实能够后熟软化，并保持较高的出汁率、可溶性固形物和维生素 C 含量，具有香气浓郁、风味佳等特点。

采收成熟度是影响猕猴桃果实冷害重要因素之一。但由于猕猴桃达到采收成熟时其外观颜色基本不发生变化，因此以积累可溶性固性物含量来作为判断采收标准的主要指标之一。不同国家猕猴桃商业采收标准不同，新西兰以可溶性固性物达到 6.2% 为采收标准，法国则以可溶性固性物达到 7%～10% 为采收标准，而我国则以猕猴桃可溶性固性物积累到 6.5% 为采收指标。龙翰飞等（1988）研究发现，中华猕猴桃在可溶性固性物达到 8.5% 以上采收的果实低温贮藏后的品质最好。马锋旺等（1994）研究发现，可溶性固性物低于 6.5% 的猕猴桃耐贮性不好，贮藏后果实品质较差。吴彬彬（2008）研究发现，'秦美''亚特''海沃德'在可溶性固性物达到 6.5% 以上时采收，果实贮藏后腐烂率和失重率较低，并保持较高的维生素 C 含量和较高的糖酸比，以此认为 6.5% 为陕西产区猕猴桃品种的适宜采收指标。已有研究表明，猕猴桃果实冷害的发生情况与采收成熟度关系密切。早采的猕猴桃果实冷害发生率较高，适当晚采可以显著降低采后果实的贮藏冷害，也有研究表明过晚采收猕猴桃在低温下贮藏期缩短，而且容易腐烂，所以采收过早过晚都会造成巨大的损失。目前，有关猕猴桃果实的采收成熟度与冷害生理生化指标之间的关系研究甚少。本书案例主要研究了 3 个不同采收成熟度'徐香'猕猴桃的果实在低温贮藏条件下的冷害、果实贮藏品质和生理生化指标的变化，探讨采收成熟度对猕猴桃果实低温保鲜效果的影响，为确定猕猴桃科学合理的采收期提供重要的理论依据和参考。

'徐香'果实采自陕西省西安市周至县一管理水平良好的猕猴桃果园。试验设 3 个采收期，分别在可溶性固形物（TSS）达 4.5%～5.5%（Ⅰ成熟度）、6.5%～7.5%（Ⅱ成熟度）、8.0%～9.0%（Ⅲ成熟度）时采收。采收结束后 2 h 内，迅速将果实运回实验室。选取无伤、残、次、病虫害的大小均一的正常果为试验材料，用 0.03 mm 厚的聚乙烯保鲜袋（国家农产品保鲜工程中心，天津）包装，每袋 100 个果实，袋口用橡皮筋松绕两圈以透气保湿。分装结束后立即入（0±0.5）℃，相对湿度 90%～95% 的冷库中。

（一）成熟度对'徐香'果实冷害的影响

采收成熟度影响'徐香'果实冷害发生的时间和程度。越早采收'徐香'果实越早出现冷害症状，冷害的程度也越高（图 3-9）。'徐香'采收Ⅰ成熟度果实在 0 ℃ 贮藏 40 d 时并在 20 ℃ 模拟货架期 5 d 就出现少许白色小木粒和水渍状，采收Ⅱ成熟度果实比Ⅰ成熟度晚 10 d 出现冷害症状，而Ⅲ成熟度果实比Ⅰ成熟度晚 20 d 出现冷害症状。

随着贮藏时间的延长，不同采收成熟度猕猴桃的冷害指数均表现为逐渐升高趋势，而采收成熟度不同的猕猴桃冷害指数上升幅度不同，采收Ⅰ成熟度果实的冷害指数上升最快，80～110 d 贮藏结束，其冷害指数显著高于同期其他采收成熟度猕猴桃的冷害指数（$P<0.05$），贮藏 110 d 时，采收Ⅰ成熟度果实的冷害指数为Ⅲ成熟度的 1.39 倍，是Ⅱ成熟度果实的 1.19 倍（图 3-10a）。采收Ⅱ成熟度和Ⅲ成熟度果实在贮藏前 90 d 其冷害指数间差异并不显著，但在 100～110 d 贮藏期间二者差异达显著

水平（*P*<0.05）。

a 正常果实

b 表皮褐变（实心箭头所指）

c 正常果肉

d 木质化果肉（实心箭头所指）和
　水渍化果肉（空心箭头所指）

e 沿赤道部横切木质化组织
（实心箭头所指）

f 沿中轴纵切木质化组织
（实心箭头所指）

g 沿赤道部横切水渍化组织
（空心箭头所指）

h 沿中轴纵切水渍化组织
（空心箭头所指）

图 3-9　'徐香'果实冷害症状

由图 3-10b 可知，贮藏 110 d 结束时，不同采收成熟度的'徐香'果实冷害率不同，采收Ⅰ成熟度果实可溶性固性物积累的较少，冷害率最高达 95.67%，分别比Ⅱ成熟度和Ⅲ成熟度采收的果实显著提高了 31.71% 和 42.16%（*P*<0.05）。'徐香'采收Ⅲ成熟度果实冷害率最低，比Ⅱ成熟度降低了 15.31%，二者差异达显著水平（*P*<0.05）。

以上结果表明，适时或适当晚采比提早采收的猕猴桃果实耐冷性强。究其原因可能在于：'徐香'Ⅰ成熟度果实可溶性固性物积累少，对低温敏感性强，果实冷害发生率高，冷害程度严重。适时或适当晚采Ⅱ成熟度和Ⅲ成熟度果实积累的可溶性固性物较多，抗低温的能力较强，而且适当晚采Ⅲ成熟度果实的抗低温能力更强，果实的冷害率和冷害程度最低。同样，在'Tomua'猕猴桃和'海沃德'猕猴桃研究中也得到相似结果。

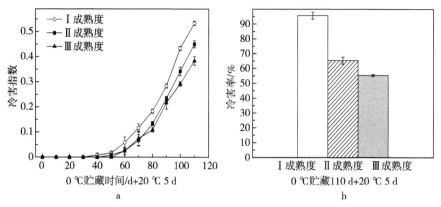

图3-10 成熟度对'徐香'果实冷害指数和冷害率的影响

（二）成熟度对'徐香'果实失重率和腐烂率的影响

由图3-11a可知，贮藏110 d结束时，采收Ⅰ成熟度果实的失重率最高，分别比Ⅱ成熟度和Ⅲ成熟度显著提高了31.93%和15.15%。采收Ⅲ成熟度果实的失重率居中，比Ⅱ成熟度果实提高了19.77%，二者之间差异达显著水平（$P<0.05$）。

由图3-11b可知，在110 d贮藏结束时，采收Ⅰ成熟度和Ⅲ成熟度果实腐烂率均较高，分别高达12.7%和12.0%，均显著高于Ⅱ成熟度果实（$P<0.05$），但Ⅰ成熟度和Ⅲ成熟度果实的腐烂率差异并不显著。

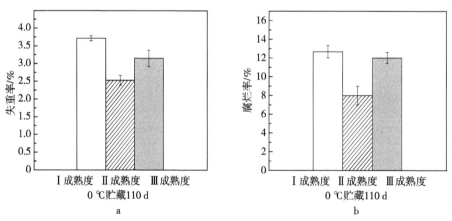

图3-11 成熟度对'徐香'果实失重率和腐烂率的影响

（三）成熟度对'徐香'果实品质的影响

低温贮藏过程中，冷害的发生和发展与品质指标直接密切相关。如表3-1所示，采收越晚的'徐香'果实硬度越小。低温贮藏前3个成熟度猕猴桃硬度值之间差异显著（$P<0.05$），其中采收Ⅰ成熟度果实硬度值最大为128.47 N，采收Ⅲ成熟度果

实硬度值最小为99.14 N。不同采收成熟度猕猴桃的硬度在贮藏期和货架期均呈下降趋势。在110 d低温贮藏结束时和模拟货架期5 d时，3个成熟度硬度值之间差异显著（$P<0.05$），其中Ⅱ成熟度果实硬度值最大分别为22.97 N和16.09 N，Ⅲ成熟度果实硬度值最小分别为16.13 N和10.44 N。

如表3-1所示，随着采收成熟度的提高，'徐香'TSS逐渐升高，采收时3个成熟度TSS值之间差异显著（$P<0.05$），其中采Ⅰ成熟度果实TSS值最小为5.35%，Ⅲ成熟度果实TSS值最大为8.57%。在贮藏期和货架期间不同采收成熟度'徐香'猕猴桃TSS均呈上升趋势，在贮藏期结束时Ⅲ成熟度果实TSS值最大，分别比同期Ⅰ和Ⅱ两成熟度果实高1.35%和0.17%。在模拟货架期5 d结束时Ⅱ成熟度果实TSS值最大，分别比同期Ⅰ和Ⅲ两成熟度果实高2.11%和0.57%。在110 d低温贮藏结束时和模拟货架期5 d结束时，Ⅰ成熟度与Ⅱ、Ⅲ两成熟度的TSS值差异达显著水平（$P<0.05$），而后两者间差异未达显著水平。

如表3-1所示，在采收、贮藏期和模拟货架期结束时，不同采收成熟度可滴定酸（TA）均呈下降趋势。采收时3个采收成熟度TA值之间差异显著（$P<0.05$），其中Ⅰ成熟度果实TA值最大为1.75%，Ⅲ成熟度果实TA值最小为1.54%。110 d贮藏结束时，Ⅰ成熟度果实与Ⅲ成熟度果实的TA值之间差异显著（$P<0.05$），而Ⅱ成熟度与Ⅰ成熟度二者之间TA值差异不显著。模拟货架期结束时，采收Ⅰ成熟度果实和Ⅱ成熟度果实的TA值最大，二者之间差异并不显著，但与Ⅲ成熟度果实之间差异达显著水平（$P<0.05$）。

表3-1　成熟度对'徐香'果实贮藏期间硬度、TSS、TA和维生素C含量的影响

采收成熟度	贮藏时间/d	硬度/N	TSS/%	TA/%	维生素C/ [mg·(100 g)$^{-1}$]
Ⅰ成熟度		128.47±3.20a	5.35±0.08c	1.75±0.02a	71.38±4.48b
Ⅱ成熟度	0	115.79±1.93b	6.90±0.13b	1.66±0.03b	83.58±1.75a
Ⅲ成熟度		99.14±4.20c	8.57±0.05a	1.54±0.02c	77.59±0.50 ab
Ⅰ成熟度		18.42±0.45b	13.00±0.12a	1.10±0.01a	45.13±0.99c
Ⅱ成熟度	110	22.97±0.50a	14.84±0.11a	1.07±0.01 ab	55.05±0.69a
Ⅲ成熟度		16.13±0.80c	15.02±0.13a	1.00±0.03b	49.53±0.58b
Ⅰ成熟度		13.21±0.31b	13.77±0.32b	1.05±0.02a	46.72±0.69c
Ⅱ成熟度	110+5	16.09±0.01a	15.87±0.05a	1.02±0.02a	58.27±1.22a
Ⅲ成熟度		10.44±0.43c	15.30±0.10a	0.92±0.02b	51.51±0.35b

注：表中数据为平均数±标准误；且同列数据后小写字母表示在$P<0.05$水平显著差异。

如表3-1所示，不同成熟度猕猴桃在采收时的维生素C含量及其贮后和货架期保存量均不同。在采收时，Ⅱ成熟度果实积累的维生素C最多，并显著高于Ⅰ成熟度果实（$P<0.05$），Ⅲ成熟度果实积累的维生素C居中，但与Ⅰ成熟度果实和Ⅱ成熟度果实的维生素C差异不显著。不同采收成熟度'徐香'猕猴桃的维生素C在贮藏期间均呈下降趋势，说明低温在对猕猴桃产生低温伤害的同时也促进果肉维生素C的降解。在110 d低温贮藏时和模拟货架期5 d时，3个采收成熟度维生素C值之间

差异显著（$P<0.05$），其中Ⅱ成熟度果实维生素 C 值最大，110 d 贮藏结束时分别比同期Ⅰ和Ⅲ两成熟度果实显著提高了 21.97% 和 11.14%。模拟货架期 5 d 结束时，Ⅱ成熟度果实的维生素 C 值分别比同期Ⅰ和Ⅲ两成熟度果实显著提高了 19.88% 和 13.13%。

尽管采收Ⅲ成熟度果实冷害率最低，比Ⅱ成熟度果实降低了 15.31%，而且二者差异达显著水平（$P<0.05$），但晚采Ⅲ成熟度果实在 110 d 贮藏结束时其失重率和腐烂率显著高于Ⅱ成熟度果实（$P<0.05$），而且低温贮藏和货架期结束时其硬度、TA 和维生素 C 含量均比Ⅱ成熟度果实低。因此，'徐香'猕猴桃应在 TSS 积累到 6.5%~7.5% 时适时采收，才能保持较好的贮藏和货架期品质，减少冷害的发生。

（四）成熟度对'徐香'果实呼吸速率和乙烯释放速率的影响

果蔬遭受低温冷害后，呼吸速率通常表现为异常增加。由图 3-12a 可以看出，在低温贮藏前 10 d '徐香'果实的呼吸速率下降，可能与低温抑制呼吸相关酶活性有关。而在贮藏前期冷害症状出现之前，果实的呼吸速率均异常升高，这可能是果实本身的一种自我保护反应。不同采收成熟果实出现呼吸峰的时间和呼吸峰值的高低不同。采收Ⅲ成熟度果实最早在贮藏 30 d 时就出现了呼吸峰，但呼吸峰值比较低为 8.84 mg/(kgFW·h)。与Ⅲ果实相比，采收Ⅱ和Ⅰ两成熟度果实的呼吸峰推迟 10 d 出现，其呼吸峰值分别为 9.94 mg/(kgFW·h) 和 10.44 mg/(kgFW·h)，显著高于Ⅲ成熟度果实，而且两处理间呼吸峰值亦存在显著差异（$P<0.05$）。在贮藏后期各采收成熟度的呼吸速率均呈下降趋势。40~70 d 贮藏期间，采收Ⅰ成熟度果实的呼吸速率始终显著高于同期其他采收成熟度（$P<0.05$），而其他成熟度之间差异亦显著（除 70 d 外）（$P<0.05$）。90~110 d 贮藏期间，Ⅰ成熟度果实的呼吸速率下降迅速，其值反而显著低于Ⅱ成熟度果实，这可能由于低温冷害使果实受到严重生理伤害，正常的生理代谢功能受到限制的原因，同样在柑橘和甜柿上也得到相似的研究结果。

冷害胁迫能够显著促进部分冷敏植物的乙烯合成。但当超过一定限度的冷胁迫时，乙烯的释放量不但不会增加，反而呈现急剧下降的趋势直至最低水平。由图 3-12b 可看出，贮藏前 40 d 乙烯释放很少，变化很小，在冷害指数开始迅速上升时，各采收成熟度果实大量释放乙烯并出现峰值，说明冷害诱导了乙烯的大量释放，反过来乙烯又促进冷害症状的进一步加剧。3 个不同采收成熟度果实出现乙烯峰早晚不同，乙烯峰值的高低亦不同。采收Ⅲ成熟度果实的乙烯峰出现较Ⅱ成熟度和Ⅰ成熟度果实早 10 d，可能是Ⅲ成熟度果实成熟度较高所致，但乙烯峰值较低，分别比Ⅱ和Ⅰ两成熟度果实的乙烯峰值显著降低了 9.46% 和 35.87%（$P<0.05$）。采收Ⅱ成熟度果实和Ⅰ成熟度果实同时在 60 d 出现乙烯峰，Ⅰ成熟度果实的峰值显著高于Ⅱ成熟度果实，比Ⅱ成熟度果实提高了 41.18%，可能与低成熟度果实对低温较敏感，易于刺激 ACC 合成酶和 ACC 氧化酶活性的增强有关。据差异显著性分析，60~100 d 贮藏期间采收Ⅰ成熟度果实的乙烯释放显著高于Ⅱ和Ⅲ两成熟度果实的乙烯释放（$P<0.05$），但后两者间差异并不显著（除 60 d）。而较早采Ⅰ成熟度果实的呼吸峰值和乙烯峰值均显著高于Ⅱ成熟度果实（$P<0.05$）。

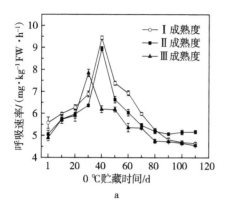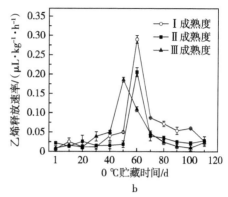

图3-12　成熟度对'徐香'果实呼吸速率和乙烯释放速率的影响

（五）成熟度对'徐香'果实 MDA 含量和相对膜透性的影响

采后果蔬冷害发生与膜脂过氧化程度加剧有关。由图 3-13a 可知，不同采收成熟度的猕猴桃 MDA 含量随低温贮藏时间延长均呈上升趋势。相关性分析发现，不同采收成熟度果实的 MDA 含量与膜透性的变化均呈显著正相关（如采收 Ⅰ 成熟度果实的相关系数 $R=0.9813$，显著水平 $P=0.0001$）（$P<0.05$），说明 MDA 影响了细胞膜结构，导致果实冷害发生。采收 Ⅰ 成熟度果实的 MDA 含量上升最快，冷藏 30 d 后，其含量显著高于同期其他两采收成熟度（$P<0.05$）。贮藏前 40 d Ⅲ成熟度果实的 MDA 含量始终高于Ⅱ成熟度果实的含量，但之后的贮藏期间其 MDA 含量上升缓慢反而低于Ⅱ成熟度果实，据差异显著性分析，100~110 d 贮藏期间二者差异达显著水平。以上结果说明，较早采收成熟度较低的'徐香'果实对低温的敏感性就越高，较易受低温伤害而导致细胞膜脂过氧化程度也越高，而适时或适当晚采的果实由于成熟度较高，提高了果实对低温的抵抗能力，可能更有利于抵抗低温逆境伤害。

冷敏型植物在低温胁迫下细胞膜容易发生相变，膜发生收缩后出现裂缝，导致膜的透性增大，大量离子发生渗漏，从而引起异常的新陈代谢变化。由图 3-13b 可知，随贮藏时间的延长相对膜透性呈上升趋势，特别是在贮藏 60 d 或 70 d 时冷害指数开始迅速上升，相对膜透性也迅速上升，说明冷害刺激的果实相对膜透性增加。相关性分析发现，不同采收成熟度果实的冷害指数与果实相对膜透性均呈正相关（如采收 Ⅰ 成熟度果实相关系数 $R=0.7316$，显著水平 $P=0.0068$），说明'徐香'猕猴桃冷害与细胞膜透性密切相关，这与在杞果和柿果上得到的结果相一致。

采收时，Ⅲ成熟度果实相对膜透性最高，分别比Ⅱ和Ⅰ两成熟度果实的相对膜透性显著提高了 6.70% 和 10.68%（$P<0.05$）。从 30 d 至 110 d 贮藏结束，Ⅰ成熟度果实的相对膜透性上升迅速，其值显著高于同期其他两采收成熟度果实（$P<0.05$）。贮藏整个过程当中，Ⅲ成熟度果实相对膜透性始终高于Ⅱ成熟度果实，据差异显著性分析，在采收和贮藏前 20 d 二者差异达显著水平（$P<0.05$），其余贮藏时间二者差异不显著。以上结果说明，较早采收 Ⅰ 成熟度果实的细胞膜透性上升迅速，其值显著高于同期其他两采收成熟度果实，说明细胞膜损伤严重，而较晚采收Ⅲ成熟度果实由于

成熟度较高而表现较高的细胞膜渗透性，只有适时采收Ⅱ成熟度果实抗冷性较强，膜损伤最轻。

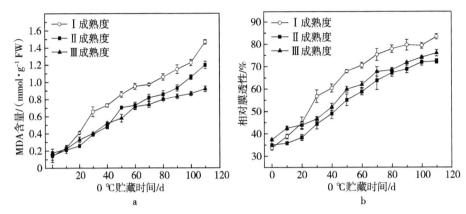

图3-13　成熟度对'徐香'果实MDA含量和相对膜透性的影响

（六）成熟度对'徐香'果实SOD、CAT、APX和POD活性的影响

在低温胁迫的逆境下，果蔬细胞体内ROS清除酶的分子结构被改变或被破坏，酶活性下降，大量ROS自由基难以被清除出去造成大量积累，进而启动膜脂过氧化链式反应并加速进行，导致MDA大量产生，并进一步毒害细胞，最终引起冷害的发生。果蔬体内存在一系列的抗氧化酶防御系统，提高SOD、POD、CAT等抗氧化酶活性有助于协调ROS的代谢平衡，对果蔬的抗冷能力也有重要作用。

由图3-14a可知，贮藏期间所有采收成熟度的'徐香'果实SOD活性呈先上升后下降的趋势。与Ⅱ和Ⅲ两成熟度果实相比，Ⅰ成熟度果实的SOD活性仅在采收时保持较高活性，20~110 d贮藏期间其活性一直保持在较低水平，据差异显著性分析，40~110 d贮藏期间与同期其他两成熟度差异达显著水平（$P<0.05$）。与Ⅱ成熟度果实相比较，采收Ⅲ成熟度果实的SOD活性在低温贮藏期间始终高于Ⅱ成熟度果实，80~110 d二者差异达显著水平（$P<0.05$）。

CAT分解代谢产生的H_2O_2，从而有效地清除自由基。由图3-14b可知，所有采收成熟度的CAT活性在贮藏前期均呈上升趋势，并于40 d时达到高峰，随后呈下降趋势。采收Ⅰ成熟度果实的CAT活性在采收时和贮藏的整个时期均处于较低水平，据差异显著性分析，采收时和低温贮藏期间与Ⅲ成熟度果实的差异达显著水平（$P<0.05$），而与Ⅱ成熟度果实除了贮藏早中期有一段时间差异不显著外（20 d、30 d和50 d）其余均达显著水平（$P<0.05$）。与Ⅱ成熟度果实相比较，Ⅲ成熟度果实的CAT活性在低温贮藏期间一直保持较高水平，据差异显著性分析，贮藏40 d和100~110 d期间二者差异达显著水平（$P<0.05$）。

由图3-14c可知，在贮藏10 d时，所有采收成熟度的猕猴桃果实APX活性均达到高峰，随后呈下降趋势。Ⅰ成熟度果实的APX活性在采收时和低温贮藏期间均处于较低水平，据差异显著性分析，采收时和整个低温贮藏期间与Ⅲ成熟度果实差异达显著水平（$P<0.05$），与Ⅱ成熟度果实除采收时差异不显著外低温贮藏期间均达显著

水平（$P<0.05$）。采收时和低温贮藏期间Ⅲ成熟度果实的 APX 活性始终高于Ⅱ成熟度果实，70~100 d 二者差异达显著水平（$P<0.05$）。

由图 3-14d 可知，3 个采收成熟度的'徐香'果实在贮藏期间 POD 活性表现为前中期上升而后期下降的趋势。Ⅰ成熟度果实的 POD 活性在采收时和贮藏期间均处于较低水平，据差异显著性分析，采收时和整个低温贮藏期间与Ⅲ成熟度果实差异达显著水平，与Ⅱ成熟度果实除采收时和贮藏 10 d 及 30 d 差异不显著外其余均达显著水平（$P<0.05$）。贮藏前 70 d Ⅲ成熟度果实的 POD 活性稍高于Ⅱ成熟度果实，但在 70 d 之后的贮藏时间其酶活下降迅速反而低于Ⅱ成熟度果实，据差异显著性分析，二者除在贮藏 10 d、30 d 和 110 d 时差异显著外，其余贮藏时间差异均未达显著水平（$P<0.05$）。

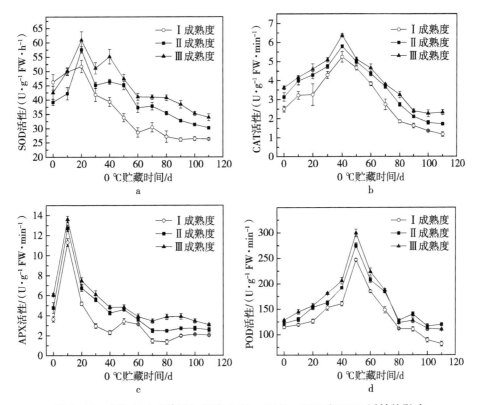

图 3-14 成熟度对'徐香'果实 SOD、CAT、APX 和 POD 活性的影响

以上结果表明，在贮藏前期，SOD、CAT、APX 和 POD 活性均有一个上升过程，可能是对低温冷害的抵御过程。随后其 SOD、CAT、APX 和 POD 活性呈下降趋势，'徐香'果实冷害程度进一步加重，说明抗氧化酶活性的降低导致其清除 ROS 能力下降，而积累的 ROS 进一步毒害细胞，最终导致果实冷害加重。采收Ⅱ和Ⅲ两成熟度果实保持较高的 SOD、CAT、APX 和 POD 抗氧化酶活性，特别是在贮藏中后期，从而有助于提高果实清除 ROS 的能力，最终提高了果实的抗冷性。与本书结果类似的是，郜海燕等（2009）研究报道较高成熟度的南方软质水蜜桃果实维持较高的 SOD 和 POD 活性，减少了果实组织内 ROS 的积累，减轻了果实冷害症状。Qian 等

（2012）发现早期采收的黄瓜更容易发生冷害，而后期采收的果实能够保持较高的POD 和 APX 活性，能有效抵抗氧化胁迫具有较强的耐冷性。Zhao 等（2009）研究发现绿杧果比开始转黄的杧果更容易发生冷害，转黄的杧果具有较高抗冷能力与保持较高的 SOD、CAT、APX 等抗氧化酶活性密切相关。Singh 等（2013b）报道延迟采收 1周的李果实更容易发生冷害，而达到商业成熟期的李果实具有较高 SOD、CAT 和APX 活性，能够抵抗低温造成氧化损伤。

根据上述研究，主要结论如下。

①采收成熟度对'徐香'猕猴桃低温贮藏冷害和生理代谢变化产生显著影响：Ⅱ 和 Ⅲ 两成熟度显著降低了冷害发生率和冷害指数。与 Ⅱ 成熟度相比，Ⅲ 成熟度果实的腐烂率和失重率较高，贮藏结束和货架期结束时果肉硬度、TA 和维生素 C 含量较低。因此，'徐香'猕猴桃应在 TSS 积累到 6.5%~7.5%时适时采收，才能保持较好的贮藏品质，减少冷害发生。

②'徐香'猕猴桃果实呼吸速率和乙烯释放异常变化跟冷害发生密切相关。冷害发生过程中由于 SOD、POD、CAT、APX 活性降低，ROS 大量积累，促进细胞膜脂过氧化作用，MDA 含量和细胞膜透性升高，从而促进果实冷害发生。

③采收 Ⅱ 成熟度和 Ⅲ 成熟度的'徐香'果实呼吸速率和乙烯释放速率较低，SOD、POD、CAT、APX 活性较高，避免过多活性氧自由基产生，从而减少活性氧自由基对细胞膜的破坏，保护了细胞膜结构的完整性，最终果实冷害发生率低。

第三节　贮藏环境对果蔬采后冷害的影响

贮藏环境的温度、湿度及气体成分（氧气、二氧化碳）浓度是果蔬冷害的重要影响因素。

一、贮藏温度及低温持续时间

温度是果蔬贮藏的基础条件。温度对果蔬的呼吸速率、乙烯释放速率、蒸腾、成熟衰老等多种生理作用及抑制微生物的生长繁殖等发挥重要作用。在一定温度范围内，随着温度的下降，果蔬各种生理代谢强度降低，寿命延长，同时各种微生物生长繁殖减慢，果蔬腐烂减轻，达到贮藏保鲜的目的。因此，低温是贮藏保鲜果蔬的一个有效方法。

不适宜低温极易引起果蔬水渍化、木质化和褐变等冷害现象。温度是果蔬冷害的最重要的影响因素。果蔬冷害的发生与贮藏温度及在低温下的持续时间有直接关系。果蔬短时间放置于低温下，如果没有造成组织的不可逆伤害，转移至适宜温度环境还可恢复正常代谢，不会出现冷害症状。如果置于低温环境下时间过长，代谢的失调严重，则可造成不可逆的冷伤害。例如，黄瓜环境温度越低、存放时间越长，所产生的冷害越严重；'红毛丹'果实采后 8 ℃贮藏 4 d 果皮出现冷害，而 13 ℃贮藏过程中未发现冷害；'86-1'哈密瓜采后 1 ℃贮藏 14 d 发现冷害，3 ℃贮藏 42 d 发现轻微冷害症状，5℃贮藏过程中未发出现冷害；番木瓜在1℃贮藏2 d出现冷害，在6℃贮藏12 d出现冷害，在11℃贮藏24 d出现冷害，在16℃贮藏未发现冷害；'紫花'杧果在2℃条件下贮藏15 d后会发生冷害，在5℃条件下贮藏冷害的出现可推迟19 d；草菇5℃贮藏48 h出现冷害症状，而10℃贮藏72 h才发生冷害；黄瓜环境温度越低、存放时间越长，所产生的冷害越严重。然而，有些果蔬对低温的反应有其特殊性。例如，油桃在5℃条件下贮藏要比在10℃条件下冷害严重；葡萄柚果实在0℃或10℃条件下可贮藏30 d以上也不会出现冷害，但在5℃左右的环境中却易受冷害损伤。

二、湿度

贮藏环境中的湿度往往以相对湿度进行表示。相对湿度是果蔬冷害发生的重要影响因素之一。一般来说，果蔬贮藏环境的相对湿度增大能够降低冷害发生的程度。例如，辣椒在温度为0℃、相对湿度88%~90%的环境中，贮藏到第12天就有2/3的果实发生冷害，而在相对湿度提高到96%~98%的条件下，贮藏相同的时间，只有1/3的果实表现出冷害症状；黄瓜贮藏在相对湿度接近100%的环境中较在相对湿度90%的环境中冷害症状更轻；柑橘果实采后低温贮藏湿度越大，冷害发生程度越低；香蕉贮藏在8.5℃、相对湿度接近100%的环境中时，能明显减轻冷害。

有些学者却发现高湿度能加重果蔬冷害发生的程度。由于果蔬贮藏环境湿度的过高或过低，影响果蔬的生理代谢作用，产生不利于贮藏的生理生化系列反应，从而加速了冷害发生。一般来说，环境湿度过高，果蔬容易产生水浸状斑点或发生凹陷，会加速冷害发生。例如，茄子在湿度低的环境中更耐冷。对于大多数种类的果蔬而言，相对湿度控制在90%~95%可减少蒸腾失水和冷害的发生。生产中应根据果蔬的特性、贮藏温度、是否用薄膜袋包装等来确定贮藏的湿度条件。

三、气体成分与浓度

气体成分是影响冷害的重要因素之一。不同果蔬在不同的气体环境条件下低温贮藏时，气体成分对果蔬的冷敏性有不同程度的影响。一般低氧高二氧化碳可降低果蔬对低温的敏感性，减少冷害发生。例如，杧果在13℃低温贮藏条件下，当环境中的气体比例维持在4% CO_2+6% O_2 时，可有效降低其贮藏过程中的冷害发生程度；黄瓜在1% CO_2+5% O_2 的气调环境4℃贮藏时，可有效降低其贮藏过程中的冷害的发生程度；日本李在3% CO_2+1% O_2 的气调环境0~1℃贮藏时，可显著降低其贮藏过程中的冷害发生程度。但高浓度 CO_2 可促进黄瓜、苹果、番茄的冷害发生。可见，气调贮藏能否减轻冷害的发生程度，由果蔬种类、O_2 和 CO_2 浓度、处理时间和贮藏温度等因素决定。

第四节　贮藏环境对果蔬采后冷害影响的研究实例

一、贮藏温度对果蔬采后冷害影响的研究实例 1

　　冷藏能有效地抑制油桃果实的腐烂变质，缓解其集中上市所造成的销售困难。但油桃具有较强的冷敏性，普通冷藏及不适宜低温很容易诱发冷害。据报道油桃果实对冷藏的温度具有特殊反应。有研究表明，油桃在 2.2~7.6 ℃ 贮藏比 0 ℃ 或更低但高于其组织冰点温度贮藏更容易发生冷害，2.5 ℃ 左右的低温通常会加剧油桃冷害的发生。Crisosto 等（1999）对加利福尼亚种植的主要油桃品种的冷敏性进行了研究，发现 5 ℃ 比 0 ℃ 冷敏性强，更容易遭受冷害。截至目前，关于冷害温度的报道还存在一定的差异。本研究拟在此基础上对油桃果实冷害温度进行研究，以揭示温度对油桃果实冷害的影响。

　　以八成熟的'秦光 2 号'油桃为试验材料，采收当天即运回实验室，选择果实端正、发育良好、中等大小、无机械损伤的果实，分为 6 个小组，每小组设 3 个重复。油桃果实分别装入厚度为 0.03 mm 的聚乙烯薄膜包装袋中，分别于温度 1 ℃、3 ℃、5 ℃、7 ℃、8 ℃ 和 11 ℃，相对湿度90%~95%的机械冷库中贮藏，每处理 50 个果实，定期取 6 个果实，移至 20 ℃ 下（相对湿度约75%）后熟 3 d，用于冷害指数及褐变指数的统计。

　　由图 3-15 可知，1 ℃ 与 3 ℃、5 ℃、7 ℃ 贮藏果实的冷害指数间差异达极显著水平（$P<0.01$）。贮藏期内，1 ℃ 下贮藏的油桃未发生冷害。1 ℃ 下油桃果实在贮藏 39 d 时移至室温后仍能正常后熟，无冷害症状出现。5 ℃ 下贮藏 20 d 的油桃果实，其冷害症状在冷库内已表现得非常明显，且冷害持续发生。7 ℃ 下贮藏的油桃果实虽也在一定程度上遭受冷害，但明显低于 3 ℃ 和 5 ℃，且由于贮藏温度较高，为微生物病原菌的侵入提供了有利条件，后期腐烂现象严重。

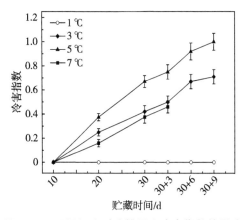

图 3-15　不同温度对油桃果实冷害指数的影响

一般情况下，果蔬的冷害程度在温度与时间方面具有累积效应，即温度越低，持续时间越长，则冷害越严重。但本研究证明油桃果实对温度的反应是比较特殊的，与上述研究结果有所不同。具体表现为：虽然油桃果实在 3~7 ℃ 贮藏短期内都会发生冷害，但是 5 ℃ 时其冷敏性最强，比 5 ℃ 更低的其他温度更易导致冷害发生。这种现象在桃、李子和青椒等果蔬上均有发生。目前，对于这种不同并没有统一的解释，有研究认为这是冷害的中间温度效应，即"低"温（如 0 ℃）可以迅速诱导生理上的伤害，但其理化变化的表现则因在低温下反应缓慢而推迟。相反，在"中"温下虽然对生理伤害的诱导要慢一些，但是理化变化却因为温度较高而加速了，所以冷害症状的表现反而提早出现。也有人认为近冰点贮藏不易诱导冷害发生。因此，还有待进一步研究、验证。另外，冷害症状与果蔬的品种、种类有关。在桃果实中，冷害症状主要表现为发绵和絮败。本研究中，发生冷害的油桃果实仅有部分冷害症状表现为发绵和絮败。

根据上述研究，主要结论如下。

'秦光 2 号'油桃在 3 ℃、5 ℃ 和 7 ℃ 下均可诱发冷害，其中 5 ℃ 的冷敏性最强，3 ℃ 次之，7 ℃ 最缓；在 1 ℃ 下贮藏的期限最长，在 40 d 左右，且能保持果实商品良好。

二、贮藏温度对果蔬采后冷害影响的研究实例 2

温度对油桃的生理活性有很大的影响，低温有利于油桃贮藏，但油桃果实的系统发育是在较高温度下进行的，对低温有较强的敏感性，不适宜低温贮藏，很容易诱发冷害而导致抗病性和耐贮性下降，造成腐烂和品质劣变，食用价值下降甚至完全丧失。油桃有特殊的中间温度效应，迄今冷害发生的机制还不十分明确。本案例研究油桃果实的基本冷害生理，以探讨油桃硬度增加、出汁率降低的发生机制，为油桃的贮藏保鲜提供理论依据。

以八成熟的'秦光 2 号'油桃为试验材料，采收当天即运回实验室，选择果实端正、发育良好、中等大小、无机械损伤的果实，分为 2 组，装入厚度为 0.03 mm 的聚乙烯薄膜包装袋中，分别放入 1 ℃ 和 5 ℃、相对湿度 90%~95% 的机械冷库中贮藏。其中以 5 ℃ 为冷害温度，1 ℃ 为对照，每处理 10 kg 果实，设 3 个重复，定期取样用于测定各项指标。

（一）不同温度对油桃果实冷害指数的影响

由图 3-16 可知，贮藏 10 d 后的各阶段，1 ℃ 及 5 ℃ 贮藏果实的冷害指数间的差异均达极显著水平（$P<0.01$）。5 ℃ 贮藏的果实，冷藏 20 d 时冷害症状已非常明显，且随贮藏时间延长冷害持续发展，到末期时冷害发生指数高达 1.0；而同时期 1 ℃ 贮藏的果实则未发生冷害。

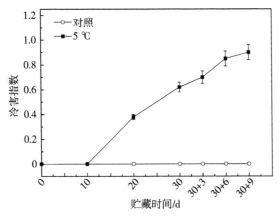

图 3-16　不同温度对油桃果实冷害指数的影响

（二）不同温度对油桃果实呼吸速率和乙烯释放速率的影响

果蔬采后贮藏中遭受冷害时，呼吸速率会首先异常升高，此后随着冷害的持续发展呼吸速率又显著下降。由图 3-17a 可知，前 20 d 的贮藏期内，5 ℃贮藏的果实呼吸速率显著快于 1 ℃，且在初期急剧上升，与冷害症状表现程度相呼应，说明冷害诱导致呼吸上升，是新陈代谢的不可逆紊乱开始和氧化中间产物的积累及呼吸系统中各阶段的协调性破坏的结果。5 ℃呼吸速率于第 20 天时达到高峰，其值为 1 ℃时的 1.36 倍，且出现时间较 1 ℃提前 20 d，之后又迅速下降。

呼吸速率在冷害初期急剧增加，这是果实本身的一种自我保护反应，但随着冷害持续发展，呼吸速率不再继续增加，反而会下降。呼吸速率先升后降，意味着不可逆冷害的开始。同样的现象在'大久保'和'明星'桃、黄瓜和甘薯等果蔬上均有发生。

冷害胁迫对一些冷敏感植物内源乙烯的合成有明显的促进作用。冷害温度可以刺激许多果蔬采后乙烯的大量释放。由图 3-17b 可知，前 30 d 的贮藏期内，5 ℃油桃果实乙烯释放速率的增加趋势显著高于 1 ℃果实的。5 ℃贮藏果实的乙烯释放速率在贮藏初期即出现急剧上升，并与冷害症状的表现程度相呼应，说明冷害诱导了乙烯的大量释放，且乙烯释放速率于第 20 天时达到高峰，之后又迅速下降。这说明当冷

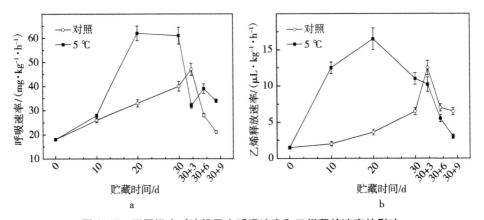

图 3-17　不同温度对油桃果实呼吸速率和乙烯释放速率的影响

处理超过一定限度，乙烯释放速率将不再增加，反而会急剧下降直到最低水平，同时也表明 5 ℃ 下油桃果实贮藏 20 d 后，冷害由可逆转变为不可逆。但茅林春等研究发现，'白凤'桃果实发生冷害时，并没有引起乙烯的大量合成，冷害果实的乙烯水平一直比正常果低。

（三）不同温度对油桃果实 TSS 含量的影响

由图 3-18 可知，1 ℃ 及 5 ℃ 下油桃果实 TSS 含量的变化趋势较为相似，均有一个先下降后上升之后再下降的变化过程，且除 15~25 d 外，1 ℃ 果实的 TSS 含量始终高于 5 ℃ 果实，但两处理间并未表现出显著差异。因此，温度对油桃果实 TSS 含量的变化无明显影响。

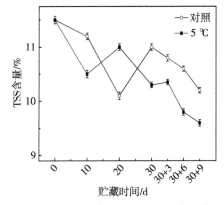

图 3-18　不同温度对油桃果实 TSS 含量的影响

（四）不同温度对油桃果实出汁率的影响

由图 3-19 可知，整个贮藏期内，1 ℃ 油桃果实的出汁率变化为平稳上升。5 ℃ 冷害油桃果实的出汁率随冷藏时间延长有一个先上升后下降的变化过程。它的出汁率在贮藏 20 d 时达到最大，为 38.3%，是同时期对照果实的 1.78 倍。之后由于冷害不断加剧，出汁率逐渐下降。油桃果实在 5 ℃ 冷藏期间出汁率急剧上升的过程是

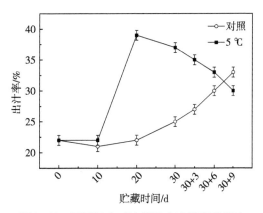

图 3-19　不同温度对油桃果实出汁率的影响

冷害造成的，而之后的出汁率下降可能与冷害果实贮藏后期硬度的异常变化有关，其具体影响方式还有待进一步探究。

本研究结果不同于王贵禧的研究结果：5 ℃ 冷藏的'大久保'桃果实在贮藏 15 d 后出汁率迅速上升，至 60 d 时上升到较高水平；也不同于罗自生在柿上的研究，他认为冷害果实的出汁率随冷藏时间的增加而降低。

（五）不同温度对油桃果实相对膜透性的影响

冷敏型植物对冷害的第一反应是膜的相变，膜结构受损，膜透性增加，从而使细胞的分室作用被破坏引起新陈代谢的异常变化。由图 3-20 可知，5 ℃ 贮藏油桃果实相对膜透性的增大速率明显快于 1 ℃ 果实的，且达到了显著水平（$P<0.05$），并在冷藏 10~20 d 内急剧上升，之后处于相对缓慢的升高状态。结合冷害指数可知，冷害刺激油桃果实的相对膜透性增加。5 ℃ 下果实的相对膜透性在贮藏 10 d 后激增，说明果实已发生了生理紊乱。因此，相对膜透性的异常增加可以作为低温伤害的主要标志。

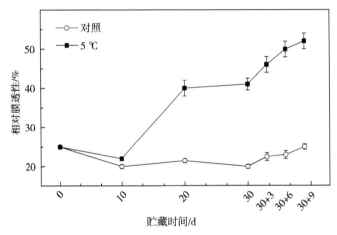

图 3-20　不同温度对油桃果实相对膜透性的影响

据报道，电解质外渗率能及时准确地反映果蔬受冷害情况，并证实果蔬受害后外观上的表现明显晚于电解质外渗率的增加。本研究也证实了这一点，即冷害造成相对膜透性的升高明显早于果蔬外部形态的变化。低温诱导的乙烯大量释放与膜透性增加有关，而大量乙烯又会反过来加剧膜的损伤，导致膜透性增加和细胞区隔化的破坏。结合以上结果认为，可以通过呼吸速率、乙烯释放量和相对膜透性的异常增加判断冷害是否已经发生，即作为低温伤害的参考标志。

（六）不同温度对油桃果实硬度的影响

品质指标可以直观地反映果实冷害和衰老状况。由图 3-21 可知，1 ℃ 果实在整个贮藏期内维持了较高的硬度，贮藏 39 d 时其硬度仍为 7.14 N，变化量仅为采收当天硬度的 13.34%。随着处理时间的延长，5 ℃ 下贮藏的油桃果实与刚采收时相比，果实质地逐渐软化。但值得注意的是，5 ℃ 下的冷害果实在贮藏 30 d 之后硬度开始异常增加，出现此现象的原因可能是冷害的发生使油桃果实原果胶的解离和解聚过程受到了阻碍，进而造成了可溶性果胶含量的异常减少。

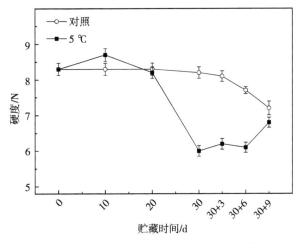

图 3-21　不同温度对油桃果实硬度的影响

（七）不同温度对油桃果实粗纤维含量、原果胶含量和水溶性果胶含量的影响

由图 3-22a 可知，贮藏期间，1 ℃ 粗纤维含量始终比 5 ℃ 冷藏油桃果实的粗纤维含量高，且二者均表现为不断下降，1 ℃ 含量达到了显著水平（$P<0.05$）。其中 1 ℃ 果实的粗纤维含量在 10 d 内没有明显变化，而 5 ℃ 贮藏果实的粗纤维在第 10 天时已较采收当天减少 27.14%，到贮藏末期其含量仅占采收当天的 36.00%，是同时期 1 ℃ 果实含量的 58.60%。

由图 3-22b 可知，采后 30 d 内，1 ℃ 油桃果实原果胶含量的变化较为缓慢，减少量仅为 0.13%，之后，由于呼吸高峰的到来，原果胶降解速率迅速增大，到第 39 天时，其含量为 0.52%，约为初采时的一半。5 ℃ 冷藏油桃果实的原果胶含量 0~20 d 内逐渐降低，之后出现异常增加，这可能是造成冷害油桃果实硬度在贮藏后期异常增加的原因之一。

如图 3-22c 所示，低温条件下，因为原果胶降解受到抑制，故水溶性果胶增加相对缓慢。5 ℃ 贮藏油桃果实的水溶性果胶 0~20 d 内呈上升的变化趋势，之后由于原果胶降解的异常变化，致使其可溶性果胶的含量出现降低的变化现象。1 ℃ 油桃果实的可溶性果胶含量则一直处于增加中，第 39 天时其含量为采收当天的 3.32 倍。油桃果实原果胶的解离和解聚过程受到了阻碍，造成了可溶性果胶含量的异常减少，进而造成油桃果实硬度在贮藏后期异常增加。

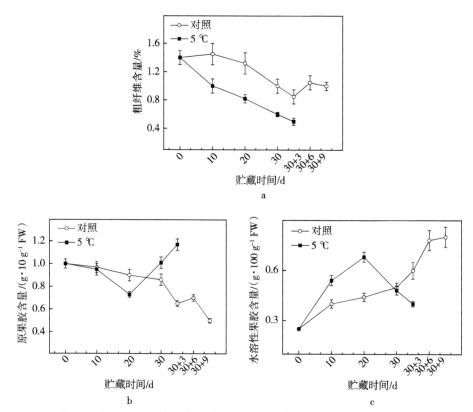

图 3-22 不同温度对油桃果实粗纤维含量、原果胶含量和水溶性果胶含量的影响

根据上述研究，主要结论如下。

冷害温度下，油桃果实的呼吸速率、乙烯释放量、相对膜透性和果肉硬度均发生了异常变化。其中呼吸速率、乙烯释放量具体表现为急剧增加后又快速大幅下降；相对膜透性表现为冷藏 10 d 后有一个明显的激增，之后继续不断增加；果肉硬度表现为贮藏 30 d 之后不再下降反而开始逐渐增加，这与油桃果实原果胶和水溶性果胶的异常变化有关。因此，可以将这一系列异常变化作为低温伤害发生的主要标志，且冷藏的第 20 天是油桃果实遭受不可逆冷害的转折点。冷害加速了油桃果实可溶性蛋白和叶绿素的降解，对果实 TSS 含量的变化无明显影响。

第四章　果蔬采后冷害调控措施及调控机制

第一节　果蔬采后冷害调控措施

一、物理调控措施

（一）温度调控措施

1. 热处理

热处理是指利用果蔬的热学特性和其他物理化学特性，在贮藏前将果蔬置于30~50 ℃温度的热水、热空气、热蒸发、热辐射等热的环境中，处理一定时间，以减轻果蔬冷害，提高其品质。目前，使用最多的是热水和热蒸汽，大多数果蔬有效水温是46~55 ℃，时间为30 s~10 min；热空气处理温度为43~54 ℃，时间为10~60 min。由于其无化学残留、安全高效、简便易行、耗能低、无污染等被认为是一种有发展前景的果蔬抗冷保鲜措施，目前已在果蔬上广泛应用。例如，甜椒进行10 min 48~52 ℃热处理可减轻果实在0~1 ℃贮藏冷害的发生。黄瓜进行42 ℃10 min 热处理后在1 ℃贮藏15 d，热处理果实发生的冷害程度显著低于对照组。‘湖景蜜’桃在贮藏前用40 ℃热空气处理24 h 后再置于低温下贮藏，能延后桃果实呼吸峰值的到来，降低POD 的活性，抑制冷害症状，显著地延长货架期。杧果贮前用38 ℃热水处理48 h，在低温贮藏中延迟了呼吸高峰的出现，减轻了冷害程度，贮藏效果明显优于对照。然而，不适宜的热处理也会促使一些果蔬采后冷害的发生。例如，热空气处理会加重桃果实和油桃果实絮败的发生。52 ℃热水处理3 min 会促进花椰菜产生异味，使阳桃果实芳香风味下降。不同种类或品种的果蔬热处理的温度和时间均有差异，应用时需在实践中寻找适宜的方法。

2. 低温预贮调控措施

低温预贮（low temperature conditioning，LTC）是指冷藏前以略高于冷害发生温度预贮一段时间，以增强果实抵御低温冷害的能力。这一技术的关键要素是预贮温度与贮藏温度的温差及预贮时间的长短。适宜的预贮温度和时间因果蔬种类与品种而异。鳄梨在6 ℃或8 ℃下预贮3~5 d 能显著提高果实抵御低温的能力，减轻贮藏过程中冷害程度，保持果实良好的品质。西红柿先经12 ℃贮藏4 d，再经8 ℃贮藏4 d则可减轻贮藏于5 ℃环境下冷害的发生。葡萄柚采后在15 ℃中预贮7 d，可以减少在1 ℃冷藏时果实的冷害。黄瓜经13 ℃锻炼2 d 后可减轻贮藏于2 ℃中的冷害症状。柠檬经 5 ℃ 锻炼 1 周，再贮藏于 0~2 ℃，其冷害症状也有所减轻。'解放钟'枇杷在 10 ℃ 预存 6 d 再转到（1 ±1）℃下贮藏，可有效减少果实褐变的发生，显著抑制硬度和出汁率的下降，有效控制枇杷果实采后木质化冷害发生。'霞晖 5 号'水蜜桃在 12 ℃ 预贮 6 d 再转到 0 ℃下贮藏，可延缓果实出汁率下降，抑制果实褐变冷害发生。'白凤'桃在 10 ℃ 预存 2 d 再转到 0 ℃ 下贮藏，可减轻果实褐变和发绵等冷害症状。'大久保'桃在 8 ℃ 下锻炼 9 d 后冷藏于 0 ℃，能使果实保持较好的硬度和 SSC，组织电导率和出汁率较稳定，在预防了冷害的同时较好地维持果实品质。

3. 逐步降温调控措施

逐步降温，又叫缓慢降温，是指在果蔬冷藏前，将贮藏温度逐步缓慢地降低，使果蔬适应低温，从而防止或减轻贮藏过程中果实的冷害。鸭梨果实采后缓慢降温至 0 ℃ 后贮藏，黑心病的发生可明显减少。鳄梨采后先放于 10~14 ℃ 库中，随后每周降 1 ℃，降至 0 ℃ 贮藏，可降低贮后腐烂率和褐心率。闫师杰等（2010）对缓慢降温对鸭梨贮藏中褐变的影响研究表明，缓慢降温明显提高了早采果果肉和果心的可溶性蛋白、亚油酸、亚麻酸含量和不饱和脂肪酸与饱和脂肪酸比值，降低了鸭梨果心相变温度，并且延缓了鸭梨果实 PPO、LOX 活性的提高，最终有效地抑制了早采鸭梨果实发生褐变。缓慢降温处理延缓了石榴果皮相对膜透性的提高及 MDA 的积累，抑制了 PPO 活性的增加，延缓石榴果实褐变冷害发生。番茄采后于 12 ℃ 下放置 4 d，降至 8 ℃ 并保持 4 d，然后降至 5 ℃ 贮藏可减少冷害率。香蕉采后以每 12 h 降低 3 ℃ 降至 5 ℃ 贮藏，比直接贮于 5 ℃ 下冷害症状要轻。但有研究表明逐步降温能够加重果蔬冷害。如黑琥珀李 10 ℃ 降到 0.5~0 ℃ 恒温贮藏期间，每 24 h 降温 1 次，贮藏 40 d 时果实表现出水渍状凹斑等冷害症状，到 80 d 时冷害症状进一步加重。桃在 4 ℃ 和 8 ℃ 降温处理后，果肉褐变严重，加剧了冷害症状，而 12 ℃ 降温处理则取得了显著抑制果实冷害的效果。因此，不同种类或品种果蔬的逐步降温方式均存在差异，应在实践中寻找适宜的降温方式。

4. 间歇升温调控措施

间歇升温是指将经过低温贮藏一定时间后的果蔬在 20 ℃ 下放置较短的时间，通常为 1~2 d，随后再将这些果实进行第二次冷藏，如此反复。这种升温模式能使受到不可逆冷害的果蔬组织的膜结构和生理代谢得以恢复正常，延缓甚至避免冷害的发生，这是目前抑制果蔬冷害最为简便、安全、有效的途径。间歇升温的次数根据不同种类果蔬而异。例如，甜椒贮于 0 ℃，第 5、第 10 及第 15 天移入 18~20 ℃ 下 24 h，提高果实 POD 和 CAT 活性，动员和强化了组织内抗低温伤害的酶防御系统，使冷害症状得以减轻。2 ℃ 的杧果果实，每 6 d 取出放置于 25~30 ℃ 下 24 h，可增加内源 Spm 和 Spd 含量，减轻冷害。间歇升温处理可以降低桃细胞壁中纤维素和果胶质含量的增加，延缓原果胶向可溶性果胶的降解速率，减少果实在低温下絮败现象的发生。

5. 冷激调控措施

冷激处理是对采后果蔬做不致发生冷害和冻害极短时间的低温处理，以减轻或避免果蔬冷害的发生。冷激处理与预冷处理有明显区别：冷激处理的温度接近 0 ℃，通常远低于果实的冷害临界温度，处理时间短，往往只有几个小时；预冷的温度一般高于冷害临界温度。黄桃在冷藏前先浸泡在 0 ℃ 的冰水混合物中 0.5 h，接着放在 0 ℃ 的条件下冷藏，可以减轻黄桃的冷害症状，保持果实较好的风味和品质。番茄在−10~5 ℃的空气中分别处理 0.5 h、1 h 和 2 h，贮藏在低温下未发生冷害，而且后熟正常，保鲜效果明显比对照好。

（二）相对湿度调控措施

冷害是脱水反应所产生的果皮凹陷斑纹、褐斑等伤害，所以湿度越低，冷害越重，而提高湿度可减轻冷害。实际上较高的相对湿度并不能减轻低温对细胞的伤害，也并不是缓解冷害症状的直接原因，只是较高的相对湿度降低了采后果蔬的蒸腾作用，抑制了水分的蒸发。但必须注意的是在较高的湿度下果蔬容易遭受到病原微生物的侵染，因此，必须配合使用杀菌剂。目前在黄瓜、辣椒和哈密瓜上应用。黄瓜和辣椒在 0 ℃ 及相对湿度 88%~90% 的环境中贮藏 12 d，凹陷斑为 67%，而在同样温度和时间及 96%~98% 的相对湿度中，凹陷斑为 33%。涂了蜡的葡萄柚和黄瓜冷害凹陷斑也比对照大大降低。'大密哈'香蕉在 10 ℃ 下短时间内就会发生冷害，而用塑料袋包装的却没有发生冷害，其原因一方面是袋内的温度较高（11.6 ℃）；另一方面可能是袋内湿度较高。

（三）气调调控措施

气体组成的变化能够改变果蔬对冷害温度的反应。气调贮藏有利于减轻鳄梨、葡萄柚、秋葵、番木瓜、桃、油桃、菠萝、西葫芦的冷害。鳄梨在 2% O_2 和 10% CO_2 的条件下贮藏可以减轻其冷害。黄瓜在 5% O_2 和 1% CO_2 的气调贮藏条件下可有效降低果实中 MDA 含量及细胞膜渗透率，维持较高的 CAT 活性和 POD 活性，从而有效缓解果实的冷害。桃果实在高氧环境下贮藏可以抑制 MDA 的积累，提高 SOD 及 CAT 的活性，减轻桃果实的冷害。'坂仔'香蕉、枇杷、荔枝在自发气调下贮藏可以较好地维持香蕉果实的亮度，抑制膜透性的升高，延缓可溶性蛋白的降低，缓解果实的成熟衰老及冷害发生。龙眼和荔枝在 70%~100% O_2 下贮藏，维持了较高含量的 ATP、ADP 和能荷，减少了果肉冷害褐变发生。不适宜浓度配比的气调非但不能减轻冷害，反而会加重冷害。例如，番茄在 0 ℃ 或 5 ℃，2.5%~5% O_2、5%~10% CO_2 条件下贮藏 10~15 d，会引起内部衰败和表皮凹陷。气调贮藏减轻冷害症状依赖于果蔬种类、O_2 和 CO_2 浓度，甚至与处理时期、处理时间及贮藏温度也有一定的关系。

二、化学调控措施

（一）钙调控措施

钙处理可以降低果蔬冷害的发生。目前，钙处理已经在黄瓜和桃等的果蔬中得到了广泛的应用。2%氯化钙浸果 20 min 对李子冷害有很好的抑制效果，表现为果皮颜色较鲜亮，果肉褐变较轻，风味良好。用 0.75% 氯化钙采前喷施能较好地维持黄瓜采后品质，将冷害症状出现延迟了 4 d。2%氯化钙浸果 15 min 增加桃果实贮藏期间脯氨酸含量，增强果实的抗冷性，降低腐烂率（指数）和褐变率（指数）。

（二）甜菜碱调控措施

甜菜碱（GB）是一种微生物及动、植物中对渗透调节起至关重要作用的兼容溶质。外源甜菜碱能够改善番木瓜、桃、香蕉、枇杷、白蘑菇、辣椒等植物的冷害容忍程度。15 mmol/L 甜菜碱浸泡'中白'番木瓜处理，可有效地抑制番木瓜果实 SOD、POD 和 CAT 酶活性的下降，使 $O_2 \cdot^-$ 产生速率和 H_2O_2 浓度保持较低的水平，减少相对膜透性的增加和膜脂过氧化产物 MDA 的积累，减缓了番木瓜果实采后冷害的发生。10 mmol/L 甜菜碱溶液浸泡枇杷果实 5 min，可维持果实活性氧代谢平衡，减少膜质过氧化与损伤，保护膜结构的完整，减轻冷藏过程中的冷害症状，延长果实贮藏期。

（三）多胺调控措施

多胺是生物体代谢过程中产生的具有生物活性的低分子量脂肪含氮碱。多胺具有调节植物生长发育、稳定和保护细胞膜、延缓衰老的作用。果蔬采后低温贮藏过程中，多胺的含量会增加。采用外源多胺处理则可以提高果蔬的耐冷性，减轻冷害的发生。葫芦果实经 10 mmol/L 精胺低压（82.7 kPa）浸果 3 min 后，组织内精胺水平提高 2 倍，果实在 2.5 ℃ 条件下贮藏时减轻了冷害的发生。用 3 mmol/L 腐胺处理杧果，提高了果实组织内源多胺水平和果实的抗冷性，冷藏一定天数后的果实还能正常后熟，而未经腐胺处理的杧果冷藏 10 d 后即出现冷害症状，果实不能正常后熟。

（四）一氧化氮调控措施

一氧化氮（NO）是一种活跃的小分子信号物质，广泛参与了果蔬生长发育、抗病、抗逆等多种生理过程，并在果蔬采后低温胁迫响应机制中发挥着重要作用，能显著降低果蔬对低温条件的敏感性。

15 μmol/L NO 溶液中浸泡桃果实 30 min，NO 处理能够降低果实冷害指数，提高细胞膜流动性，降低膜脂相变温度，减少细胞膜的通透性，使细胞膜尽可能具有正常结构和生理功能，从而提高其抗冷性。60 μL/L NO 气体熏蒸'西州密 25 号'哈密瓜 3 h，能够提高抗氧化相关酶的活性，抑制 ROS 的积累，提高果实的耐冷性。

（五）水杨酸调控措施

水杨酸是一种简单的酚类化合物，可以调节植物的生长、发育、成熟和衰老。

作为植物胁迫反应中的信号分子，采后水杨酸处理可以增强番茄、香蕉和猕猴桃的抗冷性。0.1 mmol/L 水杨酸处理'徐香'猕猴桃 24 h，能够有效减轻果实冷害的发生，延缓果实硬度的下降和细胞膜透性的增加。水杨酸通过抑制李果中 PPO 和 POD 的活性，增加多胺含量从而减轻冷害症状。水杨酸可以诱导桃子和甜椒热激蛋白的表达，诱导增强抗坏血酸-谷胱甘肽（ASA-GSH）循环抗氧化系统，抑制冷害的发生。采后经水杨酸处理的葡萄浆果、杏果实表现为失重率降低、软化程度较轻的较为缓解的冷害症状。这可能是由于提高能量物质 ATP 的供给，增加 APX、谷胱甘肽转移酶等过氧化物酶的活性，提高热激蛋白的积累量使冷害症状得以减轻。

（六）1-甲基环丙烯调控措施

1-甲基环丙烯（1-MCP）是乙烯的竞争性抑制剂，可以与细胞膜上的乙烯受体结合，从而阻断乙烯受体的转导，抑制乙烯诱导的果实成熟与衰老，有效抑制冷害的发生。

10 μL/L 1-MCP 处理可以延缓西葫芦冷害的发生时间，减轻冷害程度；还可显著抑制西葫芦呼吸速率和乙烯释放速率，延缓西葫芦果实中维生素 C 和 TSS 含量的降低，抑制 MDA、H_2O_2 含量的升高，并使贮藏期间西葫芦果实内 SOD 和 CAT 维持较高水平。0.5 μL/L 1-MCP 处理显著延缓并减轻了猕猴桃冷害的发生，1-MCP 处理的果实较对照晚 20 d 发生冷害，0 ℃贮藏 90 d 后的冷害率仅为对照的 32.35%。采用 0.5 μL/L 1-MCP 处理枇杷果实可以显著减轻心褐变和果肉木质化症状。采用 0.5 μL/L 1-MCP 处理的南果梨可以显著减轻冷害、降低离子渗透率和 MDA 的积累、增加 ATP 的含量和维持较高的能荷水平。然而，研究发现 1-MCP 处理会加重桃果实冷害症状，如果心褐变、果肉木质化或变红等，这可能是由于不同果实品种需要不同浓度处理所致。

（七）茉莉酸甲酯调控措施

茉莉酸甲酯（methyl jasmonate，MeJA）广泛分布在果蔬体中，是果蔬在抵抗逆境过程中的重要信号分子，能够诱导果蔬防御基因的表达，使果蔬对外界环境刺激做出化学防御。

1 μmol/L MeJA 熏蒸 24 h 能维持杏果实正常后熟过程，显著减轻冷害程度，保持较高的贮藏品质。10 μmol/L MeJA 处理 1 min 在一定程度上诱导了香蕉果皮 CAT 和 APX 活性，抑制了活性氧的积累，减轻采后香蕉冷害程度，并诱导了质膜 NADPH 氧化酶和 Ca^{2+}-ATPase 活性的升高。0.01 mmol/L 茉莉酸甲酯浸泡番茄能够增加热休克蛋白基因、病体相关蛋白的表达，增强番茄抗氧化系统的活动，有效减轻果实冷害程度。

（八）过氧化氢调控措施

H_2O_2 是 ROS 的一种，H_2O_2 甚至被称为"可移动的信号分子"。0.100 mmol/L H_2O_2 溶液处理的樱桃番茄和 0.001 mmol/L H_2O_2 溶液处理杧果减轻冷害效果最好，适宜浓度的 H_2O_2 溶液处理可以抑制冷藏果实中 H_2O_2 过量积累，降低膜脂质过氧化等生理伤害，减轻冷害的发生程度。200 mmol/L H_2O_2 处理黄瓜，使黄瓜在低温下的抗冷性得到显著提高，冷害指数降低，抗氧化酶 CAT、APX 的活性也显著提高。

（九）草酸调控措施

草酸是生物体内的一种代谢产物，广泛分布于植物、动物和真菌体中。由于草酸能与生物体内的钙离子结合形成草酸钙晶体导致结石，草酸的应用受到了极大的限制。但随着人们认识的进一步深入，草酸在延缓果蔬的成熟过程、提高抗褐变和抗冷性等方面发挥重要作用。草酸处理杧果能维持较高 ASA、GSH 和 Pro 含量，降低 $O_2 \cdot ^-$ 累积，从而缓解果实冷害。草酸处理能提高石榴果实中酚类物质及 ASA 含量，提高总抗氧化能力，从而降低果实的冷害程度。

三、生物技术调控措施

（一）基因改良培育新的抗冷品种

各种果蔬对低温逆境产生不同的反应是由各自不同的基因而控制的。处于高纬度的物种具有很好的抗寒能力，但低纬度热带、亚热带的物种不具备抗寒的潜质，所以可通过基因杂交育种手段将具有抗寒能力的物种作为亲本，取其基因转入非抗寒物种中，通过选育，产生新的抗寒物种。许多学者认为，这是解决冷害问题最好的方法，但难以大规模应用，目前只在西红柿、黄瓜等蔬菜上具有基因杂交的可能。

（二）生物技术

通过基因工程技术可以减轻果蔬冷害。目前，已经确定的抗冷基因有：冷诱导基因、膜脂肪酸去饱和酶基因、抗氧化酶基因、增强合成渗透调节物质酶基因等。这些基因均能提高果蔬的抗冷性，尤其是转抗冷基因的转录因子使果蔬不需要经过冷驯化就具有高抗冻性。

1. 冷诱导基因

冷诱导基因是一类在低温下才被诱导或大量表达的基因，这些基因的表达使植物表现出一定的抗寒能力。目前，从拟南芥、番茄、菠菜、大麦、油菜、苜蓿等植物中鉴定出的冷诱导基因有上百种，并对这些基因在低温下的表达调控及编码蛋白在抗寒过程中的作用机制等问题进行了研究。将这些基因导入果蔬中，获得转基因植株，有望提高果蔬抗冷能力。

（1）脂肪酸去饱和代谢关键酶基因途径

将从南瓜藤和拟南芥中得到的甘油3-磷酸酰基转移酶基因导入烟草中，能明显改变磷脂酰甘油的脂肪酸组成，并提高其抗冻力。番茄中甘油3-磷酸酰基转移酶基因的过量表达也能提高番茄的抗冷性。将菠菜的硬脂酰基载体蛋白去饱和酶 Sad 基因导入烟草中也能增强转基因烟草的抗冻性。将拟南芥叶绿体 ω-3 脂肪酸脱氢酶基因 Fad7 基因转入烟草中，Fad7 蛋白超表达，烟草中不饱和脂肪酸亚麻酸（$C_{18:3}$）增加，相应的前体减少。将转基因植物在低温 1 ℃ 下培养数天后转入 25 ℃ 下培养，其生长受抑程度明显减轻，而且缓解了低温引起的缺绿症。番茄中 Fad7 基因的过量表达能够提高番茄的抗冷性。

（2）超氧物歧化酶基因途径

将烟草的 Mn-SOD cDNA 导入苜蓿，转基因植株不仅抗冻性增强，而且对除莠剂的抗性也增强，其后代在冻害胁迫后生长比没有转基因植株快得多。将含有 SOD 的 cDNA 转入烟草、番茄等植物中，能提高植物的抗氧化能力，而且对植物抗冻具有重要意义。

（3）糖类和脯氨酸基因途径

糖类和脯氨酸等保护性物质与植物抗寒性密切相关。将细菌焦磷酸酶基因与酵母菌的转化酶（β-呋喃果糖苷酶）基因转化到烟草，可溶性碳水化合物在转基因植株叶中积累，其表达细菌焦磷酸酶的植株耐霜力比野生型烟草提高 1.2 ℃，而表达酵母菌转化酶基因的烟草植株耐霜力也有所提高。

2. 抗寒相关转录因子

转录因子是一群能与基因 5′ 端上游特定序列专性结合，从而保证目的基因以特定的强度在特定的时间与空间表达的蛋白质分子。在植物低温应答过程中，转录因子起着关键的调控作用。当植物遭受低温胁迫时，会通过一系列的信号转导途径激活转录因子。被激活的转录因子与相应的顺式作用元件特异结合，激活下游一系列抗逆相关基因的表达，从而提高植物对低温胁迫的抗性。

转录因子可以直接调节下游功能基因的表达，也可以通过调控其他转录因子的表达影响下游一系列基因的表达。因此，转录因子在植物低温应答网络中起着分子开关的作用。分离鉴定低温应答相关的转录因子，揭示其调控的分子机制一直是近年来植物抗逆性研究的重点。最近，与抗寒性相关的蛋白质转录因子基因克隆及其表达调控已经取得一些进展。转录因子能诱导多个或成组相关抗寒反应基因表达。通过正向和反向遗传学手段，已分离鉴定一系列参与调控植物低温胁迫应答的转录因子，包括CBF（C-repeat-binding factor）、EIN3（ethylene insensitive 3）、ZFP（zinc finger protein，锌指蛋白）、AP2/ERF（APETALA2/ethylene responsive factor）、MYB（myeloblastosis）、bHLH（basic helix-loop-helix）、NAC（NAM、ATAFI、ATAF2 和 CUC2）、WRKY、VOZ（vascular plant one zinc-finger protein）、CAMTA（calmodulin-binding transcription activator）等转录因子家族成员。

拟南芥具有 6 个 DREB1 成员，其中 DREB1A/CBF3、DREB1B/CBF1 和 DREB1C/

CBF2 能够迅速地被低温诱导使植物产生抗冷性。在拟南芥中过表达这 3 个 DREB1s/CBFs 基因中的任何一个都能够显著提高植物对低温胁迫的抗性，抑制 DREB1A/CBF3 和 DREB1B/CBF1 会使植物的抗冷性显著降低。

近年来，CBF 基因在果蔬采后领域也受到关注，已分别从番茄、桃子及猕猴桃等果实上分离并克隆得到 CBF 基因，并对其在低温诱导过程中的表达情况进行了研究，结果发现，2 ℃ 贮藏的番茄果实，LeCBF1 基因分别在贮藏 0.5 h 和 4 h 出现表达高峰。0 ℃、5 ℃、8 ℃ 和 20 ℃ 贮藏的桃果实，PpCBF1-6 在 0 ℃ 条件下表达量最高，在 20 ℃ 条件下表达最低，PpCBF1/5/6 在低温诱导 72 h 表达量达到峰值，且随着贮藏时间的延长，PpCBF6 的表达水平一直持续。0 ℃ 贮藏的猕猴桃果实，在贮藏 20 d 时，AcCBF1 的表达量达到峰值。可以看出，CBF 基因不仅作为植物早期低温响应信号转导中的一个组分，而且与植物长期的低温适应有关，在植物抗冷诱导方面起着重要的调控作用。

随着 DNA 重组技术的不断发展，针对目的基因的过表达或敲除开发转基因植物和构建突变体材料，以及基因沉默和基因编辑技术是研究基因功能的主要手段。目前，人们已经在多种作物中进行了 CBF 转录因子的转基因研究。但 CBF 途径是一个高能耗过程，虽然能提高植株在低温逆境条件下的存活率，却能引起生长延滞及赤霉素合成下降。CBF 途径作为一种特殊条件下的应急反应，在适宜的环境条件下则处于关闭的状态，因此，CBF 转录因子被看作是低温时激活一些 COR 基因的开关。

ICE（inducer of CBF expression）转录激活因子是在低温时诱导 CBF 家族表达的转录激活因子，它在低温时能特定地结合到 CBF 的启动子序列上，诱导 CBF 的表达，而后 CBF 结合到其下游目的基因启动子的 DRE 序列上，诱导 COR 的表达，从而提高植株的抗冻性。

总之，植物在经受低温锻炼过程中，通过诱导相关基因的表达使植物在生理生化上产生抗性。

四、展望

多年来国内外相关人员进行了大量的有关果蔬贮藏冷害的研究。在防止和减轻采后果蔬冷害的措施方面，目前主要有热处理、变温处理、水杨酸、多胺、1-MCP、草酸等，而且大部分采用一种保鲜技术，但单一的果蔬保鲜技术仍存在着许多不足，将不同的保鲜技术综合使用，如 1-MCP 处理和草酸处理等，以达到最优化，这将会成为果蔬保鲜的新趋势。果蔬自身的生物学特性决定了适合果蔬贮藏的外部环境，目前对常温下果蔬呼吸模式的包装材料研究较为深入，但缺乏针对特定的冷敏性果蔬的控温模式或复合包装材料的研究。虽然防止和减轻采后果蔬低温贮藏冷害的措施研究报道很多，但生产应用却极为有限，目前国内对冷敏感性果蔬仍以恒温贮藏为主。其原因就是贮藏技术尚不成熟，生产工艺不甚完善，而且与其相配套贮藏设施也缺乏系统研究，自动化程度较低，这些都极大地限制了贮藏的规模化生产应用。因此，开发适合生产实际大规模应用的减轻采后果蔬冷害措施将成为今后发展主方向。

第二节　调控果蔬采后冷害发生机制

一、保护生物膜结构

低温环境首先对果蔬生物膜造成伤害，主要是膜脂脂肪酸不饱和度下降，膜由液晶态向凝胶态转变，接着膜的外形和厚度也发生变化，进一步引发生物膜透性增强，电导率上升，与生物膜稳定性相关的一系列酶活性发生改变，最终导致细胞代谢失调和功能性紊乱。研究表明，果蔬细胞膜不饱和程度越高，其耐冷性越强，细胞膜脂质的不饱和度可作为评价低温下细胞膜功能性的重要指标之一。桃果实在 0 ℃ 贮藏的抗冷性强于 5 ℃，主要是由于 0 ℃ 贮藏有利于保持果实生物膜脂肪酸较高的不饱和度，而亚麻酸（$C_{18:3}$）含量的提高与膜脂不饱和度呈正相关。3 ℃ 冷激处理香蕉果实 6 h 能够降低其十三烷酸等饱和脂肪酸的含量，有效地抑制顺-10-十七碳烯酸、反亚油酸等不饱和脂肪酸含量的下降，维持较高的膜脂不饱和脂肪酸指数和膜脂脂肪酸不饱和度，从而增强香蕉果实的抗冷性。MeJA 处理可提高枇杷果实亚麻酸和亚油酸等不饱和脂肪酸含量，使膜在低温下仍能保持液晶状态，从而提高果蔬的抗冷性。热空气处理诱导橄榄果实采后细胞膜不饱和脂肪酸含量的增加，从而提高其采后抗冷性。

二、激活抗氧化体系

果蔬遭受低温胁迫后，自由基产生和清除的平衡体系遭到破坏，积累过多的自由基会袭击生物大分子和膜系统，膜脂和脂肪酸受损并发生过氧化，干扰生物膜结构和功能，最终诱发冷害。果蔬组织中存在抗氧化酶和抗氧化物质两大抗氧化系统来清除体内自由基，从而保护细胞膜的完整性。提高抗氧化酶活性和抗氧化物质含量有助于提高果蔬抗冷性。耐冷性强的西葫芦品种果皮中抗氧化酶活性高。外源 NO 处理通过提高香蕉皮中 SOD、POD、CAT 及 APX 活性，从而诱导其采后抗冷性。甜瓜冷害发生与果皮 CAT 和 GR 活性有直接关系，并采用热激诱导这两种酶活性升高，从而诱导采后抗冷性。逐步降温处理提高了猕猴桃果实中抗氧化酶活性，抑制了活性氧的产生，减轻了猕猴桃果实采后冷害的发生程度。

三、维持能量供给平衡

能量是生命活动的基础，能量代谢平衡、供给充足是果蔬组织进行正常的代谢活动的基础，相反在低温胁迫条件下，果蔬呼吸链受损，ATP 合成能力下降，引发能量亏缺，使细胞结构破坏、生物膜功能损伤，从而引发细胞凋亡甚至死亡。维持较高的能量有助于提高果蔬对低温逆境的耐受力。低温预贮、冷锻炼处理、茉莉酸甲酯处理能维持采后桃果实体内较高的能荷和 ATP 含量，提高果实在低温下的抗冷性。草酸处理通过调节能量代谢及其相关酶活性而维持杧果和番茄较高的能量水平，从而减轻低温胁迫下果实的冷害。

四、诱导蛋白合成

膜蛋白、运载蛋白、热激蛋白等大分子的生物蛋白在维持生物膜结构、细胞内信号传导、提高果实抗冷性等方面发挥着重要作用。热激蛋白（HSP）是生物组织在高温或其他胁迫条件下诱导合成的一组特殊蛋白质。热空气、SA、MeJA、低温预贮均能诱导果实内热激蛋白的表达和积累。香蕉果实经 38 ℃热空气处理提高了 HSP70 含量，同时明显减轻了冷害症状。38 ℃热空气处理 48~72 h 可诱导提高番茄果实中 HSP70、HSP23 和 HSP18.1 的表达，并显著减轻果实冷害的发生程度。

五、调节细胞壁物质代谢

低温胁迫造成细胞壁中结合态果胶质的解离和随后的解聚过程受到了阻碍，导致果实不能正常软化而出现果肉发绵、汁液减少、木质化等冷害症状。果胶质降解代谢的异常与 PME 和 PG 变化有密切的联系。这两种果胶酶变化的不平衡是导致细胞壁中果胶质代谢异常，产生果胶质凝胶、果肉絮败、木质化等症状的主要原因。调节 PME 和 PG 活性，保持较高的 PG/PME 比率，有助于维持果胶质代谢平衡，减轻冷害的发生程度。1-MCP 处理可以维持枇杷果实中较高 PG 的活性，但却对 PME 活性无显著影响，保证了这两种果胶酶变化的平衡，避免高分子量的低甲氧基果胶积累，促进了原果胶的降解，保持果实中较高的水溶性果胶含量，从而减轻了木质化败坏的发生程度。MeJA 复合 LTC 和 MeJA 复合 HA 处理均能维持冷藏桃果实中 PME 和 PG 活性变化的平衡，保持较高的 PG/PME 比率，使果胶代谢趋于正常，维持果肉较高的出汁率，减少粉质化症状的发生。

六、调节渗透物质

渗透调节主要是通过积累渗透调节物质降低渗透势来防止水分散失、保持细胞较高的膨压从而保持其正常生理过程的一种调节方式。脯氨酸调节是渗透调节的主要方式之一。在低温逆境胁迫下除了果蔬自身的主动渗透调节方式外，也可采用物理、化学措施来协助，以便于缓解低温带来的伤害。水杨酸处理能调节采后桃、番茄、黄瓜果实中脯氨酸的含量，从而显著降低采后果实在低温贮藏下的冷害。茉莉酸甲酯和 γ-氨基丁酸能调控脯氨酸代谢相关酶的活性而导致脯氨酸积累从而有助于提高桃、枇杷果实的抗冷性。草酸处理能提高杧果果实游离脯氨酸含量从而缓解杧果果实在低温下的冷害。丁香酚熏蒸处理青茄果实，结果维持了其较高的脯氨酸含量，从而提高了青茄果实的低温耐受性。

七、展望

多年来国内外相关人员进行了大量的有关果蔬贮藏冷害的研究，并且主要集中在冷害发生机制和防止措施方面。目前，冷害发生机制主要有 Lyons 提出的膜脂相变理论，蛋白质伤害论及生物自由基造成膜脂过氧化伤害论。迄今为止，冷害的发生机制尚不十分清楚。因此，冷害发生机制仍是研究重点，而且更加注重冷害发生机制的相关性研究，冷害发生发展与各个生理过程、代谢中间产物的生成和运输、代谢新途径的出现和正常代谢的异变，以及冷害与微环境生态关系等研究。

冷害发生的过程是果蔬在外界低温胁迫下正常的生理代谢平衡被打破，由有序到无序直至细胞组织解体的过程。冷害发生的程度取决于果蔬对低温的适应和抵抗能力、环境温度、低温持续的时间、降温方式等。果蔬的抗冷性与其在低温条件下抗冷蛋白的生成和相关酶的代谢及活性变化密切相关，而新蛋白的合成和酶的代谢是由植物的遗传物质——基因控制，因此果蔬抗冷基因的研究将是冷害研究的突破点，通过对果蔬抗冷基因的研究可以从分子生物学角度解释冷害发生和发展机制，这对揭示冷害机制具有极其重要的意义。目前，虽有部分果蔬从基因表达水平上说明了与冷害的关系，但基因功能方面尚不十分清楚，转基因大部分仅限于模式植物拟南芥，开展此方面的研究将是今后冷害研究的热点。

第三节　果蔬采后冷害调控技术实例

一、果蔬采后冷害调控技术实例 1

猕猴桃的冷害症状主要表现为外果皮木质化和褐化，内外果皮有水渍化斑点，严重时表皮表现木质化和褐化。猕猴桃冷害发生后在低温下不易察觉，待贮藏温度上升后，其冷害症状才逐渐表现出来。冷害导致贮藏中和出库后货架期大量腐烂，这已成为猕猴桃果实采后冷链物流的最大障碍。因此，研究猕猴桃果实冷害发生机制，并运用适当的措施减轻冷害，进而延长其低温贮藏期及货架寿命具有重要的现实意义。

有关猕猴桃果实采后的研究集中在贮藏保鲜技术方面，猕猴桃果实冷藏过程中冷害的影响因素尚不十分清楚。逐步降温贮藏是一种冷锻炼或冷驯化，因其无毒无害、无污染、无化学残留而又操作简单，目前在多种果蔬冷害控制的研究上获得明显的效果。例如，适当的降温处理可有效减轻'新高'梨的低温冷害症状和腐烂，保持其品质。适当的降温处理显著降低了番茄、李和石榴电解质渗出率，减轻了细胞膜损伤，提高了果实抗冷性。然而，降温处理减轻果实冷害机制尚不十分清楚，国内外有关降温处理对活性氧代谢的影响报道甚少，仅见缓慢降温处理早采鸭梨显著抑制了果心 LOX 活性进而减轻了低温伤害的报道。杧果和枇杷经适当的降温处理后，提高了

SOD、CAT 等活性氧代谢相关酶活性，减轻活性氧自由基对果实的伤害，进而延迟和减轻冷害的发生。逐步降温处理是否可以提高猕猴桃果实的抗冷性还未见报道。本书以'徐香'猕猴桃为试验材料，探讨了逐步降温对采后果实冷害、品质及活性氧代谢的影响，以期为猕猴桃果实采后安全冷藏冷运技术体系的建立与完善提供参考。

'徐香'果实采自陕西省周至县管理水平良好的成龄猕猴桃果园。在其 TSS 达到 6.5%~7.5%时采收，采收结束后 2 h 内，迅速将果实运回实验室。选取无伤、病的大小均一的正常果为试验材料，随机分成 4 组，每组 2700 个果分成 3 个重复，均用 0.03 mm 厚的聚乙烯保鲜袋（国家农产品保鲜工程中心，天津）包装，每袋 100 个果实，袋口用橡皮筋松绕两圈以透气保湿。

'徐香'猕猴桃降温处理措施如下。

直接降温（0±0.5）℃：将果实直接放入（0±0.5）℃冷库中。

逐步降温 1 [10 ℃→5 ℃ 4 d→（0±0.5）℃]：将果实先放入 10 ℃冷库中，24 h 降至（5±0.5）℃（每隔 12 h 降低 2.5 ℃），此条件下贮藏 4 d，而后库温降至（0±0.5）℃继续贮藏 110 d，总共贮藏 115 d。

逐步降温 2 [10 ℃→5 ℃ 2 d→2 ℃ 2 d→（0±0.5）℃]：将果实先放入 10 ℃冷库中，24 h 降至（5±0.5）℃（每隔 12 h 降低 2.5 ℃），此条件下贮藏 2 d，然后库温降至（2±0.5）℃贮藏 2 d，最后库温降至（0±0.5）℃继续贮藏 110 d，总共贮藏 115 d。

逐步降温 3 [10 ℃→2 ℃ 4 d→（0±0.5）℃]：将果实先放入 10 ℃冷库中，24 h 降至（2±0.5）℃（每隔 12 h 降低 4 ℃），贮藏 4 d，然后库温降至（0±0.5）℃继续贮藏 110 d，总共贮藏 115 d。

贮藏环境的相对湿度均控制在 90%~95%。

直接降温为对照，逐步降温 1、逐步降温 2、逐步降温 3 分别用 GC1、GC2 和 GC3 表示。

贮藏过程中，定期取样，每次取 45 个果，其中 15 个果用于测定硬度、TSS、TA、相对膜透性、呼吸速率和乙烯释放速率，同时取样保存于 -80 ℃ 的超低温冰箱中，用于 MDA、维生素 C、$O_2 \cdot^-$、H_2O_2 和酶活性的测定；另外 30 个果实移到 20 ℃，模拟货架期 5 d，用于冷害指数的统计。贮藏结束时，统计失重率和腐烂率，并取 115 个果实移到 20 ℃，模拟货架期 5 d，其中 100 个果实用于冷害率的统计，15 个果实用于硬度、TSS、TA 和维生素 C 品质指标的测定。

（一）逐步降温对'徐香'果实冷害的影响

由图 4-1 可知，贮藏前 50 d '徐香'果实无论在冷库还是货架期均未出现冷害症状，贮藏 50 d 时在冷库中未表现冷害，而在货架期高温时对照果实首先表现出冷害，而逐步降温处理 1 和处理 3 晚 10 d 出现冷害症状，逐步降温处理 2 晚 20 d 出现冷害症状。不同处理对冷害率和冷害发生程度均有一定的抑制作用，70~110 d 贮藏期间其冷害指数始终显著低于对照（$P<0.05$），贮藏 110 d 时的冷害率也均显著低于对照（$P<0.05$）。处理 2 抑制冷害的效果最好，贮藏 110 d 时其冷害指数和冷害率均

最低仅为 0.22 和 36.00%，分别比对照降低了 43.48% 和 44.90%，二者差异达极显著水平（$P<0.01$），并分别与处理 1 和处理 3 间差异亦达显著水平（$P<0.05$），但后两者间差异未达显著水平。

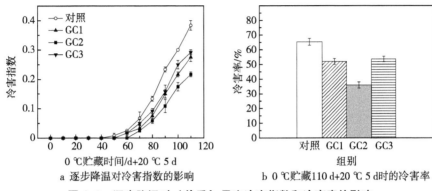

a 逐步降温对冷害指数的影响　　b 0 ℃贮藏110 d+20 ℃ 5 d时的冷害率

图 4-1　逐步降温对'徐香'果实冷害指数和冷害率的影响

以上研究结果表明：逐步降温处理显著抑制了'徐香'果实冷害的发生，究其原因可能是猕猴桃果实在逐渐适应低温过程中，一是将大量的田间热散去；二是愈伤的过程；三是启动了果实的防御系统，这将有助于提高果实的抗冷性。

（二）逐步降温对'徐香'果实失重率和腐烂率的影响

果蔬贮藏过程中会产生重量减轻的现象，这一方面是果蔬蒸腾失水引起；另一方面是干物质消耗引起。由图 4-2a 可知，贮藏 110 d 时，'徐香'对照果实的失重率高达 3.15%，显著高于逐步降温处理（$P<0.05$）。不同处理对失重率的影响不同，其中处理 2 的失重率最低为 2.14%，显著低于处理 3，但与处理 1 的差异不显著，后两者间差异亦不显著。逐步降温降低失重可能与抑制呼吸、乙烯等代谢活动，减少物质消耗有关。

果蔬遭受冷害后，一方面表面会形成冷害斑，易于微生物侵染；另一方面冷害后果蔬本身抗性降低，微生物侵染后易造成腐烂。由图 4-2b 可知，'徐香'对照果实的腐烂率最高达 10.67%，显著高于逐步降温处理果实（$P<0.05$）。不同处理对果实腐烂率的影响不同，处理 2 的腐烂率最低为 5%，显著低于处理 3（$P<0.05$），但与处理 1 的差异不显著，后两者间差异亦不显著。逐步降温降低腐烂率与抑制冷害发生有关。

（三）逐步降温对'徐香'果实品质的影响

果蔬遭受低温胁迫后，其糖、酸等物质发生分解，品质会发生变化。由表 4-1 可知，在低温贮藏前，逐步降温处理并未对'徐香'果实的品质指标硬度、TSS、维生素 C、TA 等产生显著影响。在 110 d 低温贮藏结束时和模拟货架期 5 d 时，与对照相比，不同处理均显著抑制硬度、TA 和维生素 C 含量下降，但不同处理对硬度、TA 和维生素 C 含量影响程度不同，其中处理 2 抑制下降的效果最好，其硬度、TA 和维生素 C 含量均显著高于其他 2 个处理（除 110 d 时维生素 C 含量与处理 1 差异不显著

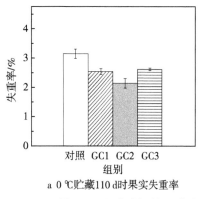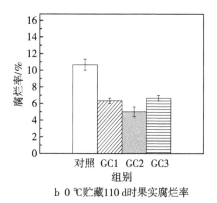

a 0 ℃贮藏110 d时果实失重率　　　　b 0 ℃贮藏110 d时果实腐烂率

图4-2　逐步降温处理对'徐香'果实失重率和腐烂率的影响

外）。在110 d低温贮藏结束时和模拟货架期5 d时，与对照相比，不同处理均显著促进TSS含量升高。在110 d贮藏结束时，不同处理的TSS含量并无差异，而在模拟货架期5 d时出现显著差异（$P<0.05$），其中处理2的TSS含量最高达16.92%，分别比同期处理1和处理3显著提高了3.80%和3.87%。

表4-1　逐步降温对'徐香'果实贮藏期间硬度、TSS、TA和维生素C含量的影响

组别	贮藏时间/d	硬度/N	TSS/%	TA/%	维生素 C/ [mg·(100 g)$^{-1}$]
对照		116.8±2.64a	6.96±0.1a	1.69±0.05a	83.58±1.75a
GC1		112.15±2.87a	7.16±0.24a	1.64±0.04a	82.82±1.56a
GC2	0	114.48±1.90a	7.04±0.19a	1.67±0.05a	83.01±1.75a
GC3		114.67±1.79a	6.98±0.1a	1.68±0.05a	83.20±1.94a
对照		20.07±0.71c	14.20±0.11b	1.16±0.01c	55.05±0.69c
GC1		23.58±0.78b	14.86±0.20a	1.24±0.01b	62.24±1.40ab
GC2	110	26.99±1.23a	15.09±0.04a	1.30±0.01a	65.39±1.77a
GC3		22.76±0.16b	14.87±0.17a	1.24±0.01b	59.84±0.58b
对照		11.35±0.25c	15.41±0.32c	1.05±0.01c	61.69±0.83c
GC1		14.73±0.45 ab	16.30±0.1b	1.17±0.01b	66.68±0.85b
GC2	110+5	14.84±0.21a	16.92±0.08a	1.23±0.01a	71.31±0.81a
GC3		13.63±0.46b	16.29±0.13b	1.16±0.01b	64.41±0.32b

注：表中数据为平均数±标准误，且同列数据后小写字母表示在$P<0.05$水平显著差异。

逐步降温降低了'徐香'果实冷害率和冷害指数，保持较高的硬度、TSS、TA和维生素C含量，降低了果实失重率和腐烂率，其中逐步降温2［10 ℃→5 ℃ 2 d→2 ℃ 2 d→（0±0.5）℃］对'徐香'猕猴桃果实冷害的控制效果最好。在此基础上，选用逐步降温2做进一步生理生化机制研究。

（四）逐步降温处理对'徐香'果实呼吸速率和乙烯释放速率的影响

果蔬遭受冷害初期，呼吸速率会异常增加，这可能是果蔬自身的一种保护反应。由图4-3a可知，在低温贮藏前期'徐香'果实的呼吸速率有个下降的过程，这可能是低温抑制呼吸作用的相关酶类所致。随后，'徐香'果实的呼吸速率逐渐升高并于40 d达到高峰，继而又呈下降趋势。'徐香'对照果实的呼吸速率在20~70 d显著高于同期处理果实（$P<0.05$），但在80~110 d贮藏后期，其呼吸速率降低较快，反而低于同期处理果实，但二者差异未达显著水平。对照果实呼吸速率前期高于逐步降温处理，是低温伤害造成的伤呼吸引起的，而后期反而低于逐步降温处理，可能是低温破坏细胞区域结构，呼吸链异常引起。

低温胁迫可刺激许多果蔬采后乙烯大量释放。由图4-3b可知，贮藏前期'徐香'果实的乙烯产生速率都很低，随着贮藏时间的延长，乙烯释放速率逐渐上升。'徐香'乙烯释放速率在60 d出现乙烯峰，而此贮藏阶段冷害症状开始出现，冷害指数开始迅速上升。说明冷害诱导乙烯释放，反过来乙烯又促进冷害发生。与逐步降温处理相比，对照提高了乙烯产生速率，据差异显著性分析，30~80 d'徐香'果实的对照与处理间差异达显著水平（$P<0.05$）。

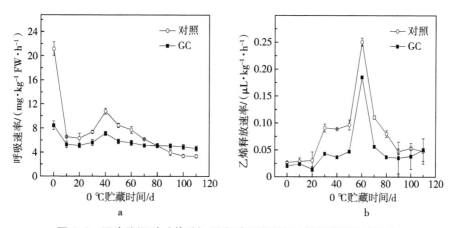

图4-3 逐步降温对'徐香'果实呼吸速率和乙烯释放速率的影响

（五）逐步降温对'徐香'果实$O_2 \cdot^-$产生速率和H_2O_2含量的影响

低温胁迫能够打破活性氧产生与清除平衡，导致活性氧自由基积累。由图4-4a可知，'徐香'果实$O_2 \cdot^-$产生速率随贮藏时间的延长而递增，贮藏初期，$O_2 \cdot^-$产生速率缓慢增加，贮藏中后期则快速增加。对照果实的$O_2 \cdot^-$上升迅速，低温贮藏期间的增加量为1.82 $\mu mol/(gFW \cdot min)$，贮藏110 d时其$O_2 \cdot^-$为采收时的5.71倍，是同期处理的1.32倍。与对照相比，处理抑制了$O_2 \cdot^-$上升，30 d至贮藏结束其果实的$O_2 \cdot^-$产生速率均显著低于同期对照果实（$P<0.05$）。

由4-4b可知，H_2O_2含量随贮藏时间的延长而递增。贮藏初期，H_2O_2含量增加缓慢，而贮藏中后期H_2O_2含量则快速增加，这与$O_2 \cdot^-$含量变化一致，说明冷害破坏活性氧代谢平衡，导致活性氧大量积累。积累的活性氧会进一步毒害细胞，导致冷害症状表现或进一步加剧，这与冷害率及冷害指数变化趋势相一致。对照果实的 H_2O_2 含量上升最快，低温贮藏期间的增加量为 3.46 μmol/gFW，贮藏 110 d 时其 H_2O_2 含量为采收时的 3.57 倍，是同期处理果实的 1.24 倍。与对照相比，贮藏期间处理果实的 H_2O_2 含量始终处于较低水平，30 d 至贮藏结束二者差异达显著水平（$P<0.05$）。

逐步降温处理降低 $O_2·^-$ 产生速率和 H_2O_2 含量，可能与提高抗氧化酶活性和抗氧化物质含量有关。

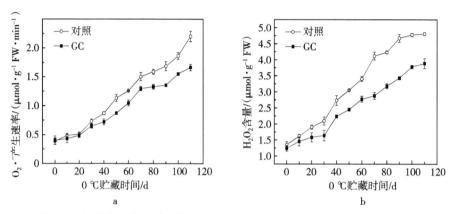

图 4-4　逐步降温处理对'徐香'果实 $O_2·^-$ 产生速率和 H_2O_2 含量的影响

（六）逐步降温处理对'徐香'果实 MDA 含量和相对膜透性的影响

低温胁迫引起活性氧代谢不平衡，造成活性氧积累。过多活性氧会进攻细胞膜，引起细胞膜酯化程度加剧。由图 4-5a 可知，'徐香'果实的 MDA 含量随贮藏时间延长而递增，特别是贮藏 30 d 后，MDA 迅速上升，同期 $O_2·^-$ 和 H_2O_2 也迅速上升，这说明膜脂质过氧化与活性氧积累有关。对照果实的 MDA 增长迅速，低温贮藏期间的增加量为 1.02 mmol/gFW，贮藏 110 d 时其含量为采收时的 7.45 倍，是同期处理的 1.25 倍。与对照相比，低温贮藏期间处理果实 MDA 含量始终处于较低水平，40~110 d 二者差异达到显著水平（$P<0.05$）。

细胞膜透性增加是细胞伤害的重要表现。由图 4-5b 可知，'徐香'果实相对膜透性随贮藏时间的延长而递增，在贮藏前期相对膜透性增加比较缓慢，而贮藏中后期相对膜透性则快速增加，这与冷害指数变化相一致。对照的相对膜透性上升迅速，低温贮藏期间的增加量为 52.09%，贮藏 110 d 时的相对膜透性为采收时的 3.33 倍，是同期处理的 1.22 倍。与对照相比，贮藏期间处理果实的相对膜透性始终处于较低水平，50~110 d 二者差异达显著水平（$P<0.05$）。

逐步降温处理抑制 MDA 和细胞膜透性上升，说明其果实细胞受到的伤害较小。

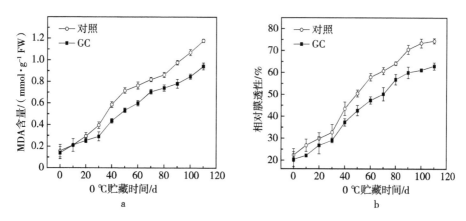

图 4-5　逐步降温处理对'徐香'果实 MDA 含量和相对膜透性的影响

（七）逐步降温处理对'徐香'果实 SOD、APX、POD 和 CAT 活性的影响

据报道，抗氧化酶活性与果实抗冷性正相关。由图 4-6a 可知，'徐香'果实 SOD 活性在贮藏初期迅速上升，并于 20 d 时达到高峰，随后逐渐下降。在贮藏初期 SOD 活性上升，可能是果实细胞对低温胁迫的应激反应，而在贮藏中后期 SOD 活性下降，可能与低温破坏酶分子结构有关。对照抑制 SOD 活性上升并促进酶活性下降，贮藏期间其 SOD 活性始终处于较低水平，据差异显著性分析，10~110 d'徐香'对照与处理间差异显著（$P<0.05$）。

由图 4-6b 可知，在贮藏初期，'徐香'果实的 APX 活性迅速升高，并于 10 d 达到高峰，随后呈逐渐下降趋势。除了前 10 d APX 有个上升过程外，其余大部分时间均处于下降趋势，此时 $O_2 \cdot^-$ 和 H_2O_2 大量积累，而积累活性氧必将攻击细胞膜，导致并加速冷害发生。与对照相比，逐步降温处理促进了 APX 活性升高并抑制酶活性下降，低温贮藏期间其酶活性显著高于同期对照果实（$P<0.05$），这可能是在逐渐适应低温的冷锻炼过程中诱导了酶活性。

由图 4-6c 可知，'徐香'果实的 POD 活性逐渐上升并于 50 d 达到高峰，之后又呈逐渐下降趋势。与对照相比，逐步降温处理促进 POD 活性上升并抑制其活性下降，贮藏期间其酶活性始终高于对照，30~100 d'徐香'处理和对照间差异显著（$P<0.05$）。

由图 4-6d 可知，与 SOD、APX 和 POD 一样，'徐香'对照果实的 CAT 活性在贮藏初期有个上升过程，并于 40 d 达到高峰，但在贮藏中后期 CAT 活性同 SOD、APX、POD 一样均呈下降趋势，这说明果实细胞清除活性氧自由基能力在减弱，从而有利于活性氧自由基的积累。与对照相比，逐步降温处理促进 CAT 活性上升并抑制其活性下降，贮藏期间其酶活性始终处于较高水平，据差异显著性分析，10~110 d'徐香'果实的对照与处理间差异达显著水平（$P<0.05$）。

据报道，大量采后处理措施（热激、冷激、1-MCP、UV-C）均通过提高抗氧化酶活性来减轻冷害，以上研究结果也证实了这一点。贮藏过程中，逐步降温处理显著提高了抗氧化酶活性，提高 SOD 活性有助于 $O_2 \cdot^-$ 歧化形成 H_2O_2，提高 CAT、APX 和 POD 活性有助于分解 H_2O_2 生成水和氧分子，使 $O_2 \cdot^-$ 和 H_2O_2 等活性氧始终维持在较低水平，降低了活性氧对细胞膜的毒害作用，延缓了膜脂过氧化产物 MDA 的生产，从而减轻了猕猴桃冷害的发生。这与李雪萍（2000）关于缓慢降温提高 SOD、CAT 抗氧化酶活性，减轻杧果冷害研究结果相似。但不同的降温模式对果实的冷害控制效应不同。例如，桃在 4 ℃ 和 8 ℃ 降温处理后，果肉褐变严重，加剧了冷症状，而 12 ℃ 降温处理则取得了显著抑制果实冷害的效果。猕猴桃也有类似报道，如 Sfakiotakis 等（2005）报道，采前蓄冷能减轻'海沃德'猕猴桃果实冷害。Lallu 和 Webb（1997）报道，10 h 内从 16 ℃ 降温至 2 ℃ 将加重'海沃德'猕猴桃果实的冷害。因此，在生产实践中应根据不同品种和生产条件而采取相应降温模式。

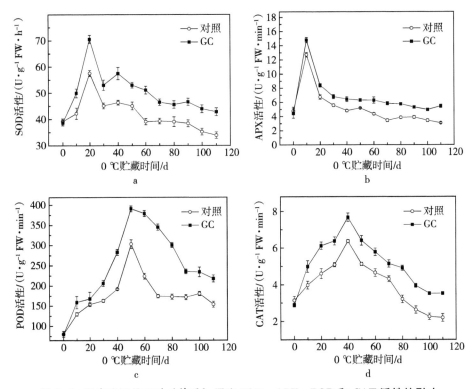

图 4-6 逐步降温处理对'徐香'果实 SOD、APX、POD 和 CAT 活性的影响

根据上述研究，主要结论如下。

①逐步降温处理可减轻'徐香'猕猴桃果实因低温贮藏而引起的冷害，保持果实较高硬度、TSS、TA、维生素 C 含量，并降低果实腐烂率和失重率，其中逐步降温 2 ［10 ℃→5 ℃ 2 d→2 ℃ 2 d→（0±0.5)℃］对'徐香'猕猴桃果实冷害的控制效果最好。

②逐步降温处理抑制'徐香'果实呼吸速率和乙烯生成速率，保持了较高的 SOD、POD、CAT、APX 等活性氧清除酶活性，抑制 $O_2 \cdot^-$ 和 H_2O_2 的积累，减轻细胞膜脂过氧化程度，最终降低了'徐香'猕猴桃果实冷害的发生程度。

二、果蔬采后冷害调控技术实例 2

多胺是植物体内普遍存在的具有较高生物活性的一类低分子量脂肪族含氮碱，常见的多胺有 Put、尸胺（Cad）、Spd 和 Spm。多胺可以刺激植物生长发育、延缓衰老，并与植物的抗逆性密切相关。

目前，外源多胺处理减轻果蔬冷害的机制并不十分明确，外源多胺处理对猕猴桃果实冷害相关研究未曾见报道。本书研究了外源 Put 处理对'红阳'猕猴桃果实冷害、呼吸、乙烯、活性氧、抗氧化酶、LOX 酶、抗氧化物质、内源多胺含量和膜脂脂肪酸含量的影响，以揭示 Put 处理对'红阳'果实冷害的影响及其可能的作用机制，为丰富猕猴桃果实采后低温伤害的调控方法提供参考。

'红阳'果实采自陕西省周至县管理水平良好的成龄猕猴桃果园。当果实可溶性固形物（TSS）达 6.5%~7.5%时采收，采收结束后 2 h 内，迅速将果实运回实验室。选取无伤、病的大小均一的正常果为试验材料，随机分成 4 组，每组 2100 个果分成 3 个重复，将猕猴桃果实分别浸入浓度为 0 mmol/L（蒸馏水，对照）、1 mmol/L、2 mmol/L、4 mmol/L Put 溶液中浸泡 10 min，然后自然晾干果实表面水分，装入厚度为 0.03 mm 的聚乙烯保鲜袋（国家农产品保鲜工程中心，天津）包装，每袋 100 个果实，袋口用橡皮筋松绕两圈以透气保湿，置入 0 ℃相对湿度 90%~95%的机械冷库中贮藏。

贮藏过程中，定期取样，每次取 45 个果，其中 15 个果用于测定硬度、TA、TSS、相对膜透性、呼吸速率和乙烯释放速率，同时取样保存于-80 ℃的超低温冰箱中，用于 MDA、维生素 C、$O_2\cdot^-$、H_2O_2、抗氧化酶活性、抗氧化物质、内源多胺含量和膜脂脂肪酸含量的测定；另外 30 个果实移到 20 ℃，模拟货架期 5 d，用于冷害指数的统计。贮藏结束时，统计果实失重率和腐烂率，并取 115 个果实，移到 20 ℃，模拟货架期 5 d，其中 100 个果实用于冷害率的统计，15 个果实用于硬度、TSS、TA和维生素 C 品质指标的测定。

（一）外源 Put 处理对'红阳'果实冷害的影响

'红阳'果实的冷害症状包括外果皮上有木质化、褐变等症状（图 4-7），'红阳'果实木质化冷害症状首先出现在果基部分，慢慢向赤道部和果实内部发展，严重时果肉颜色变褐，进而表皮颜色也变褐。

由图 4-8 可知，贮藏前 30 d '红阳'果实无论在冷库还是货架期均未发现冷害症状，贮藏 45 d 时在冷库中未表现冷害，而在货架期高温时对照果实首先表现出冷害。不同浓度 Put 处理均延迟 15 d 出现冷害症状，而且对冷害率和冷害发生的程度均有一定的抑制作用，60~90 贮藏期间其冷害指数始终显著低于对照（$P<0.05$），贮藏 90 d 时的冷害率也均显著低于对照（$P<0.05$）。2 mmol/L Put 处理抑制冷害的效果最好，贮藏 90 d 时其冷害发生率和冷害程度均最低，仅为 38.67%和 0.28，比对照降低了 43.14%和 27.66%，二者差异达极显著水平（$P<0.01$），与其他两 Put 处理间差异亦达显著水平（$P<0.05$），但后两者间差异未达显著水平。

a 正常果实与表皮褐变果实（箭头所指）　　　b 正常果肉与木质化果肉（箭头所指）

c 沿赤道部横切木质化组织（箭头所指）　　　d 沿中轴纵切木质化组织（箭头所指）

图 4-7　'红阳'果实冷害症状

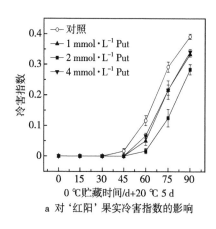 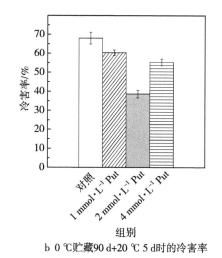

a 对'红阳'果实冷害指数的影响　　　b 0 ℃贮藏90 d+20 ℃ 5 d时的冷害率

图 4-8　外源 Put 处理对'红阳'果实冷害指数和冷害率的影响

（二）外源 Put 处理对'红阳'果实失重率和腐烂率的影响

由图 4-9a 可知，贮藏 90 d 时，对照的失重率高达 2.77%，显著高于 Put 处理（$P<0.05$）。不同浓度的 Put 处理对失重率的影响不同，4 mmol/L Put 的失重率最低，2 mmol/L Put 的失重率居中，1 mmol/L Put 的失重率最高，三者之间失重率达显著水平（$P<0.05$）。

由图 4-9b 可知，对照的腐烂率最高达 13.67%，显著高于 Put 处理（$P<0.05$）。不同浓度的 Put 处理对果实腐烂率的影响不同，2 mmol/L Put 的腐烂率最低，为 5.33%，显著低于其他两浓度的 Put 处理（$P<0.05$），但后两者间差异未达显著水平。

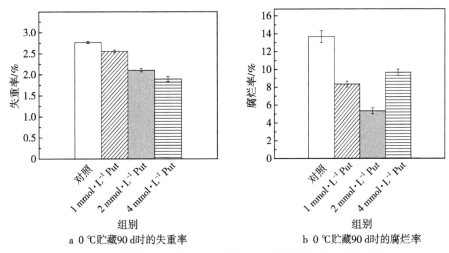

a 0 ℃贮藏90 d时的失重率　　　　　b 0 ℃贮藏90 d时的腐烂率

图 4-9　外源 Put 处理对'红阳'果实失重率和腐烂率的影响

（三）外源 Put 处理对'红阳'果实品质的影响

由表 4-2 可知，贮藏前 Put 处理并未对果实的硬度、TSS、TA 和维生素 C 含量产生显著影响。与贮藏前相比，'红阳'果实硬度、TA 和维生素 C 含量在贮藏 90 d 和模拟货架期 5 d 时均显著下降。Put 处理抑制'红阳'果实的硬度、TA 和维生素 C 的下降，其各项指标含量均显著高于对照（$P<0.05$），其中 2 mmol/L Put 处理的抑制效果最好，在 90 d 贮藏结束时，其硬度、TA 和维生素 C 含量分别高达 34.3 N、1.23% 和 61.56 mg/100 g，分别显著比对照提高了 13.92%、16.09% 和 14.01%，在模拟货架期 5 d 时，其硬度、TA 和维生素 C 含量分别高达 26.26 N、1.11% 和 62.29 mg/100 g，均显著高于同期其他浓度 Put 处理（$P<0.05$）。与贮藏前相比，对照 90 d 贮藏结束时 TSS 含量上升 2.14 倍，Put 处理抑制 TSS 的上升，在 90 d 贮藏结束时，其值显著低于对照（$P<0.05$），模拟货架期 5 d 时，除 1 mmol/L Put 处理与对照差异不显著外，其余 Put 处理均与对照差异显著（$P<0.05$）。

Put 处理降低了'红阳'果实冷害指数、冷害率、失重率和腐烂率，保持较高的硬度、TA 及维生素 C 含量和较低的 TSS，这与乔勇进等（2005）报道的外源 Spd、Spm 和 Put 处理减轻黄瓜冷害发生，延缓黄瓜叶绿素的分解，TA 含量的降低和维生素 C 降解，使 TSS 和果实硬度保持较高水平结果类似。

本案例研究中 2 mmol/L Put 处理控制果实冷害和保持果实品质的效果最好。在此基础上，选用 2 mmol/L Put 做进一步生理生化机制研究。

表4-2　外源Put处理对'红阳'果实贮藏期间硬度、TSS、TA和维生素C含量的影响

组别	贮藏时间/d	硬度/N	TSS/%	TA/%	维生素C/[mg·(100 g)$^{-1}$]
对照		115.55±1.34a	7.02±0.07a	1.35±0.15a	85.32±1.75a
1 mmol·L^{-1}Put	0	116.95±0.41a	7.07±0.04a	1.31±0.18a	84.22±1.09a
2 mmol·L^{-1}Put		115.78±1.52a	7.08±0.03a	1.35±0.16a	85.24±1.64a
4 mmol·L^{-1}Put		116.95±1.34a	7.03±0.22a	1.35±0.16a	84.65±1.51a
对照		22.99±0.72c	14.99±0.18a	1.06±0.01d	53.14±1.93c
1 mmol·L^{-1}Put	90	28.79±0.21b	14.07±0.17b	1.13±0.01b	56.81±0.20b
2 mmol·L^{-1}Put		34.3±0.42a	12.43±0.11c	1.23±0.03a	61.56±0.50a
4 mmol·L^{-1}Put		30.11±1.62b	11.80±0.08d	1.09±0.01c	57.14±0.43b
对照		14.81±0.99c	15.12±0.11a	0.76±0.03c	54.43±1.05c
1 mmol·L^{-1}Put	90+5	22.03±0.42b	15.06±0.06a	0.94±0.01b	57.09±0.41b
2 mmol·L^{-1}Put		26.26±1.08a	14.41±0.20b	1.11±0.03a	62.29±0.32a
4 mmol·L^{-1}Put		22.28±0.76b	13.30±0.07c	0.95±0.01b	57.09±0.41b

注：表中数据为平均数±标准误，且同列数据后小写字母表示在 $P<0.05$ 水平显著差异。

（四）外源Put处理对'红阳'果实的内源多胺含量的影响

植物在遭受低温胁迫时，会引起内源多胺的积累，而高水平的内源多胺有利于保持采后果蔬品质，延长果蔬贮藏期。本实例研究中，'红阳'果实的内源Put含量呈现先上升后下降的趋势。对照果实的内源Put含量在贮藏前15 d上升缓慢，15 d后上升迅速，并于60 d达到高峰，该峰值的Put含量为采收当天的3.29倍，这期间的变化量为33.12 ng/gFW。但在贮藏后期，冷害症状大量表现和冷害程度加重时，Put含量不再上升反而下降（图4-10）。

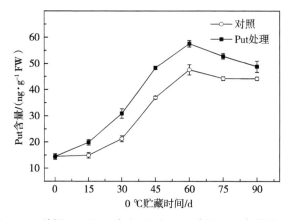

图4-10　外源Put处理对'红阳'果实内源Put含量的影响

　　与对照相比，Put 处理促进内源 Put 上升，并于 60 d 达到最高含量，其峰值是同期对照的 1.21 倍，是采收当天的 3.98 倍，随后 Put 含量开始下降，但 90 d 贮藏结束时，其 Put 含量仍然高于刚采收时。据差异显著性分析，在低温贮藏的整个过程中 Put 处理的内源 Put 含量始终显著高于对照（$P<0.05$）。进一步分析发现，'红阳'果实的内源 Put 含量与冷害指数呈正相关性（如对照的相关系数 $R=0.7255$），相关性不显著，而外源 Put 处理可提高内源 Put 含量并减轻了'红阳'果实冷害，因此，Put 积累可能是果实对冷害的一种防卫反应。

　　由图 4-11 可知，'红阳'果实的内源 Spd 含量呈先上升后逐渐下降的趋势。对照果实的内源 Spd 含量除在贮藏 15 d 时有小幅上升过程外，其余贮藏时间均呈下降趋势，低温贮藏期间的减少量为 25.06 ng/gFW，贮藏 90 d 时其 Spd 含量为采收时的 73.17%，占同期 Put 处理的 87.47%。与对照相比，Put 处理促进了内源 Spd 的上升并抑制其含量下降，低温贮藏期间，其内源 Spd 含量始终高于对照，30~90 d 二者差异达显著水平（$P<0.05$）。进一步分析发现，'红阳'果实的内源 Spd 含量与冷害指数呈极显著负相关性（如对照的相关系数 $R=-0.9255$）（$P<0.01$）。

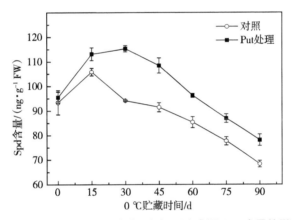

图 4-11　外源 Put 处理对'红阳'果实内源 Spd 含量的影响

　　由图 4-12 可知，'红阳'果实的内源 Spm 含量呈先上升后迅速下降的趋势。对照的内源 Spm 含量在贮藏 15 d 时有轻微的上升，随后呈下降趋势，低温贮藏期间的减少量为 11.01 ng/gFW，贮藏 90 d 时其 Spm 含量为采收时的 54.86%，占同期 Put 处理的 84.46%。与对照相比，Put 处理促进内源 Spm 含量的上升，并抑制其含量下降，其内源 Spm 含量始终高于对照，30~90 d 二者差异达显著水平（$P<0.05$）。进一步分析发现，'红阳'果实的内源 Spm 含量与冷害指数呈极显著负相关性（如对照相关系数 $R=-0.9133$）（$P<0.01$）。

　　大量研究报道，伴随着果蔬冷害症状的出现，内源多胺含量常常发生一些显著变化。石榴果实在 2 ℃冷害温度贮藏时，Put 含量呈现上升趋势并于 30 d 时达到峰值，有 40%果皮出现褐变现象。郑永华等（2000）研究报道在 1 ℃贮藏时，枇杷果实 Put 含量在贮藏初期呈上升趋势，并于 3 周时达到高峰，随后又迅速下降，同时枇杷果实在冷藏 3 周后表现明显木质化败坏现象。Fan 和 Feng（1995）等报道，鸭梨迅速降温到 0 ℃时贮藏，果实有黑心病发生，伴随着 Put 累积，Spd 含量下降。在冷害桃和番

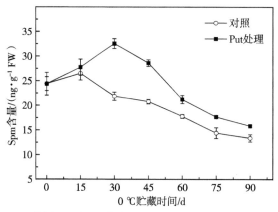

图 4-12　外源 Put 处理对'红阳'果实内源 Spm 含量的影响

茄果实上积累大量的 Put。本案例与上述研究结果相一致，均表现为冷害症状出现时，Put 大量积累。

Kramer 等（1991）报道，西葫芦果实在冷害温度下贮藏时，Spm 与 Spd 含量减少，Spm 与 Spd 含量与冷害指数呈显著负相关（$P<0.05$）。高慧等（2007）研究发现，油桃果实采后冷害的发生与 Spd、Spm 含量的降低有关。本案例研究结果与上述结果有相似之处，但也有不同之处。在本案例中，Spm 和 Spd 含量并非一直下降，而在贮藏初期有个上升过程，这可能是'红阳'果实对低温逆境的应激反应。另外，Spd 和 Spm 的积累水平与冷害的发生程度也存在着极显著的负相关性（$P<0.05$），因此，'红阳'果实冷害可能与 Spd 和 Spm 含量下降有关，且 Spd 含量的变化对猕猴桃果实冷害的促进作用可能更大。

大量研究证明，采用外源多胺处理可以降低果蔬冷敏性，减轻果蔬贮藏期间冷害发生。外源多胺处理减轻果实冷害，已在杧果、枇杷、杏、石榴等果实中证实。外源多胺处理减轻果蔬冷害与外源多胺影响内源多胺的水平密切相关。例如，黄瓜分别用 Put、Spm、Spd 后，果实组织内 Put、Spm、Spd 水平均显著提高，果实在低温贮藏下的冷害症状明显减轻（乔勇进 等，2005）。Mirdehghan 等（2007）研究表明，外源 1 mmol/L Put、Spd 抑制了石榴呼吸、硬度下降、TSS 上升，提高内源 Put 和 Spd 含量，减轻了果实冷害。王勇等（2003）研究表明，5 mmol/L Put 处理香蕉，降低了果实膜透性和 MDA，保持较高 SOD 和 POD 酶活，提高了内源 Put、Spd 和 Spm 含量，减轻果实冷害。本案例研究结果与上述研究结果相一致，外源 Put 促进内源 Put、Spm、Spd 上升，抑制其下降，其含量始终高于对照，说明外源多胺诱导内源多胺含量上升，有助于提高果实抗冷性，减轻冷害症状。

（五）外源 Put 处理对'红阳'果实呼吸速率和乙烯释放速率的影响

由图 4-13a 可知，在低温贮藏前期，'红阳'果实的呼吸速率有个下降的过程，可能与低温抑制呼吸代谢相关酶活性有关。在冷害症状表现之前，'红阳'果实分别在 30 d 或 45 d 出现呼吸高峰，随后随着冷害的加剧，细胞正常的生理代谢被破坏，果实的呼吸速率呈下降趋势。与对照相比，Put 处理推迟 15 d 出现呼吸高峰，并降低呼吸峰值，其值仅为对照的74.69%。整个低温贮藏过程中，Put处理的呼吸速率始终显著低于对照（除45 d外）（$P<0.05$）。

由图4-13b可知，贮藏初期'红阳'果实乙烯释放速率比较低，随后逐渐上升，分别于45 d或60 d出现乙烯高峰，其峰值分别为0.2272 μL/(kg·h) 和0.1437 μL/(kg·h)。结合冷害指数分析，说明冷害诱导乙烯的大量生成。与对照相比，Put处理推迟15 d出现乙烯峰，并降低了乙烯峰值，其值仅为对照的63.25%。整个贮藏过程中，Put处理的乙烯释放速率始终低于对照（60 d除外），30～75 d二者差异达显著水平（$P<0.05$）。

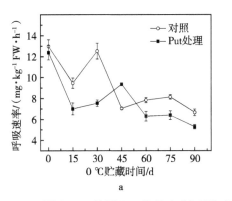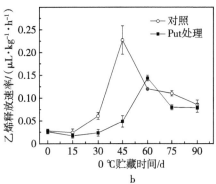

图4-13　外源Put处理对'红阳'果实呼吸速率和乙烯释放速率的影响

多胺抑制果实呼吸和乙烯合成已在多种植物中报道。任小林（1995）报道，100 nmol/L Spd可抑制李果实呼吸作用，他认为多胺对呼吸作用的影响主要是通过影响乙烯代谢而实现的。Barman和Asrey（2011）报道，2 mmol/L Put抑制石榴果实呼吸速率和乙烯释放速率，并减轻果实冷害。

多胺抑制乙烯产生，主要在于：①ACC转化成为乙烯时，需要活性氧自由基参与，而多胺可直接或间接地清除自由基，从而抑制乙烯的合成。②多胺与乙烯具有共同的前体物质SAM，故存在竞争机制。③ACC向乙烯转化的过程中，需要ACC合成酶和ACC氧化酶参与，而多胺能够影响这两种酶的合成。本案例研究中发现，Put处理延迟'红阳'果实呼吸峰和乙烯峰的出现时间，并抑制呼吸速率和乙烯释放速率。这一结果与Put抑制杏、油桃、番茄、李、石榴、杧果等果实呼吸速率和乙烯释放速率类似。

（六）外源Put处理对'红阳'果实$O_2^{·-}$产生速率和H_2O_2含量的影响

冷害的发生与活性氧的积累有密切的联系。由图4-14a可知，'红阳'果实$O_2^{·-}$产生速率随贮藏时间的延长而递增，说明ROS的代谢平衡已被打破，大量积累的活性氧将毒害细胞，促进果实冷害发生。对照果实的$O_2^{·-}$上升速度快，低温贮藏期间增加量为1.97 mol/(gFW·min)，贮藏90 d时的$O_2^{·-}$为采收时的4.08倍，是同期Put处理的1.50倍。与对照相比，Put处理抑制$O_2^{·-}$产生速率，整个贮藏期间Put处理的$O_2^{·-}$产生速率始终低于对照，30～90 d二者差异达显著水平（$P<0.05$）。

由图4-14b可知，'红阳'果实H_2O_2含量随贮藏时间的延长而呈上升趋势。对照的H_2O_2含量在$0\sim15$ d贮藏初期增加缓慢，$30\sim90$ d则快速增加，这与$O_2\cdot^-$变化趋势相一致，说明'红阳'果肉细胞已开始应答低温胁迫。对照的H_2O_2含量上升迅速，低温贮藏期间的增加量为2.25 mol/gFW，贮藏90 d时其H_2O_2含量为采收时的3.75倍，是同期Put处理的1.17倍。与对照相比，Put处理抑制H_2O_2含量上升，整个贮藏期间Put处理的H_2O_2含量始终低于对照，$30\sim90$ d二者差异达显著水平（$P<0.05$）。总体上，Put处理降低了$O_2\cdot^-$和H_2O_2含量，有助于降低细胞膜脂过氧化程度。进一步分析发现，'红阳'果实的$O_2\cdot^-$和H_2O_2二者总含量与冷害指数之间呈显著正相关性（如对照相关系数$R=0.7897$）（$P<0.05$）。

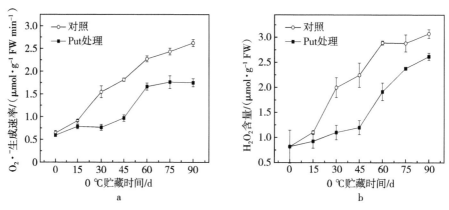

图4-14 外源Put处理对'红阳'果实$O_2\cdot^-$生成速率和H_2O_2含量的影响

（七）外源Put处理对'红阳'果实MDA含量和相对膜透性的影响

膜脂过氧化与果蔬冷害发生关系密切，而MDA是膜脂过氧化重要产物。由图4-15a可知，对照和Put处理果实的MDA含量整体呈上升趋势，但对照果实的MDA含量上升速度快，低温贮藏期间的增加量为3.01 mmol/gFW，贮藏90 d时其MDA含量为采收时的1.89倍，是同期Put处理的1.21倍。与对照相比，Put处理抑制了MDA含量的上升，低温贮藏期间其含量始终低于对照，$30\sim90$ d二者差异达显著水平（除45 d外）（$P<0.05$）。这些结果说明，随着贮藏时间的延长，果实的膜脂过氧化程度逐渐加剧，而Put处理能够延缓膜脂过氧化进程。

细胞膜是植物发生冷害时被攻击的首要部位。植物遭受冷害时，主要是细胞膜系统被破坏，大量细胞内物质外泄，细胞正常生理代谢活动被破坏，最终导致冷害发生。由图4-15b可知，对照和Put处理果实的相对膜透性随贮藏时间的延长而递增，但对照果实的相对膜透性始终较Put处理高，上升速度快，低温贮藏期间的增加量为49.55%，贮藏90 d时的相对膜透性为采收时的3.63倍，是同期Put处理的1.35倍。与对照相比，Put处理抑制相对膜透性的上升，其相对膜透性始终低于对照，30 d至贮藏结束二者差异达显著水平（$P<0.05$）。

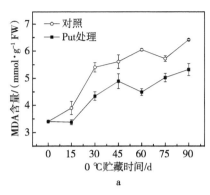 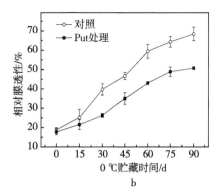

图4-15 外源Put处理对'红阳'果实MDA含量和相对膜透性的影响

以上结果表明,Put处理能够减轻'红阳'果实冷害,抑制细胞膜透性升高。其可能机制在于外源Put渗入果实内部,并转化为内源多胺,而内源多胺以多聚阳离子形式插入细胞膜上,起到稳定膜结构、减少膜物质外渗的作用,同时外源Put还可能影响了膜结构的酶活性。相似的多胺抑制细胞膜透性,减轻果实冷害的效应已在'大久保'桃、油桃、辣椒上证实。

(八)外源Put处理对'红阳'果实SOD、CAT和POD活性的影响

由图4-16a可知,'红阳'果实SOD活性贮藏初期呈上升趋势,并于30 d达到高峰,随后呈下降趋势。Put处理在贮藏0~15 d SOD活性上升速度较缓慢,其值低于对照,随后上升迅速,其峰值比对照显著提高了9.64%,贮藏30 d之后酶活性下降缓慢,其酶活性显著高于对照($P<0.05$)。

由图4-16b可知,贮藏初期,CAT酶活性呈上升趋势,并于45 d达到高峰,随后整体呈下降趋势。与对照相比,贮藏前45 d Put处理的CAT活性上升迅速,45 d之后缓慢下降,但其酶活性始终高于对照(除75 d外),30~60 d二者差异达显著水平($P<0.05$)。贮藏75 d时,对照酶活性反而高于Put处理,但二者差异未达显著水平。

由图4-16c可知,POD活性在贮藏初期呈上升趋势,并于45 d达到高峰,随后整体呈下降趋势。与对照相比,贮藏前15 d Put处理的POD活性上升缓慢,其值低于对照,15 d之后则上升迅速,而且下降缓慢,其值显著高于对照($P<0.05$)。

以上结果表明,Put处理显著提高'红阳'果实SOD、CAT、POD活性,并降低$O_2 \cdot^-$和H_2O_2含量,抑制MDA产生,减少了对细胞的毒害作用,最终减轻'红阳'果实冷害症状。与本案例结果相一致的是,Saba等(2012)报道,1 mmol/L Put和Spd通过提高SOD、CAT等抗氧化酶活性减轻'Bagheri''Asgarabadi'2个杏品种的冷害。张昭其等(2000)报道,3 mmol/L Put提高果皮SOD活性,从而延缓了杧果冷害发生。1 mmol/L Spd处理辣椒可提高SOD活性,抑制膜脂过氧化作用,减少MDA积累,降低膜透性,最终减轻冷害症状。

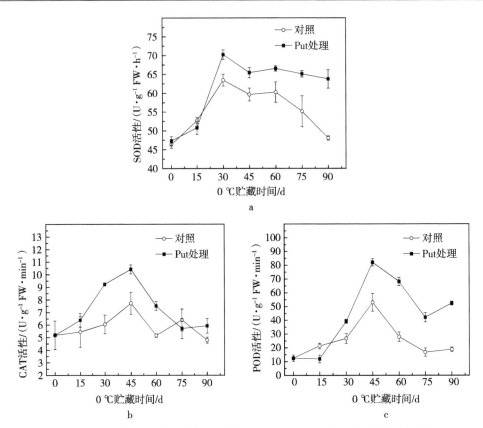

图 4-16　外源 Put 处理对'红阳'果实 SOD、CAT 和 POD 活性的影响

（九）外源 Put 处理对'红阳'果实的 ASA-GSH 循环中相关酶活性的影响

APX、GR、MDHAR、DHAR 等都是植物 ASA-GSH 氧化还原途径中极其重要的酶类。APX 能催化 ASA 氧化成 MDHA 或 DHA，并将 H_2O_2 还原成 H_2O，将细胞内过多积累的 H_2O_2 自由基清除出去，以维持细胞内自由基代谢平衡。GR 酶则能够催化 GSSG 转化成 GSH，有助于植物体保持较高的 GSH/GSSG 比例，这一比例对于保护有机体不受氧化损害具有关键性的作用。

由图 4-17a 可知，APX 活性在贮藏前期迅速上升，并于 15 d 达到高峰，而贮藏中后期 APX 活性呈下降趋势。与对照相比，Put 处理促进 APX 活性的上升，并抑制其活性下降，贮藏 15～90 d 其活性显著高于对照（$P<0.05$）。

由图 4-17b 可知，GR 活性在贮藏前期呈上升趋势，并于 30 d 达到高峰，而贮藏中后期呈下降趋势。与对照相比，Put 处理促进 GR 活性上升，并抑制其活性下降，15～90 d 其活性显著高于对照（$P<0.05$）。

由图 4-17c 可知，MDHAR 活性在贮藏前 15 d 稍微下降，随后整体呈上升趋势。贮藏前 45 d，Put 处理与对照 MDHAR 活性相差不多，而贮藏 45 d 后，Put 处理的 MDHAR 活性上升迅速，60～90 d 的增加量为 3.35 U/（gFW·min），是对照增加量的 1.7 倍。与 Put 处理相比，60～90 d 对照抑制 MDHAR 活性上升，其值显著低于 Put

处理（P<0.05）。

由图4-17d可知，DHAR活性在贮藏前15 d上升并达高峰，随后总体呈下降趋势。与对照相比，Put处理促进了DHAR活性上升，并抑制其活性下降，其值始终高于对照，30~75 d二者差异达显著水平（P<0.05）。

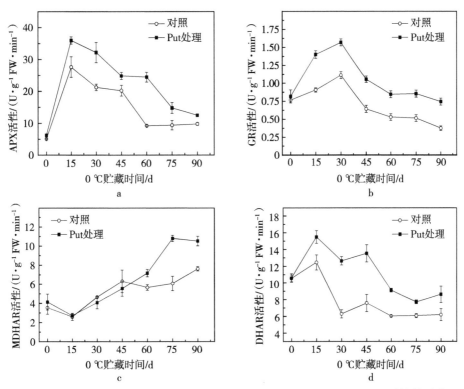

图4-17 外源Put处理对'红阳'果实APX、GR、MDHAR和DHAR活性的影响

（十）外源Put处理对'红阳'果实的ASA-GSH循环中代谢产物的影响

维持细胞内较高水平的GSH和ASA，可使含巯基的蛋白质或酶处于还原状态或活性状态，对维持蛋白质或酶的正常功能、维持细胞内较高还原势具有很重要的意义（曹健康 等，2007）。由图4-18a可知，GSH含量在贮藏前30 d时呈上升趋势，并于30 d达到高峰，30 d至贮藏结束呈下降趋势。对照果实的GSH含量上升缓慢却下降迅速，低温贮藏期间的减少量为0.09 mol/gFW，贮藏90 d时其GSH含量为采收时的52.96%，是同期Put果实的73.42%。与对照相比，Put处理的GSH含量始终高于对照，30~90 d二者间差异达显著水平（P<0.05）。

由图4-18b可知，GSSG含量在贮藏前15 d有个迅速上升的过程，30 d含量又下降，随后随着贮藏时间的延长总体又呈上升趋势。贮藏前15 d对照和Put处理间GSSG含量相差不大，贮藏15 d后，对照的GSSG含量始终高于Put处理，且上升迅速，低温贮藏期间的增加量为0.02 mol/gFW，贮藏90 d时其GSSG含量为采收时的2.66倍，是同期Put处理果实的1.48倍。与对照相比，Put处理的GSSG含量变化较小，其含量始终处于较低水平，45~90 d 二者间差异达显著水平（$P<0.05$）。

由图 4-18c 可知，随着贮藏时间的延长，对照和 Put 处理果实的 ASA 含量总体呈下降趋势，但对照果实的 ASA 含量始终较 Put 处理低，且下降迅速，低温贮藏期间的 ASA 含量减少量为 0.98 mol/gFW，贮藏 90 d 时其 ASA 含量为采收时的 81.98%，为同期 Put 处理果实的 92.05%。与对照相比，Put 处理抑制 ASA 含量的下降，低温贮藏期间其含量始终高于对照，30~90 d 二者差异达显著水平（45 d 除外）（$P<0.05$）。

由图 4-18d 可知，随着贮藏时间的延长 DHA 含量呈上升趋势，贮藏前期上升比较迅速，中期缓慢上升，贮藏末期又有个迅速上升的过程。贮藏 15~90 d，对照的 DHA 含量始终高于 Put 处理，且上升迅速，低温贮藏期间的增加量为 0.66 mol/gFW，贮藏 90 d 时的 DHA 含量为采收时的 8.41 倍，为同期 Put 处理果实的 1.69 倍。与对照相比，Put 处理抑制 DHA 含量的增加，15~90 d 其含量始终低于对照，45~90 d 二者间差异达显著水平（$P<0.05$）。

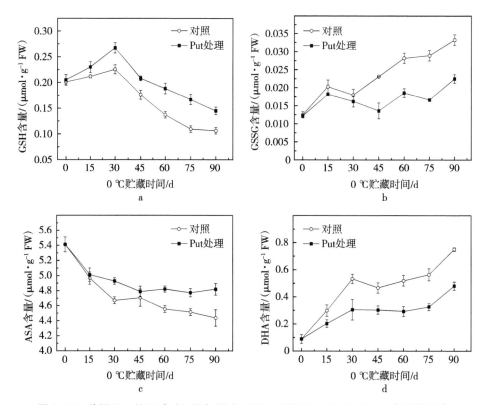

图 4-18　外源 Put 处理对'红阳'果实 GSH、GSSG、ASA 和 DHA 含量的影响

由图 4-19a 可知，GSH/GSSG 在贮藏期间呈先下降再上升然后下降的过程。与对照相比，Put 处理的 GSH/GSSG 始终处于较高水平，45~90 d 二者差异达显著水平（$P<0.05$）。

由图 4-19b 可知，ASA/DHA 在贮藏期间总体呈下降趋势，贮藏前期下降迅速，中后期下降缓慢。与对照相比，Put 处理抑制了 ASA/DHA 的下降，其值始终处于较高水平，45~90 d 二者差异达显著水平（$P<0.05$）。

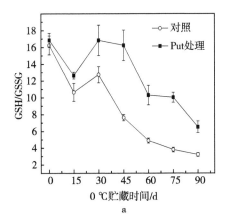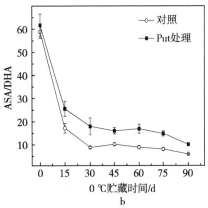

图 4-19　外源 Put 处理对'红阳'果实 GSH/GSSG 和 ASA/DHA 的影响

（十一）　冷害与 ASA-GSH 循环中抗氧化酶和抗氧化物质的关系

ASA-GSH 循环是活性氧清除系统的重要组成部分。APX、GR、MDHAR、DHAR 等都是植物 ASA-GSH 氧化还原途径中极其重要的酶类，对促进植物体内 GSH 和 ASA 的再生、维持 ASA-GSH 循环代谢途径正常运转、保持植物体内还原态物质的平衡具有极其重要的作用。

本案例研究发现，在贮藏初期 APX、DHAR 和 GR 有个上升过程，可能是 $O_2 \cdot^-$ 和 H_2O_2 等自由基的积累诱导的结果，而贮藏中后期，过多积累的活性氧可能破坏 APX、DHAR 和 GR 分子结构而导致酶活性下降。虽然 MDHAR 活性在整个贮藏过程中呈上升趋势，但扭转不了总的抗氧化酶活性下降的趋势，从而导致活性氧的积累，果实冷害的发生。抗氧化酶活性的下降将影响与该酶催化有关的抗氧化物质。例如，GR 活性下降，GSH/GSSG 比例将下降，意味着 GSH 水平的降低，这将不利于维持蛋白质或酶的正常功能、维持细胞内较高还原势，难以把细胞内活性氧自由基清除出去，造成活性氧大量积累，进而毒害细胞，促进果实冷害发生。

在本案例中，Put 处理保持较高的 APX、MDHAR、DHAR、GR 活性和 ASA、GSH 含量，积累较低的 GSSG 和 DHA，并保持较高的 GSH/GSSG 和 ASA/DHA 比例，说明 Put 可诱导 ASA-GSH 循环代谢途径正常运转并保持果实体内还原态物质的平衡，减少自由基积累，从而有利于减轻'红阳'果实冷害。相似的有关提高 ASA、GSH 抗氧化物质含量和保持较高的 APX、MDHAR、DHAR、GR 活性而减轻果蔬冷害已在杧果、枇杷、黄瓜、桃、甜椒、李子、香蕉和草莓果实中证实。

（十二）　外源 Put 处理对'红阳'果实 LOX 活性的影响

冷害促进果蔬体内 LOX 活性增强，而 LOX 能够启动膜脂质过氧化作用。由图 4-20 可知，对照和 Put 处理果实的 LOX 活性在贮藏前 30 d 呈上升趋势，并于 30 d 达到小高峰，随后稍有下降，贮藏后期又呈上升趋势，说明果实膜脂过氧化程度不断加剧。整个贮藏期间对照果实的 LOX 活性始终较 Put 处理的高，且上升迅速，低温贮藏期间的增加量为 12.90 U/（gFW·min），贮藏 90 d 时其 LOX 活性为采收时的 4.07 倍，是同期 Put 处理的 1.30 倍。与对照相比，Put 处理抑制 LOX 活性上升，贮藏期间其酶活性始终低于对照，30~90 d 二者差异达显著水平（除 45 d 外）（$P<0.05$）。进一步分析发现，'红阳' 果实的 LOX 活性与冷害指数呈显著正相关（如对照 $R=0.7602$，$P=0.0433$）（$P<0.05$）。

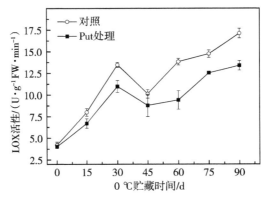

图 4-20　外源 Put 处理对 '红阳' 果实 LOX 活性的影响

（十三）外源 Put 处理对 '红阳' 果实饱和脂肪酸相对含量的影响

猕猴桃果实细胞膜饱和脂肪酸主要有硬脂酸和棕榈酸。由图 4-21a 可知，随着贮藏时间的延长，'红阳' 果实的棕榈酸含量呈上升趋势，对照果实的棕榈酸上升迅速，整个贮藏期内其相对含量增加了 7.22%，90 d 时其相对含量是采收时的 1.40 倍，是同期 Put 处理的 1.11 倍。与对照相比，Put 处理抑制了棕榈酸含量的上升，贮藏期间其含量始终低于对照，60~90 d 二者差异达显著水平（$P<0.05$）。

由图 4-21b 可知，随贮藏时间的延长，'红阳' 果实的硬脂酸相对含量呈上升趋势。对照果实的硬脂酸相对含量上升迅速，整个贮藏期内其增加量为 1.51%，贮藏 90 d 时硬脂酸相对含量是采收时的 2.24 倍，是同期 Put 处理的 1.27 倍。而 Put 处理抑制硬脂酸含量的上升，贮藏期间其值始终低于对照，60~90 d 二者差异达显著水平（$P<0.05$）。

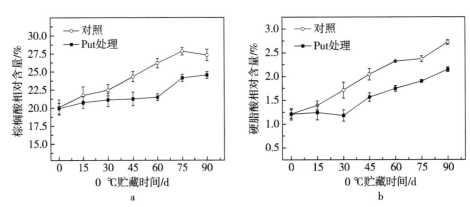

图 4-21　外源 Put 处理对 '红阳' 果实棕榈酸和硬脂酸相对含量的影响

（十四）外源 Put 处理对'红阳'果实不饱和脂肪酸相对含量的影响

由图 4-22 可知，随着贮藏时间的延长，'红阳'果实的油酸相对含量总体呈上升趋势。对照果实的油酸含量在贮藏前 30 d 变化不大，30 d 后其含量迅速上升，冷藏期间对照果实的油酸相对含量的增加量为 8.58%，贮藏 90 d 时的相对含量为采收时的 1.64 倍，是同期 Put 处理的 1.48 倍。与对照相比，Put 处理的油酸含量变化幅度较小，贮藏过程中始终处于较低水平，据差异显著性分析，45~90 d 二者差异达显著水平（$P<0.05$）。

由图 4-23 可知，随着贮藏时间的延长，'红阳'果实的亚油酸相对含量总体呈下降趋势。贮藏前 30 d，对照果实的亚油酸相对含量高于 Put 处理，随后除 60 d 有一个小幅上升外，对照果实的亚油酸相对含量均呈迅速下降趋势，其含量始终处于较低水平，90 d 贮藏期内其相对含量减少了 5.37%，贮藏 90 d 时其相对含量占采收时的 80.44%。与对照相比，Put 处理抑制了'红阳'果实亚油酸下降，低温贮藏期间 Put 处理的亚油酸相对含量减少量为 2.88%，占对照减少量的 53.70%，贮藏 45~90 d 其含量始终显著高于对照（60 d 除外）（$P<0.05$）。

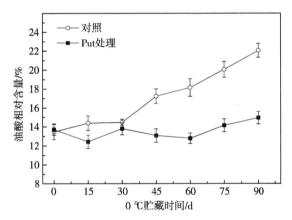

图 4-22　外源 Put 处理对'红阳'果实油酸相对含量的影响

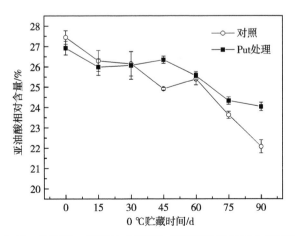

图 4-23　外源 Put 处理对'红阳'果实亚油酸相对含量的影响

由图 4-24 可知，贮藏前 30 d，对照果实的亚麻酸相对含量下降缓慢，随后迅速下降至贮藏结束，低温贮藏期间其相对含量减少了 11.94%，贮藏 90 d 时其相对含量占采收时的 68.40%。与对照相比，Put 处理抑制亚麻酸相对含量的下降，低温贮藏期内其相对含量减少了 3.88%，仅占对照减少量的 32.51%，低温贮藏期间其值始终处于较高水平，30~90 d 与对照差异显著（$P<0.05$）。

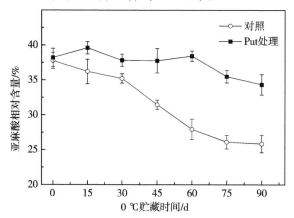

图 4-24　外源 Put 处理对'红阳'果实亚麻酸相对含量的影响

（十五）外源 Put 处理对'红阳'果实脂肪酸不饱和度与脂肪酸不饱和指数的影响

生物细胞膜是外界环境与细胞之间的重要屏障。遭受到低温胁迫时，果蔬生物膜容易发生相变，而膜的相变温度与脂肪酸不饱和度有密切关系。由图 4-25a 可知，随着贮藏时间的延长，脂肪酸不饱和度呈下降趋势。对照的脂肪酸不饱和度下降迅速，低温贮藏期间减少量为 1.38。与对照相比，Put 处理抑制脂肪酸不饱和度的下降，低温贮藏期间其值始终高于对照，30~90 d 二者差异达显著水平（$P<0.05$）。进一步分析发现，'红阳'果实的脂肪酸不饱和度与冷害指数间呈显著负相关性（如对照相关系数 $R=-0.8107$）（$P<0.05$）。

由图 4-25b 可知，随着贮藏时间的延长'红阳'果实脂肪酸不饱和指数呈下降趋势，说明果实细胞的相变温度会随之升高，而对照的脂肪酸不饱和指数始终较 Put

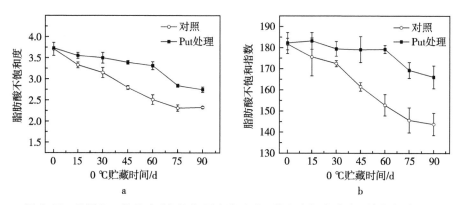

图 4-25　外源 Put 处理对'红阳'果实脂肪酸不饱和度与脂肪酸不饱和指数的影响

处理低，且下降迅速，说明对照的相变温度较 Put 处理高，更有利于果实冷害发生。与对照相比，Put 处理抑制了脂肪酸不饱和指数的下降，低温贮藏期间其不饱和指数始终高于对照，30~90 d 二者差异达显著水平（$P<0.05$）。

（十六）冷害与 LOX 关系

LOX 以不饱和脂肪酸为底物，专一催化含顺，顺-1，4-戊二烯结构的多元不饱和脂肪酸（以亚麻酸或亚油酸为主）的加氧反应，降低膜脂脂肪酸不饱和度，从而进一步破坏果蔬细胞组织的结构及功能。本案例研究发现，'红阳'果实 LOX 活性随着其冷害指数增加而增加，二者呈显著正相关（$P<0.05$），而亚油酸和亚麻酸相对含量则下降。这表明'红阳'果实冷害的发生可能是 LOX 启动膜脂质过氧化作用，从而促进亚麻酸和亚油酸等不饱和脂肪酸降解而破坏细胞膜结构完整性的结果。在枇杷、黄瓜、番茄等果实上也得到类似的结果。

本案例还发现，'红阳'果实 LOX 活性与亚油酸（$C_{18:2}$）、亚麻酸（$C_{18:3}$）相对含量呈显著负相关（如对照相关系数分别为 $R=-0.8342$ 和 $R=-0.8463$）（$P<0.05$）。因此，'红阳'果实亚油酸、亚麻酸为 LOX 的主要底物，其中亚麻酸含量变化对促进'红阳'果实冷害发生的贡献更大。这与孔祥佳等（2012）在橄榄果实上的研究结果不一致。在橄榄果实中，LOX 活性与亚麻酸相对含量呈极显著负相关（相关系数 $R=-0.969$）（$P<0.01$），却与亚油酸相对含量无明显相关性（$P>0.05$）。因此，孔祥佳认为在橄榄果实中 LOX 的主要底物是亚麻酸。在本案例研究中 Put 处理抑制 LOX 活性，并抑制亚油酸、亚麻酸等不饱和脂肪酸含量的下降，抑制细胞膜脂过氧化作用，从而降低了对细胞的毒害作用，最终减轻果实冷害。这与张海燕（2008）的 Put 处理抑制油桃 LOX 活性和冷害研究结果一致。

（十七）冷害与膜脂脂肪酸的关系

细胞膜是冷害攻击的首要部位，而膜脂脂肪酸的种类和相对含量是影响细胞膜相变温度的重要因素。降低不饱和脂肪酸相对含量和脂肪酸不饱和指数能提高膜的相变温度，有利于冷害的发生。柿果冷害与亚麻酸、亚油酸相对含量降低密切相关。枇杷果实的冷害与不饱和脂肪酸含量的下降有密切关系。在本案例研究中，采收当天'红阳'果实脂肪酸相对含量由高到低的顺序为亚麻酸（37.77%）>亚油酸（27.44%）>棕榈酸（20.10%）>油酸（13.47%）>硬脂酸（1.22%）。进一步分析发现，刚采收的'红阳'果实膜脂脂肪酸以不饱和脂肪酸（亚麻酸、亚油酸和油酸）为主，占78.68%，而饱和脂肪酸（棕榈酸和硬脂酸）含量仅占 21.32%。冷害发生时，'红阳'果实的硬脂酸、棕榈酸两饱和脂肪酸迅速上升，不饱和脂肪酸除油酸外亚麻酸与亚油酸迅速下降，脂肪酸不饱和指数与脂肪酸不饱和度也迅速下降，说明'红阳'果实冷害与饱和脂肪酸含量上升，亚麻酸、亚油酸、脂肪酸不饱和指数及脂肪酸不饱和度下降有关。在脂肪酸脱饱和酶的作用下硬脂酸可转化为油酸，这可能是猕猴桃果实油酸相对含量增加的原因。而亚油酸和亚麻酸两不饱和脂肪酸作为 LOX 启动膜脂过氧化最主要的底物，由于 LOX 的催化加氧反应，从而导致两不饱和脂肪酸含量的降低。进一步分析发现，'红阳'果实冷害指数与亚油酸（$C_{18:2}$）、亚麻酸（$C_{18:3}$）的相对含量呈显著负相关性（如对照的相关系数分别为 $R=-0.9183$，$R=-0.8702$）（$P<0.05$）。说明'红阳'猕猴桃果实冷害发生程度与亚麻酸、亚油酸相对含量的降低密切相关，在桃、柿果实上也得到相似结果。

大量研究报道，许多植物经物理和化学药剂处理后保持较高的不饱和脂肪酸相对含量，最终提高植物的抗冷性。枇杷果实经茉莉酸甲酯处理后可减轻冷害症状，这与其保持较高脂肪酸不饱和度有密切关系。番石榴果实经热处理后，可提高其不饱和脂肪酸相对含量与脂肪酸不饱和度，从而减轻果实冷害。Put 延缓了黄瓜亚麻酸、亚油酸相对含量下降，并抑制了不饱和脂肪酸指数与脂肪酸不饱和度的下降，从而抑制了黄瓜冷害的发生。本案例中，Put 处理减轻了'红阳'果实冷害发生，提高了亚麻酸、亚油酸相对含量，降低了硬脂酸、棕榈酸相对含量，保持较高的膜脂脂肪酸不饱和指数与膜脂脂肪酸不饱和度，抑制细胞膜渗透率的升高。据此认为，Put 处理降低 LOX 活性、延缓不饱和脂肪酸降解、维持较高的膜脂脂肪酸不饱和程度有利提高果实抗冷性。

（十八）冷害与活性氧代谢失调和脂肪酸不饱和度关系

低温胁迫下，一方面活性氧代谢失调引起膜脂过氧及细胞膜损伤；另一方面膜脂脂肪酸的相对含量和比例发生变化引起膜相变，最终导致果实冷害发生。在本试验中，进一步分析发现，'红阳'果实的 $O_2 \cdot^-$ 和 H_2O_2 二者总含量与冷害指数之间呈显著正相关性（如对照的相关系数 $R=0.7897$，$P<0.05$），而脂肪酸不饱和度与冷害指数间呈显著负相关性（如对照相关系数 $R=-0.8107$，$P<0.05$）。据此推论，果实冷害发生是 $O_2 \cdot^-$ 和 H_2O_2 积累及脂肪酸不饱和度下降共同作用的结果，其中脂肪酸不饱和度下降对猕猴桃果实冷害的促进作用可能更大。

根据上述研究，主要结论如下。

①Put 处理抑制'红阳'果实低温贮藏期间冷害的发生，减少果实失重率和腐烂率，并保持较高硬度、TA 和维生素 C 含量及较低 TSS。其中 2 mmol/L Put 处理效果最好。

②Put 处理提高'红阳'果实内源 Put、Spd、Spm 含量，减轻果实冷害。Spd 和 Spm 的积累水平与冷害指数呈极显著负相关（$P<0.05$），相关系数分别为 $R=-0.9255$ 和 $R=-0.9133$。而冷害指数与 Put 含量呈正相关，相关系数为 $R=0.7255$，但相关性不显著。

③Put 处理降低'红阳'果实呼吸速率和乙烯释放速率，保持较高 SOD、POD、CAT、APX、DHAR、MDHAR、GR 活性和 GSH、ASA 抗氧化物质含量，积累较少的 GSSG 和 DHA，并保持较高 GSH/GSSG 和 ASA/DHA 比例，使得 $O_2 \cdot^-$ 和 H_2O_2 能及时清除出去，减轻了膜脂过氧化程度，从而降低果实冷害的发生程度。

④'红阳'果实贮藏期间，棕榈酸、硬脂酸和油酸的相对含量增加，而亚油酸、亚麻酸的相对含量下降，从而降低脂肪酸不饱和度与不饱和指数，使膜的相变温度提高，导致果实冷害发生。

⑤2 mmol/L Put 处理抑制'红阳'果实 LOX 活性上升，延缓膜脂不饱和脂肪酸下降，并使膜脂肪酸不饱和指数与不饱和度具有较高水平，从而增强了'红阳'果

实抗冷性，减轻其果实冷害的发生。

三、果蔬采后冷害调控技术实例 3

拟南芥中 CBF 家族 6 个成员的主要生物学功能已经明确，AtCBF1、AtCBF2 和 AtCBF3 都能快速响应低温，过表达 AtCBF1 和 AtCBF3 能够显著提高转基因植株的抗冷性、抗干旱和高盐胁迫能力，冷驯化过程中 AtCBF2 负责调控 AtCBF1 和 AtCBF3 的表达。AtDREB1D/CBF4、AtDREB1E/DDF2 和 AtDREB1F/DDF1 都不被低温所诱导，AtCBF4 能被干旱和高盐胁迫诱导，过表达 AtCBF4 导致转基因拟南芥生长缓慢，提高下游抗冷和抗脱水基因的表达，提高抗冷和抗旱性。近年来，其他物种如梅、苹果、桃等的 CBF 基因功能研究表明，过表达 CBF 基因整体上能显著提高转基因植物的抗冷性，但不同物种、不同 CBF 基因成员在功能上存在明显差异。

通过构建猕猴桃 AcCBF1 和 AcCBF2 过表达载体，采用农杆菌介导的方法，获得拟南芥转基因株系，对其进行形态观察和生理生化测试，结合逆境胁迫处理，验证两个 CBF 基因在植株生长发育和应对逆境胁迫中的功能，分析猕猴桃 CBF 基因在果实抗冷中的作用。

试验以野生型拟南芥（哥伦比亚）为材料，过表达载体为 PBI121，侵染用农杆菌为 GV3101，均由西北农林科技大学园艺学院采后实验室提供。

（一）低温胁迫对 AcCBF1 和 AcCBF2 转基因拟南芥植株形态的影响

通过形态观察发现，与野生型（WT）植株相比，两个转基因植株的叶片明显增多，且颜色较深（图 4-26）。其中，过表达 AcCBF1 拟南芥植株呈扁平化生长，延迟 10 d 开花；过表达 AcCBF2 的拟南芥植株生长势更旺，叶片数量明显多于野生型，延迟开花 8 d。

图 4-26　低温胁迫下植株的形态变化

（二）低温胁迫对 AcCBF1 和 AcCBF2 转基因拟南芥植株叶绿素含量的影响

对野生型和转基因植株进行 4 ℃处理 3 d 发现，低温处理降低了植株的叶绿素水平，植株表现轻微的黄化（图 4-27）。与对照相比，野生型植株叶绿素含量降低了20%，而转基因植株分别降低了 49.7%、39.6%、37% 和 29.2%。与野生型相比，转基因植株的叶绿素含量要明显高于野生型，低温条件下转基因植株的叶绿素含量要比野生型减少得多。

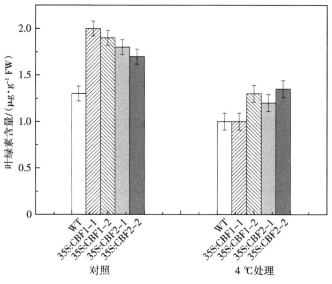

图 4-27　低温胁迫下叶绿素含量的变化

（三）低温胁迫对 AcCBF1 和 AcCBF2 转基因拟南芥植株相对膜透性的影响

低温处理造成了叶片组织相对膜透性的增加（图 4-28），与对照相比，野生型植株的相对膜透性增加了 4 倍，转基因植株 35S：CBF1-1、35S：CBF1-2、35S：CBF2-1、

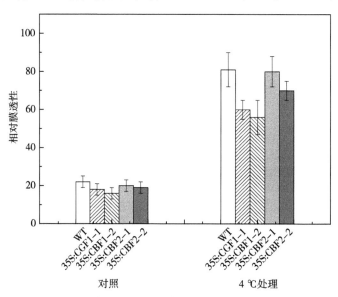

图 4-28　低温胁迫下叶片组织相对膜透性的变化

35S:CBF2-2 则分别增加了 2.9 倍、3.0 倍、3.8 倍和 3.4 倍，表明过表达猕猴桃 CBF 基因有利于提高拟南芥植株的抗冷性，降低了细胞膜的损伤程度，其中过表达 AcCBF1 提高抗冷性的效果更突出。

（四）低温胁迫对 AcCBF1 和 AcCBF2 转基因拟南芥植株脯氨酸含量的影响

拟南芥植株的脯氨酸含量在低温条件下显著增加，转基因植株脯氨酸含量显著高于野生型和对照（$P<0.05$）（图 4-29）。低温处理后 35S:CBF1-1 和 35S:CBF1-2 的脯氨酸含量分别增加到 1618 μg/g 和 1524 μg/g，平均增加了 15.6 倍；35S:CBF2-1 和 35S:CBF2-2 的脯氨酸含量平均增加了 7.6 倍，表明过表达猕猴桃 CBF1 和 CBF2 能够显著提高植株的抗冷性。

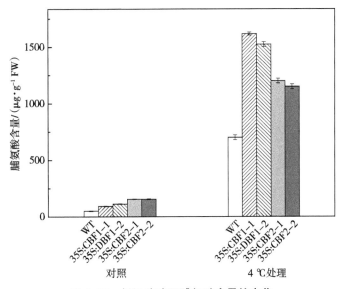

图 4-29 低温胁迫下脯氨酸含量的变化

（五）过表达 AcCBF1/2 对拟南芥 AtCBF1-3 及靶基因 RD29A、COR15a、COR15b 表达的影响

冷诱导转录因子 CBF 的瞬时表达能够显著提高植物的抗冷性已经在拟南芥和诸多抗冷植物中得到证明。CBF 家族成员能够显著提高植物的抗冷性，是基于 CBF 蛋白具有结合下游抗冷基因启动子、激活抗冷基因快速高量表达的作用，进而产生抗冷蛋白提高植物的耐冷性。目前，已经明确的受 CBF 转录激活的下游抗冷基因有 COR15a、COR15b 和 RD29A 等几个主要成员。为进一步证明猕猴桃 CBF 基因在植物抗冷过程中的主要功能，研究对 4 ℃ 冷驯化过程中转基因拟南芥 CBF 基因 AtCBF1、AtCBF2、AtCBF3，以及 CBF 靶基因 COR15a、COR5b 和 RD29A 的表达量进行 q-PCR 定量分析，发现拟南芥 CBF 基因及其靶基因均能够被低温诱导，短时间内出现表达高峰（图 4-30）。总体来看，转基因拟南芥内源 AtCBF1 和 AtCBF2 基因表达量与野

生型相比有所下调，CBF 基因在低温条件下能够快速响应低温信号，12 h 达到表达高峰，之后表达量迅速降低，72 h 后又逐步上升。过表达 AcCBF1 和 AcCBF2 均能够提高拟南芥 AtCBF3 的表达量，其中转 AcCBF2 拟南芥中内源 CBF3 的表达量在 12 h 时上调了 6 倍（图 4-30）。

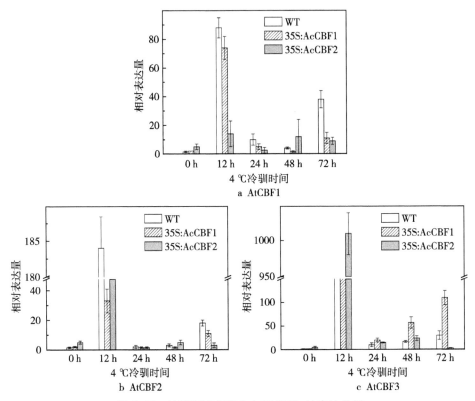

图 4-30　转基因拟南芥中内源 CBFs 的表达分析

　　抗冷过程中，真正发挥抗冷功能的 CBF 靶基因 COR15a、COR15b 和 RD29A 都能够迅速响应低温，逐渐增加其表达量，过表达猕猴桃 AcCBF1 和 AcCBF2 整体显著提高了拟南芥中 COR15a、COR15b 和 RD29A 的表达量。正常温度下，转基因材料中 CBF 靶基因的相对表达量明显高于野生型，进入低温后 COR15a、COR15b 和 RD29A 的表达量迅速增加，COR15a 的表达量随着低温时间的延长逐渐增加，COR15b 和 RD29A 分别在 12 h、24 h 达到表达高峰，然后逐渐降低。过表达 AcCBF1 显著提高了 COR15a 在冷驯化过程中的表达量，在 24 h 时与野生型相比提高了 16 倍，72 h 时达到高峰，其峰值与野生型相比平均提高了 5 倍。过表达 AcCBF2 对 COR15a 的表达量影响不显著（图 4-31a）。转基因拟南芥与野生型相比，COR15b 的表达量在 0 h、12 h 和 72 h 高于对照，过表达 AcCBF2 却降低了 COR15b 在 24 h 时的表达量（图 4-31b）。转基因植株中 RD29A 在冷驯化过程中的表达量显著高于野生型（$P<0.05$），过表达 AcCBF1 和 AcCBF2 使 RD29A 的表达量较野生型相比分别提高了 6.5 倍和 9.5 倍（图 4-31c）。

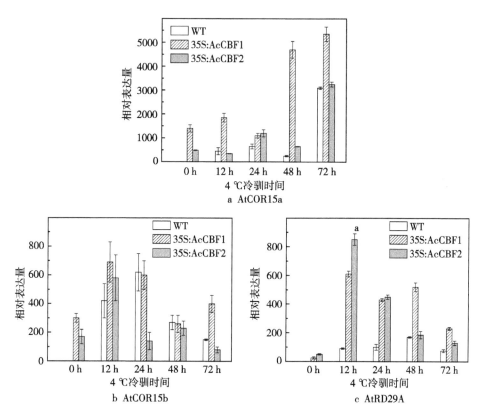

图4-31 转基因拟南芥中内源 CBF 靶基因的表达分析

综上所述，过表达猕猴桃 AcCBF1 和 AcCBF2 主要影响了转基因拟南芥内源 CBF3 的表达，显著提高了 CBF 靶基因 COR15a、COR15b 和 RD29A 表达量，过表达 AcCBF1 更利于提高下游抗冷基因的表达。

（六）过表达猕猴桃 AcCBF1 和 AcCBF2 对拟南芥植株抗寒性的影响

如图4-32 所示，过表达 AcCBF1 和 AcCBF2 显著提高了转基因拟南芥的抗寒性，4 ℃冷驯化处理对提高拟南芥植株的抗寒性作用明显，野生型与两个转基因拟南芥株系之间抗寒性明显不同。-10 ℃处理6 h 后，野生型出现叶片损伤，AcCBF2 转基因植株表现出轻度的叶片损伤。

（七）冷驯化处理对野生型植株和转基因植株存活率的影响

图4-33 所示，冷驯化处理显著提高了野生型和转基因植株的存活率，-10 ℃处理6 h 后，野生型植株存活率为53%，转基因植株的存活率均达到90%，AcCBF2 转基因植株表现出轻度的叶片损伤。结果表明，过表达 AcCBF1 和 AcCBF2 显著减轻了极端低温对拟南芥植株的伤害，利于提高植株的抗寒能力，AcCBF1 基因的抗寒作用更突出。

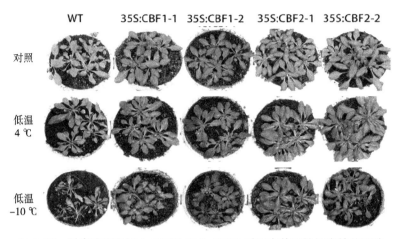

图4-32　过表达猕猴桃 AcCBF1 和 AcCBF2 对拟南芥植株抗寒性的影响

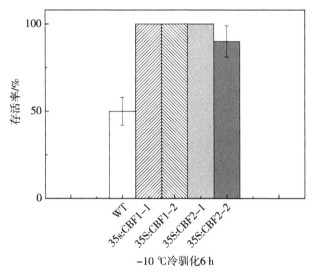

图4-33　冷驯化后野生型植株和转基因植株的存活率

根据上述研究，主要结论如下。

①过表达 AcCBF1 和 AcCBF2 均可显著提高拟南芥对低温胁迫的适应性，转基因材料表现出扁平化生长、叶色加深和延迟开花的现象。

②过表达 AcCBF1 和 AcCBF2 显著提高了拟南芥植株的抗冷性和抗寒性，两个转基因材料间存在抗寒性差异，过表达 AcCBF1 更利于提高转基因材料的抗寒性。

下　篇

第五章　黄瓜采后冷害与调控

一、黄瓜的生产概况、品种简介及贮藏特性

（一）生产概况

黄瓜（*Cucumis sativus* L.）是葫芦科南瓜属一年生蔓生或攀缘草本植物，又名胡瓜、青瓜，在世界蔬菜栽培面积中居第 4 位。我国是世界上黄瓜生产面积最大，产量最高的国家。由于黄瓜果实的组织细嫩，含水量在 95% 以上，采后贮运和商品化处理时损耗率较高，而冷藏是目前果蔬采后贮运的主要方式。

黄瓜肉质脆嫩，汁多味甘，生津解渴，有特殊芳香，且富含糖类、蛋白质、维生素 B_2、维生素 C、维生素 E、胡萝卜素、钙、磷、铁等营养成分（表 5-1）。在医疗保健上，黄瓜具有减肥美容、预防便秘、提高人体免疫力、抗衰老和延年益寿等功效，广受消费者喜爱。

表 5-1　黄瓜营养成分（每 100 g 果实中的含量）

营养成分	含量	营养成分	含量
水分	96 g	脂肪	0.09 g
糖类	1.9 g	维生素 C	11 mg
蛋白质	1.0 g	胡萝卜素	0.09 mg
膳食纤维	0.6 g	维生素 B_2	0.03 mg
矿物质	0.2 g		

（二）品种简介

'津新密刺'黄瓜：瓜条棒状、深绿色，长 30~35 cm，有棱刺，皮薄、味佳、商品性好。

'鲁黄瓜七号'：果皮浅绿色，无棱沟，较光滑，刺褐色、小而少。

'鄂黄瓜一号'：瓜条直，圆柱形，长 30~33 cm，横径 5 cm。瓜把短粗，瓜皮光滑、呈嫩绿白色，无棱，刺瘤刺毛很少，单瓜重 300 g 左右，后期瓜也不发生畸形。瓜肉厚，心室小，耐贮运。

'燕美黄瓜'：瓜条白色，带有少量绿色条纹，圆筒形，长 18~20 cm，无果把，单瓜重 250 g，品质佳。

'新夏青 4 号'黄瓜：瓜条美观，圆筒形，单瓜重 250 g，瓜长 223 cm，刺白色、稀少，果皮深绿少蜡粉，品质佳。

'戴多星'：由荷兰引进。果实个小，平均果重 100 g，果皮翠绿色，有光泽，皮薄，果实无籽、鲜嫩多汁，耐贮运。

'津春 2 号'：1991 年由天津市农科院黄瓜研究所育成的杂种一代，是大棚黄瓜品种。果肉厚，平均果重 200 g，果实深绿色，质脆清香，有光泽，商品性好。

'园丰元 6 号青瓜'：瓜条直顺，深绿色，有光泽，瓜长 35 cm，白刺，刺瘤较密，瓜把短，品质优良，产量高，亩产 5000 kg。

'早青二号'：瓜圆筒形，皮色深绿，瓜长 21 cm，适合销往港澳地区，耐低温，抗枯萎病、疫病和炭疽病，耐霜霉病和白粉病。

'荷兰'小黄瓜：瓜长 14~18 cm，直径约 3 cm，重 100 g 左右，果实淡绿色，微有棱，表皮光滑，口感脆嫩，适宜生食。

（三）贮藏特性

黄瓜是非呼吸跃变型果实，由于其果实的含水量高达 95% 以上，外皮极薄，代谢旺盛，在贮藏过程中极易失水萎蔫，营养物质消耗快，保藏期极短。另外，黄瓜质地脆嫩，易受机械损伤，瓜刺易碰脱，形成伤口流出汁液，从而感染病菌导致腐烂变质，是典型的易腐性农产品。以上因素大大制约了黄瓜的消费和流通。低温贮藏黄瓜可在一定程度上降低黄瓜果实的采后生理代谢，从而保证贮藏品质，但是不适宜的低温易导致冷害症状，初期表现为表皮出现大小不一的凹陷斑，后期出现水浸状斑点并逐渐增多，进而易受病菌侵染而出现腐烂，最终丧失其商品价值。

二、黄瓜的冷害特征

黄瓜是典型的冷敏性果实，在贮藏温度低于 10 ℃ 时极易产生冷害，主要症状表现为表皮出现大小不一的凹陷斑，随后会出现水浸状斑点并逐渐增多，从而更容易受致病菌侵染而出现腐烂（图 5-1）。部分果实遭受冷害后会出现异味、果肉颜色变淡的症状。未成熟果实采收后若受到冷害，则果实将出现不能正常成熟、表现着色不均

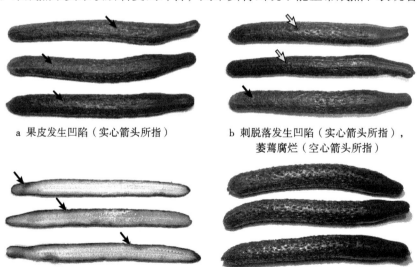

a 果皮发生凹陷（实心箭头所指）   b 刺脱落发生凹陷（实心箭头所指），
萎蔫腐烂（空心箭头所指）

c 纵切，水渍状冷害（实心箭头所指）   d 正常果实

图 5-1　黄瓜果实冷害症状

匀等症状，丧失其商品价值。

三、影响黄瓜采后冷害的因素

（一）品种

品种也是决定黄瓜耐藏性与贮后黄瓜品质的重要因素，不同品种在低温下的贮藏能力不同。'秋瓜''九月青''大黑刺''唐山秋瓜''延边黄瓜'的耐冷力较强；'半夏''全青黄瓜''长春密刺''榆树大刺''丝瓜青'的耐冷力居中；'吉丰''永安白头霜''夏丰''青皮八杈''水桶黄瓜'的耐冷力较弱。

（二）成熟度

黄瓜果实生长曲线呈单"S"形，根据果实大小和颜色可将黄瓜果实分为未熟（花后 3~8 d）、成熟（花后 9~16 d）、转色（花后 17~22 d）和黄色（花后 35~40 d）4 个成熟度。黄瓜果实成熟度可以明显影响其采后耐冷性。处于早期发育阶段的果实更易发生冷害，而成熟度高的果实有更高的耐冷性。因此，在商品允许范围内，收获成熟度较高的黄瓜可以减轻采收冷害，延长保鲜期。

（三）贮藏温度

不同贮藏温度下黄瓜的冷害程度不同。7 ℃ 和 9 ℃ 下贮藏的小黄瓜在贮藏第 10 天出现轻微水渍状冷害症状，已失去商品价值；11 ℃ 下贮藏的小黄瓜在贮藏第 35 天约 40% 有商品价值；13 ℃ 和 15 ℃ 下的小黄瓜贮藏期分别为 20 d、15 d。

（四）相对湿度

提高黄瓜贮藏环境的相对湿度，特别是当湿度接近于饱和时，能够减轻黄瓜冷害的发生。

四、黄瓜采后冷害调控措施

（一）物理处理

1. 热处理

热处理作为一种物理处理方法，其无毒无害，没有化学污染，而且便于实行和操作，因而受到人们的重视，早在 20 世纪 20 年代已应用于果蔬贮藏期间病虫害、提高贮藏果蔬对低温的适应能力、延长贮藏期等方面。

选用瓜条饱满、顺直、粗细均匀（长为 15~30 cm，直径为 2.5~3.0 cm）、带 1 cm 的果柄、无机械伤的黄瓜，采收结束后迅速运回预处理室。42 ℃ 热水浸泡处理 10 min，阴凉通风处晾干果实表面水分，用厚度为 0.05 mm 的聚乙烯薄膜包装，贮藏于（2±1）℃、相对湿度90%的机械冷库中。

已有研究证明，'金田208'黄瓜经42℃热激处理10 min后，首先，可通过调节ROS代谢体系的活性来维持活性氧代谢平衡，延缓膜脂过氧化进程，从而减轻冷藏期黄瓜冷害的发生。其次，热激处理抑制采后黄瓜果肉细胞壁降解酶活性，从而有利于延缓细胞壁组分的降解，维持细胞壁结构的完整性。最后，可诱导脯氨酸含量增加，增强渗透调节作用，最终减轻冷害症状。

已有研究证明，用37℃的温度处理'新丹4号'黄瓜品种24 h，可减轻黄瓜的冷害发生程度。

2. 冷激处理

冷激处理因具有无毒无残留、保鲜效果突出等优点而日益受到重视。冷激处理通常采用低温空气或冰水混合物为冷激介质，短时间内处理果蔬，诱导抗冷基因的高效表达与翻译产物的转运，提高生物膜的抗冷性。

选用瓜条饱满、顺直、粗细均匀、无机械伤的黄瓜，带1 cm果柄，采后尽快运回预处理室。将黄瓜在冰水混合物中浸泡4 h，在阴凉通风处晾干果实表面水分，用厚度为0.05 mm的聚乙烯薄膜包装，贮藏（4±1）℃、相对湿度90%的机械冷库中。

已有研究证明，'青绿一号'黄瓜采用冷激处理能够激发黄瓜采后的POD、CAT活性，抑制呼吸，降低黄瓜的MDA含量和相对膜透性，减轻冷害。

3. 短波紫外线结合热处理调控

短波紫外线（UV-C）处理属于无化学污染的物理处理方法，采后通过使用适合剂量和合理时间的UV-C辐照果蔬能够提高果蔬抗病性，减少采后腐烂造成的经济损失。采后热处理也是果蔬贮藏中广泛使用的物理保鲜技术，可有效减轻番茄、番木瓜和哈密瓜的冷害。

选成熟度一致，无机械损伤、无病虫害、大小均匀（长为15~30 cm，直径为2.5~3.0 cm）的果实，采后1 h之内运回冷库预处理室。将黄瓜置于紫外线灯下约30 cm处，用数字式辐射计测得此距离的紫外辐射强度为0.17 mW/cm^2。产品的辐射剂量为5 kJ/m^2。处理完毕后，置于37℃、相对湿度90%的生物培养箱中处理12 h。处理完后将黄瓜装入厚度为0.02 mm的聚乙烯袋（袋子上留有通气孔），挽口后置于4℃下贮藏。

已有研究证明，UV-C结合热处理'戴多星'黄瓜能够提高黄瓜组织中SOD、CAT、APX、GR活性，维持较高的总酚和ASA质量分数及总抗氧化能力，从而延缓低温胁迫下ROS积累造成的膜质过氧化，阻止了黄瓜相对膜透性的增加和MDA的积累，显著降低了低温下黄瓜的冷害发生程度。

（二）化学处理

1. 茶多酚/海藻酸钠膜涂膜处理

茶多酚是一种天然的食品保鲜剂，具有抗氧化、抑菌、消除人体自由基的作用。

海藻酸钠是从褐藻或细菌中提取出的一种天然多糖物质，具有良好的保湿性、抗菌性、成膜性，来源广泛且成本低廉，已应用在杧果、冬枣、辣椒、鲜切猕猴桃等果蔬的涂膜保鲜研究中。茶多酚/海藻酸钠膜涂膜处理能够在黄瓜表面形成一层具有阻气阻湿的薄膜，减少黄瓜水分的散失，降低呼吸作用，减缓果蔬冷害的发生。

选取瓜条饱满、顺直、粗细均匀（长 15~30 cm，直径 2.5~3.0 cm）、无机械伤的黄瓜。在 1.5% 海藻酸钠溶液中添加 0.3% 的茶多酚，搅拌 0.5 h 左右使溶液均匀，将黄瓜浸入涂膜液中 2 min，捞出后迅速风干，贮藏于 4 ℃ 条件下。

已有研究证明，'津春 2 号' 黄瓜经茶多酚/海藻酸钠膜涂膜处理能够抑制水分的散失，减缓硬度、TSS、维生素 C 和叶绿素含量的下降，进而延缓黄瓜冷害发生。

2. 褪黑素处理

褪黑素是存在于植物体内的天然抗氧化剂，能有效抑制高温、低温、干旱、中波紫外线、重金属污染等逆境条件造成的植物细胞损伤。

选用瓜条饱满、顺直、粗细均匀（长 15~30 cm，直径 2.5~3.0 cm）、无机械伤的黄瓜，在 100 μmol/L 褪黑素溶液中浸泡 30 min，取出后于室温下自然风干，然后用厚度为 0.01 mm 的聚乙烯保鲜膜包装，放置于 10 ℃ 机械冷库中贮藏。

已有研究证明，'博耐 35' 黄瓜用 100 μmol/L 褪黑素处理，明显提高了黄瓜的感官评价分数，抑制了冷害指数、失重率、相对膜透性及 MDA 含量的上升，降低了冷害对细胞膜的损伤，减缓了可溶性蛋白和维生素 C 的下降速度，抑制了呼吸速率的升高。

3. 外源茉莉酸甲酯处理

茉莉酸甲酯是植物中天然存在的生长调节因子，在调节植物胁迫反应和发育过程方面发挥着重要作用。茉莉酸甲酯处理可有效延缓木瓜、番石榴等果实冷害的发生，目前已广泛应用于生产实践。

选取大小均一（长 15~30 cm，直径 2.5~3.0 cm）、表面无伤、无病虫害的果实，用 1% 次氯酸钠溶液进行表面消毒，再用 0.01 mmol/L 茉莉酸甲酯（Sigma 公司），于 20 ℃ 黑暗中熏蒸 12 h。处理后取出，放于通风处 2 h，再平铺于塑料筐中，套上透气性好的塑料袋保湿（相对湿度 90%~95%），放入 4 ℃ 机械冷库中贮藏。

已有研究证明，'神农 5 号' 黄瓜用茉莉酸甲酯处理后可减缓黄瓜冷害的发生，同时提高了组织中 CAT 活性，降低了 POD 活性。茉莉酸甲酯可能通过影响 ROS 和酚类物质的代谢缓解黄瓜的冷害。

（三）生物处理

PAs 是生物代谢过程中产生的脂肪族含氮碱。研究认为多胺是一种十分重要的生理调节物质，不仅可以调节植物的生长发育和开花结实，而且有利于提高植物在逆境条件下的抗逆能力和对环境的适应性。

选取大小均一（长 15~30 cm，直径 2.5~3.0 cm）、表面无伤、无病虫害的果实，采收时带 1 cm 的果柄。选择 2 mmol/L Spm 采用低压真空浸透（−60 Pa）对黄瓜处理 20 min，在自然状态下充分晾干表面水分，置于 2 ℃ 机械冷库中贮藏。

已有研究证明，低温敏感的'津春 2 号'黄瓜经 Spm 处理可以延缓冷害发生，对黄瓜果皮叶绿素具有保护作用，使贮藏后期黄瓜果皮的叶绿素含量显著高于对照，也可以抑制 TA 含量的降低和维生素 C 降解，使 TSS 保持在较高水平，保持果肉硬度。

五、黄瓜采后冷害调控实例

选用瓜条饱满、顺直、粗细均匀（长 15~30 cm，直径 2.5~3.0 cm）、无机械伤的黄瓜为材料。将所选黄瓜随机分成 4 组，每组 60 根，分别浸泡在蒸馏水（对照）及复合涂膜溶液（0.05% 氧化锌、0.5% 壳聚糖、100 μmol/L 褪黑素）中 3 min 后取出，在 10 ℃ 下风干，然后每 3 根为一组用厚度为 0.01 mm 的聚乙烯保鲜膜包裹后并列放置于 2 ℃ 冷库中冷藏。定期取样，样品在室温（20~22 ℃）下复温 2 d 后取果实中间部位用于各项指标检测。

（一）复合涂膜处理对黄瓜冷害指数的影响

由图 5-2 可知，黄瓜的冷害指数呈上升趋势，复合涂膜处理延缓了黄瓜冷害指数的上升，复合涂膜处理黄瓜从冷藏第 6 天开始与对照差异达到显著水平（$P<0.05$），说明褪黑素复合涂膜可以提高黄瓜抗性，减轻黄瓜冷害。

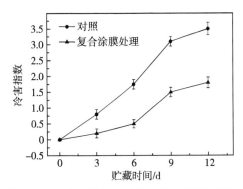

图 5-2　复合涂膜处理对黄瓜冷害指数的影响

（二）复合涂膜处理对黄瓜呼吸速率和乙烯释放速率的影响

呼吸速率是可以反映果实生理状态的指标。由图 5-3a 可知，随着贮藏天数的增加，黄瓜的呼吸速率先降低，在第 3 天降至最低，这可能是果实采收处理后贮藏温度较低抑制了呼吸代谢酶活性所致。随后呼吸速率一直呈上升趋势，可能是低温胁迫造成了伤呼吸。复合涂膜处理保持较低的呼吸速率，贮藏 6~15 d 与对照差异达显著水平（$P<0.05$），说明复合涂膜处理可以减少呼吸作用引起的果实内部品质消耗，同时呼吸异常代谢引起有毒有害物质积累较少，减少对细胞的毒害作用，从而减轻冷害程度。

由图 5-3b 可知,乙烯释放速率呈先上升后下降趋势。复合涂膜处理可抑制采后黄瓜的乙烯释放速率($P<0.05$),特别是采后 6 d 对照组的黄瓜出现乙烯释放速率高峰,而复合涂膜处理要比对照组低 35.1%,说明复合涂膜处理能够通过抑制黄瓜采后贮藏过程中乙烯的释放量,减少黄瓜冷害,进而保持黄瓜较好的品质。

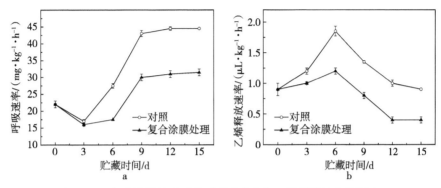

图 5-3 复合涂膜处理对黄瓜呼吸速率和乙烯释放速率的影响

(三) 复合涂膜处理对黄瓜抗氧化酶活性的影响

当黄瓜果实受到低温胁迫时,细胞膜最先响应低温胁迫,同时活性氧清除酶系统的活性下降紊乱,导致果实自身活性氧代谢的失调,最终导致果实冷害的发生。

由图 5-4a 可知,黄瓜果实内的 SOD 活性初期上升随后逐渐降低,复合涂膜处理能使黄瓜保持较高的 SOD 活性。在贮藏期间显著高于对照组($P<0.05$)。

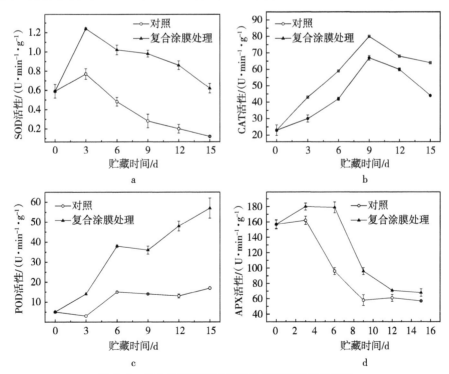

图 5-4 复合涂膜处理对黄瓜抗氧化酶活性的影响

由图 5-4b 可知，黄瓜果实随着贮藏时间的增加 CAT 活性呈现先上升后下降的趋势。复合涂膜处理保持较高 CAT 活性，贮藏 3～12 d 与对照差异达显著水平（$P<0.05$）。

由图 5-4c 可知，黄瓜果实的 POD 活性在贮藏过程中呈上升趋势。复合涂膜处理促进 POD 活性迅速上升，贮藏 3～12 d 其活性显著高于对照（$P<0.05$）。

由图 5-4d 可知，黄瓜果实随着贮藏时间的延长 APX 活性呈先上升后下降趋势，前、中期变化较大，后期变化逐渐趋于平缓。复合涂膜处理保持较高的酶活性，3～9 d 与对照差异达显著水平（$P>0.05$）。

本研究中，当黄瓜果实遭受低温胁迫时，抗氧化酶结构或活性中心会发生变化，酶活性会降低，导致 ROS 积累，积累的 ROS 会进一步进攻细胞膜，最终果实发生冷害。而褪黑素复合处理能够保持较高抗氧化酶活性，因而具有较强的清除 ROS 的能力，进一步保护了细胞膜，抑制了果实冷害发生。褪黑素提高抗氧化酶活性，抑制冷害发生已在桃、柿子上得到证实。

（四）复合涂膜处理对黄瓜 $O_2 \cdot ^-$ 生成速率和 H_2O_2 含量的影响

在正常生理条件下，果实衰老过程中 ROS 的产生与清除系统处于动态平衡，不会伤害细胞。但当果实受到低温胁迫或衰老时，这种平衡就会受到破坏，植物细胞通过多种途径产生的各种自由基和 ROS 的浓度超过了伤害"阈值"，从而使细胞的正常代谢不能顺利进行。由图 5-5 可知，$O_2 \cdot ^-$ 生成速率呈上升趋势，复合涂膜处理抑制 $O_2 \cdot ^-$ 的生成速率。同样，与对照相比极显著（$P<0.01$）地抑制了 H_2O_2 的积累，贮藏第 6 天至结束与对照差异达显著水平（$P<0.05$）。说明复合涂膜处理可通过减少黄瓜果实内 ROS 的积累，使黄瓜保持更好的品质，并抑制了黄瓜果实的冷害。

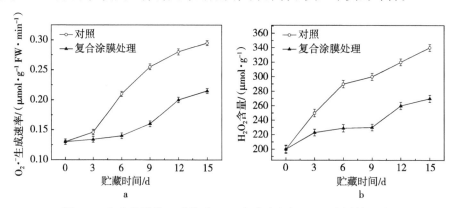

图 5-5　复合涂膜处理对黄瓜 $O_2 \cdot ^-$ 生成速率和 H_2O_2 含量的影响

（五）复合涂膜处理对黄瓜 MDA 含量和相对膜透性的影响

在低温逆境和衰老情况下，ROS 产生和清除系统平衡被破坏，ROS 的浓度上升。在 ROS 的作用下极易诱发脂质过氧化作用，膜的通透性增加，电解质大量外渗，导致植物组织的电导率增大。由图 5-6a 可知，对照组的 MDA 含量大幅增加，与对照相比，复合涂膜处理组显著（$P<0.05$）抑制了 MDA 的积累，贮藏结束时复合涂膜处理组 MDA 含量分别比对照组低 40.8%。说明褪黑素涂膜处理有利于抑制细胞膜脂质过氧化，减少有害物积累对细胞的损伤，可延长黄瓜果实的贮藏期限并保持较好品质。

果蔬相对膜透性随着贮藏时间的增加而不断增大。由图 5-6b 可知，在贮藏期间，黄瓜的相对膜透性呈现上升趋势，复合涂膜处理抑制了相对膜透性的上升。复合涂膜处理从第 9 天至贮藏结束与对照差异达显著水平（$P<0.05$）。说明复合涂膜处理降低了相对膜透性的上升，能够更好地保持细胞膜的完整性。在贮藏后期效果更明显，贮藏结束时复合涂膜处理黄瓜相对膜透性比对照低 35.9%。

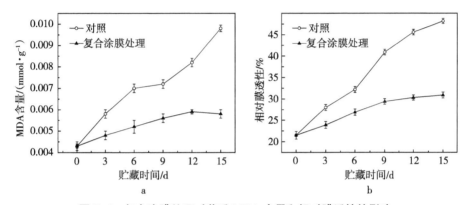

图 5-6　复合涂膜处理对黄瓜 MDA 含量和相对膜透性的影响

根据上述研究，主要结论如下。

复合涂膜处理可减轻黄瓜因低温贮藏而引起的冷害，保持果实较高硬度，并降低果实腐烂率和失重率。

复合涂膜处理抑制了黄瓜呼吸速率和乙烯释放速率上升，保持较高的 SOD、CAT、POD、APX 活性，降低 $O_2 \cdot ^-$ 的生成速率和 H_2O_2 含量的上升，保持较低的 MDA 含量和相对膜透性，最终抑制了黄瓜果实冷害的发生。

第六章 油桃采后冷害与调控

一、油桃的生产概况、品种简介和贮藏特性

（一）生产概况

油桃（*Prunus persica* var. *nectarina*）属蔷薇科落叶小乔木，是普通桃的单基因突变体，原产于我国西北地区的甘肃、新疆一带。目前主要分布在北京、辽宁、陕西、河南、河北、山西、山东、甘肃等省、地、市，四川、湖北、云南和重庆等省市也有规模化栽培。油桃色泽艳丽、果面光洁、果肉松脆、酸甜可口、营养丰富，具有桃、李、杏等果实的综合风味，深受人们欢迎。油桃成熟于高温多雨季节，采后易软化、腐烂，不耐贮藏，故如何控制果实软化、保持油桃鲜脆的果肉质地成为迫切需要解决的问题。

油桃营养丰富，含有糖类、蛋白质、维生素C及钙、磷、铁、镁等矿物质（表6-1）。此外，还含有17种人体必需的氨基酸、胡萝卜素等成分，具有补益气血、美容养颜、活血化瘀、减肥瘦身、降血压等作用。

表6-1 油桃营养成分（每100 g果实中的含量）

营养成分	含量	营养成分	含量
水分	88 g	钙	8 mg
糖类（主要是蔗糖和果胶）	10.7 g	维生素 A	60 μg
蛋白质	0.7 g	维生素 B_1	30 μg
磷	20 mg	维生素 B_2	20 μg
铁	10 mg	维生素 C	6 μg

（二）品种简介

'华光'油桃：中国农业科学院郑州果树研究所杂交育成。树体生长健壮，树形紧凑，中果枝节间长1.54 cm，叶片呈披针形，果实发育期60 d左右，郑州地区6月初成熟，果实发育后期雨水偏多时，有轻度裂果现象。

'艳光'油桃：中国农业科学院郑州果树研究所杂交育成。属早熟品种，白肉甜油桃。果实椭圆形，平均单果重105 g左右，最大可达150 g以上，表面光滑无毛，80%果面着玫瑰红色，果皮中厚，不易剥离，果肉乳白色，软溶质，汁液丰富，纤维中等，pH 5.0，黏核。

'曙光'油桃：中国农业科学院郑州果树研究所杂交选育而成。为极早熟黄肉甜油桃。果实近圆形，果顶平、微凹，平均单果重 90 g，最大可达 170 g 以上。表皮光滑无毛，底色浅黄，果面全面着鲜红色或紫红色，艳丽美观。果肉黄色，硬溶质，纤维中等，风味甜，香气浓郁，pH 5.0，品质优良。黏核，耐贮运。丰产，不裂果。

'瑞光 8 号'：北京市农林科学院林果所杂交育成，1996 年命名，现正在我国北方地区推广。果顶圆，缝合线浅，两侧较对称，果形整齐。果皮底色黄，果面近全面着紫红色晕，不易剥离。果肉为黄色，肉质细韧，硬溶质，耐运输，味甜，黏核。TSS 含量 10.0%。北京地区 7 月底成熟，极丰产。

'瑞光 19 号'：北京市农林科学院林果所杂交育成，中熟甜油桃新品系。果实近圆形，纵径 6.70 cm，横径 6.60 cm，侧径 6.60 cm。平均单果重 133 g，大果重 154 g。果顶圆，缝合线浅，两侧对称，果形整齐。果皮底色黄白，果面近全面着玫瑰红色晕，不易剥离。果肉白色，肉质细，硬溶质，味甜，半离核。TSS 含量 10.0%。

'中油桃 8 号'：果实圆形，果顶圆平；缝合线浅而明显，两半部较对称，成熟度一致。果实大，平均单果重 180~200 g，大果可达 250 g 以上。果实光洁无毛，底色浅黄，成熟时 80% 果面着浓红色，外观美。果皮厚度中等，不易剥离。果肉金黄色，硬溶质，肉质细，汁液中等，风味甜香，近核处红色素少。TSS 含量 13%~16%，总糖 11.2%，总酸 0.41%，维生素 C 12.71 mg/100 g，品质优良。

'中油桃 13 号'：果实扁圆或近圆形，果顶圆平，缝合线浅，两侧较对称。平均单果重 186 g，大果 230 g 以上。果皮底色乳白，80% 以上果面着鲜粉红色，鲜艳美观。果肉白色，较硬，纤维中等，完熟后柔软多汁，风味浓甜，有香气，品质优。

'秦光 2 号'：果实圆形，大果型，平均单果重 196 g，最大果重 300 g，果面光洁无毛，底色白，着玫瑰色晕和断续条纹，果面 3/4 部位着色，外观漂亮。果肉白色，延核处玫瑰色，阳面红色素渗入果肉，肉质脆硬，较少，肉细、汁中多，甜浓芳香。TSS 含量 14.8%~16.9%。

（三）贮藏特性

油桃属呼吸跃变型冷敏性果实，油桃采摘成熟期正值高温多雨季节，病原微生物繁殖快，采收时常带有大量的病原菌。与此同时，大量降雨造成油桃裂果，给病原菌侵入提供了有利条件。因此，油桃采后常温下极易软化腐烂，不耐贮藏。目前，国内外商业上均采用冷藏技术来延长其保鲜期。但低温贮藏过程中油桃容易出现冷害，如出现果肉纤维化、褐变、木渣化及风味丧失等现象。

二、油桃的冷害特征

油桃冷害症状主要表现为果面局部出现水渍状斑点，并随冷害的持续发展向果实内部扩展，果皮及果肉褐变和丧失原有风味，在冷害发生严重时几乎整个果实都被褐化，部分果实还表现出发绵及轻微絮败的症状（图 6-1）。

a 果皮褐变　　　　　b 凹陷斑　　　　c 果实剖面褐变

图 6-1　油桃果实冷害症状

三、影响油桃采后冷害的因素

（一）品种

油桃的品种不同对冷害的敏感性也不同。一般晚熟品种较耐藏，中熟品种次之，早熟品种不耐藏。

（二）成熟度

成熟度对冷害影响很大。采收过早，果实风味差易受冷害；采收过晚，果实很快成熟衰老，不耐贮藏。例如，'秦光 2 号'油桃在底色呈现乳白色采收冷害最轻，果皮青色至乳白之前，越早采收越易受冷害。果面充分着色，达到完熟状态，贮藏后很快达到呼吸高峰，营养物质很快消耗，在短时间内丧失商品价值。

（三）温度

温度越低，油桃冷害越严重，大多在 -1 ~ 0 ℃ 出现冷害，但油桃有个特殊中温区，5 ℃ 易发生冷害。例如，'秦光 2 号'油桃在 3 ℃、5 ℃ 和 7 ℃ 下均可诱发冷害，其中 5 ℃ 的冷敏性最强，3 ℃ 次之，7 ℃ 最缓。1 ℃ 下贮藏的期限最长在 40 d 左右，且能保持果实商品性良好。8 ℃ 和 11 ℃ 则适合短期贮藏。

四、油桃采后冷害调控措施

（一）物理处理

1. 冷激处理

冷激处理可通过调节线粒体呼吸代谢酶活性，维持果实较高的能量水平，有利于减轻果实冷害的发生。

选取八成熟油桃，采收 1 h 即运回冷库预处理室，选择果实端正、发育良好、中等大小、无机械伤害的果实，装入厚度为 0.03 mm 的聚乙烯薄膜包装袋中，置于 1 ℃、相对湿度 90%~95% 的机械冷库中贮藏。

经研究表明，冷激处理'秦光 2 号'油桃，可显著控制油桃在低温贮藏过程中的冷害指数，推迟冷害发生时间，减轻冷害程度。

冷激处理，一方面降低了油桃果实的呼吸速率，抑制了乙烯的生成和释放，并推迟乙烯释放高峰和呼吸高峰，抑制了 PG、CX、LOX 活性，延缓了油桃胞壁物质粗纤维和原果胶的降解，保持较好的果肉硬度；另一方面减轻了油桃的膜脂过氧化，较好地维持了细胞膜透性，减轻冷害程度。

2. 高压静电场处理

高压静电场处理可降低果蔬的呼吸速率，抑制水分的损失，延迟果蔬的采后衰老过程，继而延长果蔬的贮藏期。目前，高压静电场处理已在提高菜豆和青椒的抗冷性上加以应用。

挑选成熟度为八成熟、大小适中、无病害、无损伤的油桃运回冷库预处理室。供试油桃用 100 kV/m 的高压静电场每天处理 2 h，处理后装入聚乙烯果蔬包装袋，置于 0 ℃、相对湿度为 85% 的机械冷库中贮藏。

经研究表明，高压静电场处理'华光'油桃，可显著降低油桃的冷害指数、腐烂率、缓解失重率和相对膜透性的上升趋势，提高抗氧化相关酶 SOD、CAT 和 POD 活性，有效抑制了油桃在低温条件下冷害的发生。

（二）化学处理

多胺广泛存在于生物体中，它具有调节植物生长发育、稳定和保护细胞膜、延缓衰老的作用。采用外源多胺处理则可以提高果蔬的耐冷性，减轻冷害的发生。

选取八成熟，大小均匀，无病虫害和机械损伤的油桃果实。用浓度为 10 mmol/L Put 溶液浸果 20 min，然后将油桃果实在自然状态下晾干表面水分，装于 0.03 mm 厚的聚乙烯薄膜打孔塑料袋中，置于（0±0.5）℃、相对湿度为 85% 冷库环境下贮藏。

经研究表明，Put 处理'秦光 2 号'油桃，可有效降低油桃果实的冷害率和冷害指数，保持油桃果实较好的风味和品质，降低了油桃果实的呼吸速率，有效抑制了乙烯的生成和释放，呼吸高峰和乙烯释放高峰显著推迟；Put 有效抑制了油桃果实细胞壁结构物质相关酶类 PG、PE 活性的上升，降低果实硬度下降的速度；Put 提高了 SOD、CAT、POD 3 种抗氧化酶的活性，降低了 LOX 活性，抑制了相对膜透性和 MDA 含量的上升，提高了内源自由基的清除水平，从而减轻了油桃的膜脂过氧化，保持了油桃果实细胞膜结构和功能的完整性，减轻冷害程度。

五、油桃采后冷害调控实例

'中油 13 号'油桃为材料，选取大小均一，无机械伤、病虫害的果实。42 ℃ 热水中浸果 10 min（前期预试验基础上优选），然后将油桃果实在自然状态下晾干表面水分，分装于厚度为 0.03 mm 的微孔聚乙烯薄膜袋中，置于（0±0.5）℃、相对湿度 90%~95%环境下贮藏。

（一） 热处理对冷害指数的影响

由图 6-2 可知，贮藏前 30 天油桃果实尚无冷害症状，之后冷害指数和冷害率均呈现迅速上升趋势。热处理不仅延迟冷害症状的出现时间，而且显著抑制了冷害指数和冷害率的上升，35 d 至贮藏结束与对照差异达显著水平（$P<0.05$）。说明热处理可以抑制油桃果实冷害，其机制可能在于：①热处理可诱导提高活性氧清除酶的活性和抗氧化物质含量，从而防止活性氧对组织的损伤。②热处理可诱导 HSP 基因的表达和 HSP 的合成与积累，对蛋白质起稳定和保护作用。③热处理还可诱导提高果蔬内源多胺含量，对细胞膜起稳定和保护作用。

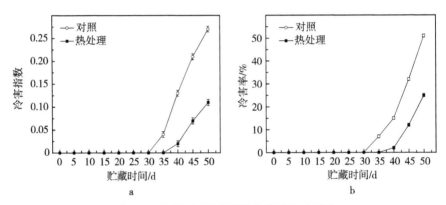

图 6-2　热处理对冷害指数和冷害率的影响

（二） 热处理对叶绿素、抗坏血酸、TSS、TA 含量的影响

由图 6-3a 可知，果实 TSS 含量先上升后下降。热处理一直保持较高的 TSS 含量，20 d 至贮藏结束与对照差异达显著水平（$P<0.05$）。贮藏 50 d 结束时，热处理果实的最终 TSS 含量为对照果实的 110.8%。

由图 6-3b 可知，果实 TA 含量持续下降。热处理抑制 TA 含量下降，贮藏 10 d 至贮藏结束与对照差异达显著水平（$P<0.05$）。贮藏 50 d 结束时，热处理果实的最终 TA 含量为对照果实的 83.3%。

由图 6-3c 可知，果实抗坏血酸含量先上升后下降。热处理促进抗坏血酸含量上升抑制其下降，30 d 至贮藏结束与对照差异达显著水平（$P<0.05$）。贮藏 50 d 结束时，热处理果实的最终抗坏血酸含量为对照果实的 117.6%。

由图 6-3d 可知，果实叶绿素含量持续下降。热处理抑制其下降，贮藏 30 d 至贮藏结束与对照差异达显著水平（$P<0.05$）。贮藏 50 d 结束时，热处理果实的叶绿素含量为对照果实的 133%。

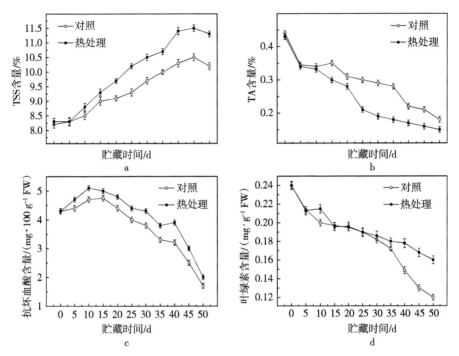

图 6-3 热处理对油桃 TSS、TA、抗坏血酸和叶绿素含量的影响

（三）热处理对呼吸速率和乙烯释放速率的影响

果实呼吸速率和乙烯释放速率与果蔬品质的变化、贮藏寿命和贮藏中的生理变化都有密切的联系。由图 6-4a 可知，在低温贮藏前 10 d 油桃果实的呼吸速率下降，可能与低温抑制呼吸相关酶活性有关。而在贮藏前期冷害症状出现之前，对照果实的呼吸速率均异常升高，这可能是果实本身的一种自我保护反应。但随着冷害持续发展，呼吸速率不再继续增加，反而会下降。热处理显著抑制呼吸速率，25~40 d 与对照差异达显著水平（$P<0.05$）。

低温条件下乙烯释放速率的增加是果蔬对冷害的一种生理反应。乙烯可以增加膜透性，加强内部氧化，促进呼吸作用，加速采后果实的衰老冷害。由图 6-4b 可知，

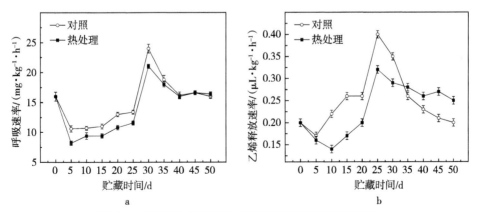

图 6-4 热处理对油桃呼吸速率和乙烯释放速率的影响

在低温贮藏前 10 d 油桃果实的乙烯释放速率下降，之后迅速上升，在冷害症状出现之前，乙烯释放速率达到最高峰，说明冷害促进乙烯释放。热处理抑制乙烯上升，贮藏 10 d 至贮藏结束与对照差异均达显著水平（$P<0.05$）。

（四）热处理对抗氧化酶活性的影响

在果蔬体内，SOD 是植物抗氧化系统的第一道防线，它能够将 $O_2 \cdot^-$ 歧化成 H_2O_2，从而起到清除活性氧、维护氧代谢平衡的重要作用，防止对细胞膜系统造成的伤害。

由图 6-5a 可知，果实 SOD 活性总体呈下降趋势。热处理使 SOD 活性下降速度降低，20 d 至贮藏结束与对照差异达显著水平（$P<0.05$）。贮藏 50 d 结束时，热处理下果实的最终 SOD 活性为对照果实的 180%，可以看出热处理有利于该果实冷藏。

POD 在保护酶系统中主要起到酶促降解 H_2O_2 的作用，避免细胞膜的过氧化伤害。由图 6-5b 可知，果实 POD 活性先上升后下降。热处理促进其上升抑制其下降，贮藏过程中与对照差异达显著水平（$P<0.05$）。贮藏 50 d 结束时，热处理下果实的最终 POD 活性为对照果实的 127.3%。

CAT 可分解果蔬组织中的 H_2O_2，可减轻 H_2O_2 对果实组织造成的损伤，从而抑制膜脂的过氧化。由图 6-5c 可知，果实 CAT 活性总体呈现上升趋势。热处理使 CAT 活性保持较高的水平，15~40 d 与对照差异达显著水平（$P<0.05$）。贮藏 50 d 结束时，热处理下果实的最终 CAT 活性为对照果实的 113%，可以看出热处理有利于该果

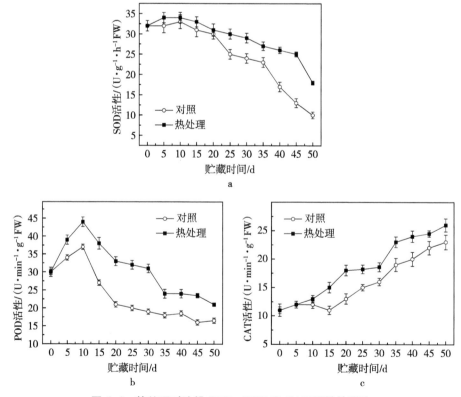

图 6-5　热处理对油桃 SOD、POD 和 CAT 活性的影响

实冷藏。

研究表明，适当热处理可通过强化果实组织内活性氧清除酶防御系统，从而增强果蔬清除活性氧的能力，抑制活性氧的产生和积累，维持细胞的正常代谢。本研究结果与杨梅、黄瓜等果蔬研究中结果一致。

（五）热处理对 MDA 含量和相对膜透性的影响

MDA 是膜脂过氧化分解的产物，通常用其表示细胞膜脂过氧化程度和逆境伤害的强弱。

由图 6-6 可知，果实中 MDA 含量和相对膜透性持续上升，热处理抑制其上升，分别于 15 d 和 20 d 至贮藏结束与对照差异达显著水平（$P<0.05$）。贮藏 50 d 结束时，热处理果实的最终 MDA 含量和相对膜透性分别为对照果实的 83.9% 和 87.1%，说明热处理能抑制膜脂过氧化进程，减轻了低温胁迫对油桃细胞膜造成的低温伤害，对于缓解冷害具有一定的积极作用。

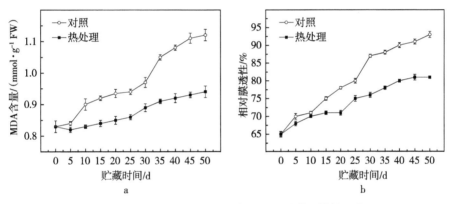

图 6-6　热处理对油桃 MDA 含量和相对膜透性的影响

大量研究表明，提高抗氧化酶活性有助于减轻果蔬冷害。提高抗氧化酶活性有助于清除活性氧，抑制细胞膜脂化进程，保护细胞膜。本研究表明，热处理明显提高了 SOD、CAT、POD 的活性，增强了油桃果实清除自由基和活性氧的能力，抑制了 MDA 含量和细胞膜相对透性上升，从而有效地降低了冷藏中油桃果实的冷害率和冷害指数。热处理提高抗氧化酶活性、减轻果蔬冷害在柿、梨、猕猴桃等果蔬中得到证实。

（六）Spd 处理对 LOX 活性的影响

由图 6-7 可知，果实 LOX 活性持续上升，说明长期的低温贮藏加剧了果实的脂质过氧化作用，破坏了膜系统的稳定。热处理抑制其上升，30 d 至贮藏结束与对照差异达显著水平（$P<0.05$）。贮藏 50 d 结束时，热处理下果实的最终 LOX 活性为对照果实的 44.8%。热处理有效地抑制了 LOX 活性，对抑制酶系统产生自由基、稳定细胞膜结构、抑制乙烯的合成有积极作用，从而减轻了冷害程度。

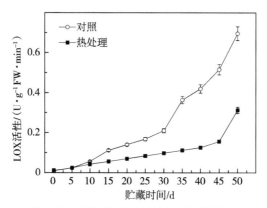

图 6-7 热处理对油桃 LOX 活性的影响

（七）热处理对内源 Put、Spd、Spm 含量的影响

多胺是生物体代谢过程中产生的具有生物活性的低分子量脂肪含氮碱，常见的有 Put、Spd 和 Spm。当果蔬处于低温逆境条件下时，细胞内常会积累大量多胺，从而对组织起到保护作用。由图 6-8a 可知，果实 Put 含量先上升后下降再上升，热处理保持较高 Put 含量，第 5 天至第 45 天与对照差异达显著水平（$P<0.05$）。由图 6-8b 可知，果实 Spd 含量持续上升，热处理使其上升速度加快，贮藏第 5 天至贮藏结束与对照差异均达显著水平（$P<0.05$）。由图 6-8c 可知，果实 Spm 含量呈持续上升趋势，热处理使其上升速度加快，10~30 d 与对照差异均达显著水平（$P<0.05$）。

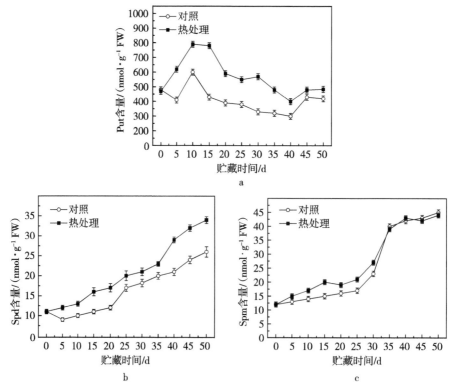

图 6-8 热处理对油桃 Put、Spd 和 Spm 含量的影响

据报道，诱导内源多胺含量上升有助于提高果蔬抗冷性。多胺之所以能降低果蔬冷害，主要有以下两方面的原因：①多胺以其特定的化学结构，与膜结构上的磷酸基团相结合，直接维持膜的稳定性；②多胺具有清除自由基的能力，同时可直接抑制体内自由基的产生。本研究中热处理一直保持较高的 Put、Spd 和 Spm 含量，延缓了果实冷害的发生。这与热处理在桃、辣椒和西葫芦上的研究结果相一致。

（八） 热处理对 PG 和 PE 活性的影响

油桃果实软化的启动与果胶酶活性的升高有关。由图 6-9 可知，果实 PG 和 PE 活性呈上升趋势。热处理抑制酶活性上升，分别于 15 d 和 25 d 至贮藏结束与对照差异达显著水平（除 25 d）（$P<0.05$）。

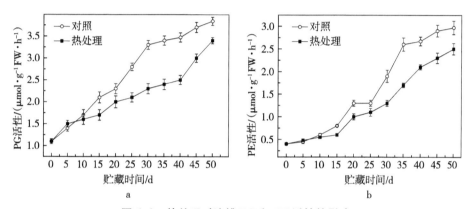

图 6-9 热处理对油桃 PG 和 PE 活性的影响

（九） 热处理对硬度的影响

由图 6-10 可知，果实硬度持续下降。热处理抑制果实硬度下降，贮藏 30 d 至贮藏结束与对照差异达显著水平（$P<0.05$）。贮藏 50 d 结束时，热处理下果实的最终硬度为对照果实的 122.6%，可以看出热处理有利于抑制油桃果实软化。

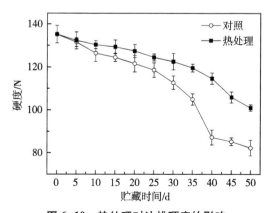

图 6-10 热处理对油桃硬度的影响

果实软化主要是细胞壁结构发生变化，胞壁物质果胶在果胶酶的作用下由大分子的非水溶性物质转化为小分子的水溶性物质，从而引起细胞壁结构的破坏，使果肉硬度下降，导致果实软化。本研究发现，热处理可有效抑制油桃果实细胞壁相关酶 PG、PE 活性的上升，致使油桃果实的软化进程趋缓。说明热处理延缓果实硬度下降的作用与其可以有效抑制 PG、PE 活性有关。在桃果实软化研究中有与此相似的结论。

根据上述研究，主要结论如下。

①热处理降低了油桃果实的呼吸速率和乙烯释放速率，有效抑制油桃果实细胞壁相关酶 PG、PE 活性的上升，保持较高的硬度、TSS、TA、抗坏血酸和叶绿素含量，保持果实良好的风味和脆度。

②热处理保持较高的内源多胺 Put、Spd、Spm 含量，提高了抗氧化酶的活性，降低了 LOX 活性，抑制了 MDA 含量和相对膜透性的上升，提高内源自由基的清除水平，从而减轻了油桃的膜脂过氧化，保持了油桃果实细胞膜结构和功能的完整性，减轻冷害程度。

第七章 李子采后冷害与调控

一、李子的生产概况、品种简介及贮藏特性

（一）生产概况

李子（*Prunus salicina* Lindl.）是蔷薇科李属植物，别名嘉庆子、布霖、玉皇李、山李子。果实7~8月成熟，饱满圆润，玲珑剔透，形态美艳，口味甘甜，是人们喜欢的水果之一。在我国河南、山东、辽宁、吉林、陕西、甘肃、四川、云南、贵州、湖南、湖北、江苏、浙江、江西、福建、广东、广西和台湾等地均有大面积栽种。

李子色泽艳丽，风味鲜美，脆嫩可口，营养丰富。李子鲜果含糖10.2%、蛋白质0.5%、有机酸0.6%~2%，富含钙、磷、铁、硫胺素、核黄素、烟酸、维生素C等（表7-1）。李子还有一定的医疗价值。李子味酸，能促进胃酸和胃消化酶的分泌，并能促进胃肠蠕动，因而有改善食欲、促进消化的作用，尤其对胃酸缺乏、食后饱胀、大便秘结者有效。新鲜李肉中的丝氨酸、甘氨酸、脯氨酸、谷酰胺等氨基酸有利尿消肿的作用，对肝硬化有辅助治疗效果。

表7-1 李子营养成分（每100 g果实中的含量）

营养成分	含量	营养成分	含量
糖类	10.2 g	钾	154 mg
蛋白质	0.5 g	磷	14 mg
脂肪	0.1 g	镁	10 mg
维生素A	36 μg	钙	8 mg
维生素E	0.34 mg	铁	0.2 mg
维生素C	10.0 mg	硒	0.2 mg
烟酸	0.30 mg	锌	0.1 mg

（二）品种简介

目前我国李子的主栽品种如下。

'安哥诺'：原产美国。该品种是美国布朗系列的最新品种。果实个大，平均果重120 g，最大可达250 g。果实紫黑色，肉深红色，味甘甜，含糖量15%，肉硬、耐贮运，9月下旬成熟。冷库贮藏可至翌年5月1日前后。该品种是目前最耐贮藏的晚熟品种。

'澳李 13'：果实扁圆形，果实个大，平均果重 90 g，最大果重 150 g，果实黑紫色，果肉紫红色，肉质脆硬致密，成熟后柔软多汁，有香味，酸甜适度，7 月下旬成熟。

'澳李 14'：果实圆形，平均果重 100 g，果肉红色，离核，9 月中旬成熟。

'黑宝石'：原产美国，位于美国加州布朗李十大主栽品种之首。果实个大，平均果重 92 g，最大果重 190 g，果实紫黑色，味甜爽口，耐贮运，9 月上旬成熟。冷库贮藏可达 3 个月以上。

'黑琥珀'：原产美国。果实个大，平均果重 100 g，最大果重 150 g，果实紫黑色，果肉浅黄色，风味香甜，耐贮运。异花授粉。7 月下旬成熟。

'秋姬'：原产日本。果实个大，平均果重 200 g，最大果重 300 g，果实鲜红色，果肉黄色，风味香甜、离核，耐贮运。9 月上旬成熟。

'女皇女神'：最新引进品种，果实长卵形，果皮全面蓝黑色，果肉全黄色，离核，果实十分奇特美丽，又称"奥特果"，单果重 125 g，最大果重 200 g，甜度高，成熟后有菠萝、柿子等水果香味，耐贮运，丰产性好，9 月下旬成熟，是很有发展前途的品种。

'大总统'：果实圆锥形，果面紫黑色，果肉黄色，单果重 100 g，质硬、甘甜多汁，品质上等，丰产性好，耐贮运，9 月上旬成熟，是很有发展前途的优良品种。

'红宝石'：美国原产，果实近圆形，果实个大，平均果重 100 g，最大果重 200 g，自花结实，果实粉红色，果肉硬度大，耐贮运，9 月上旬成熟。

（三）贮藏特性

李子属呼吸跃变型果实，采摘后呼吸作用增强并释放大量乙烯，果肉中的果胶酶、纤维素酶和淀粉酶活性很高，果胶质分解加速，果实迅速变软败坏。通常采用冷藏方法以延长李子果实的贮藏期，但李子果实对低温比较敏感，在 7 ℃ 以下会发生冷害，导致果实风味变淡、果肉变褐，失去商品价值。

二、李子的冷害症状

李子果实冷害症状主要表现为：果实表面布满褐色斑点，局部有凹陷斑和果皮开裂，果肉变褐，果实风味变淡（图 7-1）。

三、影响李子采后冷害的因素

（一）种类与品种

品种不同，果实的物理性状、化学性状及生理生化特性不同，因而冷敏性不同。'黑宝石'30 d 冷害褐变率为 1.45%、60 d 为 11.3%，而'玫瑰皇后''黑琥珀'褐变特别严重。'黑琥珀'30 d 时冷害褐变率为 30.24%、60 d 为 54.3%。

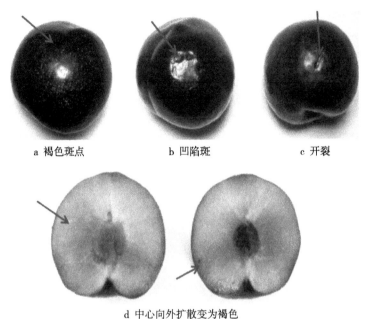

a 褐色斑点　　　　b 凹陷斑　　　　c 开裂

d 中心向外扩散变为褐色

图 7-1　李子的冷害症状

（二）温度

4 ℃贮藏的李子褐变发生最早，'美丽李'在 15 d 发生褐变，'鸡心李'在 20 d 发生褐变；0 ℃贮藏的李子褐变发生稍晚，'美丽李'在 20 d 发生褐变，'鸡心李'在 25 d 发生褐变；7 ℃贮藏的李子褐变发生最晚，两品种均在 30 d 发生褐变；10 ℃贮藏的李子在整个贮期均未见褐变。

（三）成熟度

果实采收成熟度明显影响着李子果实的冷敏性，采收越早，果实虽然显现出正常的外观，但是中果皮组织已经遭到破坏，褐变越严重。例如，'澳李 14'，深红色果实 30 d 出现果实硬斑，隆起，果肉褐变；黑色果实 15 d 失水，皱皮，后期腐烂严重；红黑色果实 45 d 好果率达 88%。'belle delouvain'和'bleuede belgique'两李品种，越早采果肉褐变越严重，而且不利于保持果肉硬度，风味变淡。

四、李子采后冷害调控措施

（一）物理处理

1. 冷激处理

冷激处理是对采后果实进行不致发生冷害和冻害的极短时间的低温处理。目前已在提高油桃、黄瓜等果蔬抗性上应用。

选用八成熟、色泽一致、大小均匀、无病虫害和机械损伤的新鲜李，用 0 ℃ 冰水混合物浸泡 1 h，晾干果实表面水分，装入厚度为 0.03 mm 的聚乙烯薄膜包装袋中，置于 3 ℃、相对湿度 90%~95% 的机械冷库中贮藏。

已有研究证明，贮前冷激处理可有效控制李子在低温贮藏过程中的冷害，推迟冷害发生时间，减轻冷害程度。

2. 热处理

热处理会使果胶酶、氧化酶迅速失去活性，合成热激蛋白，而热激蛋白的含量与果实的冷敏感性呈负相关，因此热处理能有效地抑制低温贮藏下果实冷害的发生。

用果为色泽一致、大小均匀、无病虫害和机械损伤的新鲜奈李，热处理温度为 40 ℃，处理时间为 4 h，晾干果实表面水分，装入厚度为 0.03 mm 的聚乙烯薄膜包装袋中，置于 3 ℃、相对湿度 90%~95% 的机械冷库中贮藏。

已有研究证明，贮藏前热处理奈李，可有效控制低温贮藏过程中的冷害，推迟冷害发生时间，减轻冷害程度。热处理可以提高奈李果实贮藏过程中的 IAA、GA$_3$、ABA 和部分热激蛋白的含量，降低冷害发生率。

已有研究证明，45 ℃ 和 50 ℃ 分别处理 35 min 和 30 min，可减轻黑李的冷害症状和腐烂率。

3. 间歇升温

间歇升温是在低温贮藏过程中，用 1 次或多次短期升温处理来中断冷害。例如，先-0.5~0 ℃ 贮藏 15 d，后升温 18~20 ℃ 保持 1 d，再转回-0.5~0 ℃，重复 5 次。

已有研究证明，采用间歇升温处理可以明显推迟和减轻'黑琥珀'李冷害的发生，保持果实品质，获得较长的货架寿命。

间歇升温处理，一方面可抑制细胞膜透性的增大和膜脂过氧化程度的提高；另一方面能够促进 PE 活性升高，降低 PG 活性，使 PE 和 PG 协同作用，使果胶代谢得以恢复。

4. 气调贮藏

（1）可控气调贮藏（CA）

选成熟度、果个均匀一致、无病虫害和机械损伤的果实装箱，4 ℃ 下预冷 12 h 后，入 6%~8% O$_2$+2%~4% CO$_2$ 气调库，库内温度 3 ℃、相对湿度 90%~95%。

已有研究证明，6%~8% O$_2$+2%~4% CO$_2$ 的气体条件显著抑制了采后'澳李 14'果实 TA 含量的下降和呼吸速率、固酸比的上升，延缓了果肉褐变，延长了贮藏时间，降低了冷害程度，可以做到贮藏果肉不褐变。

（2）限气包装（MAP）

选色泽一致、八九成熟、大小均匀（单果质量约 170 g）、无病虫害和机械损伤的李子果实。在 0~2 ℃，用厚度为 0.03 mm 的聚乙烯保鲜袋（内加乙烯吸收剂）贮藏。

已有研究证明，贮藏'黑宝石'李时采用限气包装，冷害与褐变都得到了很好的控制。

（二）化学处理

1. CaCl₂ 处理

Ca^{2+} 可以保护细胞中胶层结构，减少细胞壁分解和稳定膜结构，同时 Ca^{2+} 通过提高保护酶活性来增强果蔬的抗寒力，Ca^{2+} 也可作为传递低温信息的胞内第二信使诱导抗寒基因的表达以提高果蔬的抗寒力。

选用色泽一致、八九成熟、大小均匀（单果质量约 170 g）、无病虫害和机械损伤的李子果实。用 2% $CaCl_2$ 浸果 20 min，先置于阴凉通风处晾至表面无水分，再置于 0 ℃ 机械冷库中贮藏。

已有研究证明，'串红'李采用 $CaCl_2$ 处理可有效控制在低温贮藏过程中的冷害，推迟冷害发生时间，减轻冷害程度。

$CaCl_2$ 提高了抗氧化酶 CAT、POD 活性，延缓了对李子膜脂过氧化作用，从而减轻了李子的冷害程度。

2. ASA 处理

选用色泽一致、大小均匀、无病虫害和机械损伤的李子果实。采用 0.2% ASA 浸果 20 min，先置于阴凉通风处晾至表面无水分，再置于 0 ℃ 机械冷库中贮藏。

已有研究证明，'串红'李贮藏前采用 ASA 处理可有效控制李子在低温贮藏过程中的冷害，推迟冷害发生时间，减轻冷害程度。

贮前 ASA 处理能推迟李子果实的后熟进程，使着色过程缓慢，呼吸速率与乙烯释放速率受到一定的抑制，明显降低冷害指数，抑制李子果实贮藏期间冷害的发生，但抑制冷害的机制尚不清楚。

（三）生物处理

选用色泽一致、八九成熟、大小均匀（单果质量约 170 g）、无病虫害和机械损伤的李子果实。将果实置于 0.8% 壳聚糖与 0.1% 纳米氧化锌复合涂膜液中浸泡 3 min，取出放于超净工作台用风机吹干，再置于 0 ℃ 机械冷库中贮藏。

已有研究证明，'秋姬'李采用壳聚糖与纳米氧化锌复合涂膜液处理，可有效控制李子在低温贮藏过程中的冷害，推迟冷害发生时间，减轻冷害程度。

复合涂膜处理不仅降低了果实的腐烂率、失重率和呼吸强度，减少了 TSS、TA 和维生素 C 含量的损失，并有效延缓了 CAT、POD 和 SOD 活性的下降，且减少了有害物质 MDA 的积累，最终减轻了果实冷害程度。

五、李子采后冷害调控实例

供试材料为'脆红'李，选用色泽一致、八九成熟、大小均匀（单果质量约 170 g）、无病虫害和机械损伤的果实为材料。用 5 mmol/L 草酸浸果 10 min，浸泡于蒸馏水中的果实为对照，晾干后分别用厚度为 0.03 mm 的聚乙烯薄膜袋包装，在相对湿度 90%、温度 0 ℃ 的恒温恒湿库中贮藏。贮藏期间定期取样，用于相关指标的测定。

（一）草酸处理对冷害指数和冷害率的影响

冷害指数反映了果实受冷害的程度，在 0 ℃ 低温贮藏条件下不同处理的李子果实受冷害的程度不同。由图 7-2a 可知，随着贮藏时间的延长冷害指数呈上升趋势。草酸处理抑制了冷害指数的上升，贮藏第 36 天至贮藏结束与对照差异达显著水平（$P < 0.05$）。由图 7-2b 可知，60 d 时草酸处理显著降低了冷害率，其冷害率仅为对照的 58.8%。

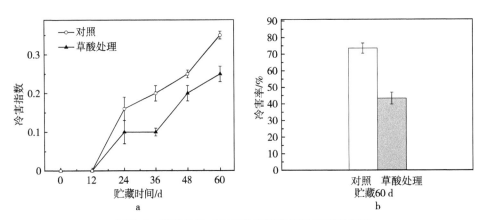

图 7-2 草酸处理对李子冷害指数和冷害率的影响

（二）草酸处理对褐变指数的影响

由图 7-3 可知，随着贮藏时间的延长褐变指数呈上升趋势，草酸处理抑制褐变指数的上升，贮藏第 24 天至贮藏结束与对照差异达显著水平（$P < 0.05$）。

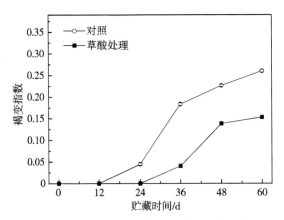

图 7-3 草酸处理对李子褐变指数的影响

（三）草酸处理对 SOD 和 CAT 活性的影响

SOD 可以清除细胞中多余的 $O_2 \cdot^-$，防止对细胞膜造成伤害。由图 7-4a 可知，SOD 活性先上升后下降。草酸处理促进 SOD 活性上升抑制其下降，贮藏第 24 天至贮藏结束与对照差异达显著水平（$P<0.05$）。

由图 7-4b 所示，CAT 活性呈上升后下降的变化趋势。草酸处理促进 CAT 活性上升抑制其下降，贮藏过程中其活性显著高于对照（$P<0.05$）。

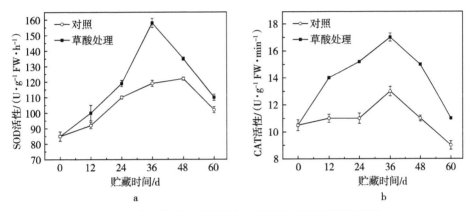

图 7-4　草酸处理对李子果实中 SOD 和 CAT 活性的影响

大量研究发现，增加细胞内活性氧清除酶的活性，有利于清除活性氧自由基，可提高植物的抗冷性，从而减少冷害的发生。本研究中草酸处理提高了 SOD、CAT 活性，使 ROS 及时被清除，从而降低了 ROS 对细胞膜的伤害，减少了 MDA 积累，减轻了李子果实采后冷害的发生程度。这一结论已在樱桃、番茄、杜果等果蔬上得到证实。

（四）草酸处理对 MDA 含量和相对膜透性的影响

MDA 是膜脂过氧化产生的，其含量的多少可以反映膜脂过氧化程度。由图 7-5a 可知，对照和草酸处理 MDA 含量都呈前期缓慢上升，中后期迅速上升的趋势。草酸处理抑制 MDA 含量的上升，贮藏第 12 天至贮藏结束二者差异达显著水平（$P<0.05$），

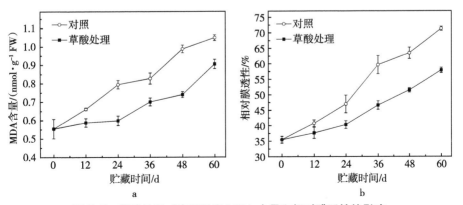

图 7-5　草酸处理对李子果实 MDA 含量和相对膜透性的影响

说明草酸处理能抑制低温胁迫下李子细胞膜脂过氧化，减轻细胞膜的损伤，从而缓解李子果实的冷害。

由图 7-5b 可知，相对膜透性呈上升趋势。草酸处理抑制相对膜透性的上升，贮藏第 24 天至贮藏结束二者差异达显著水平（$P<0.05$）。

（五）草酸处理对多酚含量的影响

多酚氧化物在多酚氧化酶的作用下被氧化成醌从而使果实发生褐变。由图 7-6 可知，对照和草酸处理多酚含量都呈下降趋势。对照果实的多酚含量下降迅速，贮藏过程中始终显著低于草酸处理。

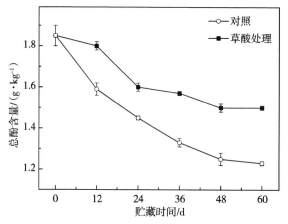

图 7-6 草酸处理对李子果实多酚含量的影响

（六）草酸处理对 POD、PPO 和 PAL 活性的影响

由图 7-7a 可知，POD 活性总体呈现上升趋势。除 12 d 外，草酸处理酶活性始终低于对照，贮藏第 24 天至贮藏结束，二者差异达显著水平（$P<0.05$）。POD 不但可参与酶促褐变，又是果蔬抗氧化过程中的重要酶。结合冷害褐变指数，POD 与其呈正相关，说明在酶促褐变方面发挥作用。

PPO 与多酚类物质发生反应促进果实褐变。由图 7-7b 可知，果实 PPO 活性呈现先上升后下降的趋势。草酸处理抑制 PPO 活性上升且促进其下降，贮藏第 24 天至贮藏结束二者差异达显著水平（$P<0.05$）。

由图 7-7c 可知，果实 PAL 活性呈现先上升后下降的趋势。草酸处理抑制 PAL 活性上升且促进其下降，整个贮藏过程中二者差异达显著水平（$P<0.05$）。

当果实受到低温伤害时，细胞膜被损伤，导致褐变相关酶和底物接触从而引起果实褐变。POD、PPO 和 PAL 与果实褐变密切相关。本研究中草酸处理保持较高多酚含量，抑制了李子果实 POD、PPO 和 PAL 的活性，从而减轻了李子褐变冷害。草酸抑制果蔬褐变冷害已在杧果、番茄上得到证实，但草酸在番茄和樱桃番茄上并未对多酚含量产生显著影响。

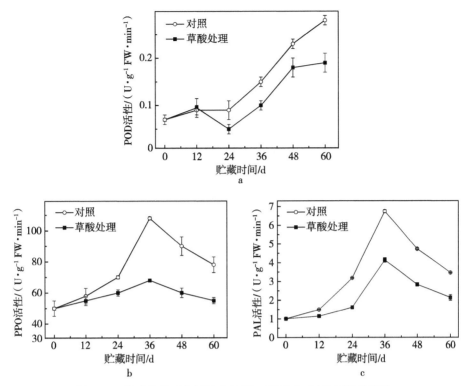

图 7-7　草酸处理对李子果实 POD、PPO 和 PAL 活性的影响

根据上述研究，主要结论如下。

①草酸处理提高了 SOD 和 CAT 活性，使 ROS 及时被清除，从而减少 ROS 对细胞膜的伤害，降低了 MDA 积累和相对膜透性上升，减少了李果实采后冷害的发生。

②草酸处理提高了李果实多酚含量，抑制了 POD、PPO 和 PAL 的活性，从而减轻了李子褐变冷害程度。

第八章 茄子采后冷害与调控

一、茄子的生产概况、品种简介及贮藏特性

(一) 生产概况

茄子 (*Solanum melongena* L.), 又名落苏, 起源于印度, 西汉时期就传入我国, 迄今为止已经有两千多年的历史。茄子是我国栽培最广的瓜果类蔬菜之一, 同时我国还是世界上最大的茄子生产国。据资料显示, 2008 年茄子的种植面积已经达到 132.21 万 hm^2, 占世界茄子种植面积的 48.03%。

茄子烹调食用味道鲜美, 含糖类、蛋白质、脂肪及多种维生素, 特别是富含维生素 P、维生素 E 和龙葵碱, 具有降低胆固醇、防治动脉硬化和心血管疾病, 预防胃癌、抗衰老等功效, 其中龙葵碱可以用于肿瘤的辅助治疗 (表 8-1)。因此, 茄子是一种良好的保健蔬菜。中医表明, 茄子属于味甘、性寒的食物, 有清热解暑、消肿止痛的功效, 经常食用茄子能减轻湿热黄疸、痔疮和便秘患者的痛苦。

表 8-1 茄子营养成分 (每 100 g 果实中的含量)

营养成分	含量	营养成分	含量
水分	93.4 g	钾	142 mg
糖类	3.1 g	钙	22 mg
蛋白质	2.3 g	钠	5.4 mg
不溶性膳食纤维	1.3 g	维生素 E	1.13 mg
脂肪	0.1 g	铁	0.4 mg
维生素 P	3 mg	锌	0.23 mg
维生素 C	0.5 mg	锰	0.13 mg
维生素 B_2	0.04 mg	磷	0.1 mg
硫胺素	0.04 mg	硒	0.48 g
核黄素	0.04 mg	维生素 B_1	0.03 mg
烟酸	0.02 mg		

(二) 品种简介

1. 分类标准

茄子品种按照以下 3 个标准分类。

①按果皮颜色可以分成白茄、红茄、黑茄、紫茄、青茄等。②根据生育期的早晚可以分为早熟种、晚熟种和中熟种。③按果实形态分为长茄、中长茄、卵茄、圆茄等。

2. 几种主栽品种特性

'大龙'：果实黑紫色，光泽亮丽，商品性极好，品质极佳。

'杭州红茄'：产于浙江省杭州市。平均果重 75 g，果皮紫红鲜亮，皮薄肉白，肉质细嫩，品质优良，但耐贮性较差。

'庆丰'：属于紫红长茄，果实为棒形，头尾均匀，果身顺直，果皮深紫红色，果面平滑，着色均匀有光泽，果肉白色，肉质较紧密。

'丰研一号'：晚熟、高产、播种到采收 110 d 左右，单果重 500~700 g，外皮深紫色，有光泽，果肉浅白绿色，抗逆性强。

（三）贮藏特性

茄子是非呼吸跃变型果实，采收后的新鲜茄子含水量高，新陈代谢旺盛，在常温下贮藏极易失水皱缩，果梗与果实脱离，感染各种病菌，甚至腐烂而失去食用价值。低温冷藏是果蔬采后最有效的贮藏方法之一，然而茄子对低温比较敏感，不适宜的低温容易导致出现果面凹陷褐变，有水浸状或烫伤斑、果实失水软化、果肉中种子变黑等症状。

二、茄子的冷害特征

茄子果实在 5 ℃ 以下会发生冷害，茄子冷害症状主要表现为表皮出现凹陷、呈赤褐色"烫伤斑状"，内部种子和胎座薄壁组织变褐现象（图8-1）。

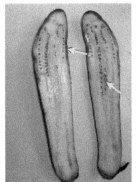

<table>
<tr><td>a 出现大量凹陷斑</td><td>b 表皮发生褐变，
并出现"烫伤斑"</td><td>c 纵切，种子变黑，边缘有水渍
状渗透，果实内部发生褐变</td></tr>
</table>

图8-1　茄子果实冷害症状

三、影响茄子采后冷害的因素

（一）种类与品种

茄子的种类与品种对冷害的敏感性不同。例如，'托鲁巴母'和紫青茄耐冷性强，紫长茄、三月茄、墨茄、棒茄耐冷性中等，'红茄1号'和'红茄2号'耐冷性弱。又如，栽培的'新娘'胭脂茄，对温度较不敏感，10 ℃储存不会发生冷害，而东长茄10 ℃会发生冷害。

（二）温度

不同温度对茄子果实的冷害程度不同。1~7 ℃范围内，温度越低，冷害斑块出现越早，症状越严重。其中1~3 ℃下，果实在贮藏3 d后表面出现轻微褐变，而后日趋严重；在5~7 ℃，贮藏11 d后果实表面开始出现轻微冷害。

四、茄子采后冷害调控措施

（一）物理方法

1. 冷激处理

冷激处理是将果蔬置于低温条件下进行短时间处理，从而提高自身抗逆性的一种物理处理方法。

选择形状、大小一致，成熟度、色泽基本相同，无病虫害和机械损伤的茄子果实，保留茄子萼片和1 cm长的果梗，采后1 h内运回预处理室。

选用大型的白色泡沫盒为冰水浸泡容器，往容器中倒入提前预冷到4 ℃的清水，加入小碎冰，使得冰水混合物体系的温度稳定在0 ℃，再将果实完全浸泡在冰水混合物中，果实和水的比例为1：10，浸泡20 min。处理后的茄子果实在阴凉通风处晾干至表面无水分。用厚度为0.01 mm的聚乙烯薄膜袋分装，于温度（4±1）℃、相对湿度85%~90%的机械冷库中贮藏。

已有研究证明，'大龙'茄采用0 ℃冰水混合物冷激处理20 min能显著降低冷害指数，延缓果肉的褐变，减轻冷害症状。

冷激处理，一方面可通过保持较高的SOD、APX和CAT等抗氧化酶活性和总酚含量，提高果实的抗氧化活性，维持果实活性氧代谢平衡，抑制膜脂过氧化作用，保护膜结构的完整性，进而延缓茄子果实冷害的发生；另一方面可提高茄子果实可溶性糖和脯氨酸等渗透调节物质含量，从而提高果实抗冷性，减轻冷害发生。

2. 加热预处理

热处理是一种无毒无害、无环境污染和无化学药物残留而又简单的物理处理方法。

选择大小一致，成熟度、色泽基本相同，无病虫害和机械损伤的茄子果实，保留茄子萼片和 1 cm 长的果梗，采后 1 h 内运回预处理室。

将茄子装入双层塑料筐，用聚乙烯薄膜覆盖塑料筐，并在外筐的托盘内放入少量水，最后置于多温度恒温库，温度设定 45 ℃，加热处理 24 h。

已有研究证明，45 ℃ 处理 24 h '丰研一号' 茄子可减轻贮藏过程中的冷害。热处理抑制了茄子的呼吸速率，减缓了总酚类物质含量的下降及由于冷害引起的电解质渗漏率增加，有效地抑制了茄子在低温贮藏时所出现的果皮凹陷、果肉及种子的褐变等冷害症状。

3. 辐照处理

辐照处理通常是利用射线照射果蔬体，杀灭果蔬上的病虫害和微生物，降低腐烂率，抑制酶的活性，降低呼吸强度，保持和改善果蔬的品质，从而延长果蔬货架期，达到保鲜的目的。

选择形状、大小一致，成熟度、色泽基本相同，无病虫害和机械损伤的茄子果实，保留茄子萼片和 1 cm 长的果梗，采后 1 h 内运回预处理室。

采后将茄子装入聚乙烯薄膜袋，用 1.0 kGy 剂量的高能电子束辐照处理。折叠袋口放入 5 ℃ 的恒温库中贮藏。

已有研究证明，用辐照处理 '丰研一号' 茄子，可有效控制茄子在低温贮藏过程中的冷害，推迟冷害发生时间，减轻冷害程度。

辐射处理提升了茄子总酚、可溶性蛋白含量与 POD、PAL 活性，降低了 PPO 活性，维持了贮藏后期 SOD、CAT 活性，维持了抗氧化系统活性和酚类合成代谢系统，提高了渗透调节物质含量，抑制了冷害的发生。

（二）化学方法

1. $CaCl_2$ 处理

Ca^{2+} 处理可减轻园艺作物采后的冷害，其机制一般认为与其保护中胶层结构，减少细胞壁分解和稳定膜有关。

选择形状、大小一致，成熟度、色泽基本相同，无病虫害和机械损伤的茄子果实，保留茄子萼片和 1 cm 长的果梗，采后 1 h 内运回冷冻预处理室。

用 2% $CaCl_2$ 浸果 20 min，在阴凉通风处晾干至表面无水分，置于 2 ℃ 的机械冷库中贮藏。

已有研究证明，用 2% $CaCl_2$ 处理 '杭州红茄' 20 min，可显著降低茄子果实的冷害指数，明显减轻了果实受冷害的程度。

$CaCl_2$ 处理可显著提高茄子果实组织中 SOD 和 CAT 活性，延缓 POD 活性高峰的出现，降低 MDA 含量，并明显减轻了果实冷害的程度。

2. UV-C 结合草酸处理

UV-C 辐射处理是一种简单、安全、无污染的采后物理处理方法，具有提高果蔬抗病性、降低腐烂率、延缓衰老、提高防御酶活性等特点。草酸是一种安全、价格低廉的采后化学处理方法，具有延缓果实衰老、增强果实抗氧化性、提高植物的抗褐变性、降低果实腐烂率等特点。一定浓度的草酸溶液对杧果、桃果实、番茄等冷敏性果实采后冷害具有缓解作用。

选择形状、大小一致，成熟度、色泽基本相同，无病虫害及机械损伤的果实，保留茄子萼片和 1 cm 长的果梗，采后 1 h 内运回冷冻预处理室。

用 7 kJ/m^2 UV-C 辐照后，再用 6 mmol/L 草酸处理浸泡 10 min。处理后在 15 ℃下预冷后装入 0.25 mm 厚聚乙烯薄膜袋中，置于（2±0.5）℃、相对湿度为 85%~90%机械冷库中贮藏。

已有研究证明，用 UV-C+草酸处理浸泡紫红长茄，可减轻茄子的冷害症状，降低茄子的冷害指数。

UV-C+草酸处理通过维持较高的 SOD、CAT 和 POD 活性，抑制细胞膜透性和 MDA 含量的升高，延缓细胞膜膜质过氧化，维持细胞完整，有效减少冷害的发生。

3. 丁香酚处理

丁香酚（Eugenol）主要来源于丁香，具有广谱抑菌作用，同时还具有抗氧化、抗肿瘤和麻醉等多种作用。丁香酚作为一种天然植物提取物，其具有较强的抗菌性，近年来在果蔬保鲜中颇受欢迎。

选用大小一致，成熟度、色泽基本相同，无病虫害及机械损伤的果实，保留茄子萼片和 1 cm 长的果梗，采后 1 h 内运回预处理室。

在室温条件下，将挑选好的茄果实放在贴有滤纸的熏蒸箱中，在滤纸上添加丁香酚，迅速盖上，使箱内丁香酚浓度稳定在 25 L/L，并保证在 4 h 内彻底挥发。熏蒸处理完毕后，取出自然通风 1 h，茄果实装于已消毒过的塑料筐中，套上厚度为 0.03 mm 的聚乙烯袋，然后置于 4 ℃、相对湿度 85%~90%的机械冷库中贮藏。

已有研究证明，用丁香酚处理'丰研一号'茄子显著降低了冷害指数，有效减轻茄子果实的冷害症状。

丁香酚处理，一方面抑制了 MDA 含量的上升，保持了青茄果实细胞膜的完整性，同时降低了青茄果实 PPO 活性，维持总酚含量在较高水平，从而抑制冷害褐变发生；另一方面提高了 Δ′-吡咯啉-5-羧酸合成酶（P5CS）和乌氨酸转氨酶（OAT）活性，抑制了脯氨酸脱氢酶（PDH）活性，促进了脯氨酸含量的积累，从而减轻青茄冷害。

4. NO 浓度处理

NO 是一种气体小分子，在生物体内广泛存在，作为一种信号物质，参与调节植物对低温逆境胁迫的反应。

选择形状、大小一致，成熟度、色泽基本相同，无病虫害及机械损伤的果实，保留茄子萼片和 1 cm 长的果梗，采后 1 h 内运回预处理室。

以硝普钠（SNP）作为 NO 供体，按照 1 mol SNP 提供 1 mol NO 计算，将茄子放入 2 mmol/L SNP 水溶液浸蘸 30 min，晾干表面水分。将茄子装入厚度为 0.03 mm 的聚乙烯薄膜袋，折叠袋口放入 5 ℃、相对湿度 85%~90% 的机械冷库中贮藏。

已有研究证明，用 SNP 水溶液处理'丰研一号'茄子，可有效控制贮藏期茄子冷害的发生。

NO 处理可通过提高 SOD、CAT、APX 的活性，降低 MDA 含量的上升，抑制茄子冷害的发生。

5. ABA 处理

ABA 是植物中一种自身合成的内源激素，广泛存在于高等植物体内。它在植物体内具有重要的生理作用，调节叶片的衰老，抑制生长，促进植物体的休眠，同时也与植物的抗逆性有很大关系。因其对环境无污染，且安全性高，在美国、欧盟被批准在有机食品生产中使用。

茄子放入 0.011 mmol/L ABA 浸蘸 5 min，晾干果实表面水分，装入厚度为 0.25 mm 的聚乙烯薄膜袋中，置于（2±0.5）℃、相对湿度 85%~90% 机械冷库中贮藏。

已有研究证明，用 ABA 浸泡紫红长茄，可减轻茄子的冷害症状，降低茄子的冷害指数。

ABA 处理可通过提高 SOD、CAT、APX 活性，降低 MDA 含量的上升，同时保持较高多酚含量，减轻了果实冷害褐变。

五、茄子采后冷害调控实例

以紫长茄果实为材料，选择形状、大小一致，成熟度、色泽基本相同，无病虫害及机械损伤的果实，采后 1 h 内运回实验室。

加压处理：将果实放入自制高压氩气反应釜中，不排除原有空气，通入氩气加压到 0.4 MPa，保持 10 h。其中加压和撤压速率分别为 120 s 和 180 s 左右，加压过程始终在（2±1）℃ 环境条件下。对照组放置常温（2 ℃）下 10 h。处理后将果实装于 0.01 mm 聚乙烯薄膜袋中，封口，贮存于（2±1）℃、相对湿度 90% 下 12 d。贮藏期间每隔 1 d 取样观察及测定相关指标。

（一）加压处理对茄子果实冷害指数和褐变度的影响

由图 8-2a 可知，茄子果实冷害指数在贮藏期间逐步升高。对照果实贮藏前 2 d 未发生冷害，贮藏至第 4 天出现冷害现象，之后冷害指数快速上升，至第 12 天冷害指数高达 0.39；而加压处理果实贮藏至第 6 天才出现轻微冷害症状，冷害指数在第 8 天后才快速上升，至第 12 天冷害指数为 0.23。在整个贮藏期间，除 0~2 d 外，加压处理果实冷害指数显著低于对照果实（$P<0.05$）。至贮藏结束，加压处理的果实比对照果实的冷害指数降低了 41.8%。由此表明，加压处理可有效抑制茄子果实采后冷害的发生，保持果实品质。

由图 8-2b 可知，贮藏 0~4 d，两组果实褐变度变化不大，且差异不显著（$P>$

0.05），之后对照果实在贮藏 4 d 后快速上升，而加压处理果实则在贮藏 8 d 后才快速上升。贮藏 6~12 d，加压处理茄子果实褐变度显著低于对照果实（$P<0.05$）。至贮藏结束，加压处理的果实比对照果实的褐变度降低了 22.7%。由此表明，加压处理能有效延缓冷藏期间茄子果实褐变的发生。

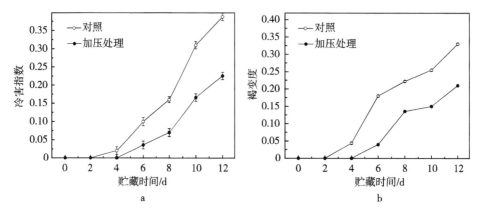

图 8-2　加压处理对茄子果实冷害指数和褐变度的影响

（二）加压处理对茄子果实 MDA 含量和相对膜透性的影响

MDA 是细胞膜脂过氧化程度的重要指标之一。由图 8-3a 可知，茄子果实含量随着贮藏时间的延长而逐步升高。加压处理抑制 MDA 含量上升，贮藏第 4 天至贮藏结束与对照差异达显著水平（$P<0.05$）。

相对膜透性是反映细胞膜受到伤害程度的生理指标。尤其是热带、亚热带果蔬受到低温胁迫时，细胞膜首先受到损伤，细胞的区域化结构遭到破坏，引起细胞内的物质外渗。由图 8-3b 可知，茄子果实相对膜透性随着贮藏时间的延长而逐步升高。贮藏 0~2 d，两组果实相对膜透性几乎无变化，至第 4 天后，开始快速增高，但增加速率有所不同，加压处理果实显著低于对照果实（$P<0.05$）。

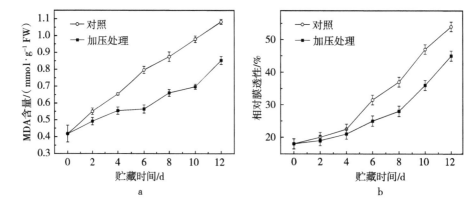

图 8-3　加压处理对茄子果实 MDA 含量和相对膜透性的影响

本研究中发现，加压能抑制果实 MDA 含量和细胞膜透性的上升。惰性气体溶解于水中，形成疏水性水合结构，该结构可能有助于抑制膜脂过氧化作用，稳定细胞膜的结构与功能。相似的抑制效果已在鲜切青椒和菠萝中发现。

（三）　加压处理对茄子果实总酚含量的影响

酚类物质是果蔬组织酶促褐变的重要底物。由图 8-4 可见，茄子果实采后总酚含量呈现先上升后下降的趋势。两组果实总酚含量在贮藏 0~4 d 快速上升，之后逐步下降。进一步比较发现，贮藏 0~4 d，对照果实总酚含量高于加压处理果实，而后则相反。贮藏第 6 天至贮藏结束，加压处理果实总酚含量显著高于对照（$P<0.05$）。由此表明，加压处理可有效抑制茄子果实采后酚类物质积累的下降。

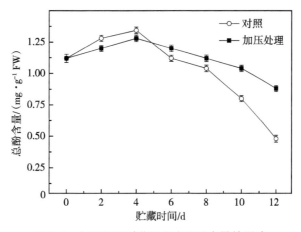

图 8-4　加压处理对茄子果实总酚含量的影响

（四）　加压处理对茄子果实 PAL、PPO 和 POD 活性的影响

PAL 是多酚类物质合成的关键酶。由图 8-5a 可知，茄子果实采后 PAL 活性变化趋势与总酚含量类似。贮藏 0~6 d，对照果实 PAL 活性快速升高，而加压处理果实则上升缓慢，之后均逐渐下降。在整个贮藏过程除第 2 天外，加压处理果实 PAL 活性显著低于对照果实（$P<0.05$）。由此表明，加压处理可有效降低茄子果实采后 PAL 的活性，抑制酚类物质的合成。

PPO 是参与果蔬酶促褐变的主要氧化酶。由图 8-5b 可见，茄子果实采后 PPO 活性变化呈先上升再下降后下降的趋势。贮藏期间，加压处理果实 PPO 活性均显著低于对照果实（$P<0.05$）。由此表明，加压处理可有效抑制茄子果实采后 PPO 的活性。

POD 是果蔬成熟和衰老的重要指标，是与果蔬酶促褐变密切相关的氧化酶之一。由图 8-5c 可知，茄子果实采后 POD 活性变化趋势与 PPO 相类似。对照果实 POD 活性贮藏 0~2 d 快速下降，2~8 d 逐渐上升，至第 8 天达到最大值，之后快速下降。加压处理果实 POD 活性除了第 2 天其 POD 活性均显著低于对照果实（$P<0.05$）。由此表明，加压处理可有效抑制茄子果实采后 POD 的活性。

PAL、PPO 和 POD 是引起果实褐变的关键酶。本研究发现，加压能抑制果实酚类物质含量下降及 PAL、PPO 和 POD 活性的上升。究其原因可能是：一方面，惰性气体氩气能发挥积极的生化作用，和氧分子竞争酶的结合位点抑制了果蔬褐变代谢中一些重要酶类的活性；另一方面，加压使惰性气体与果实水分子形成了惰性气体水合物，该水合物能影响到果蔬中酶蛋白上的疏水残基，使酶的活性中心结构发生改变，进而使酶的活性降低，酶促反应速率减慢。

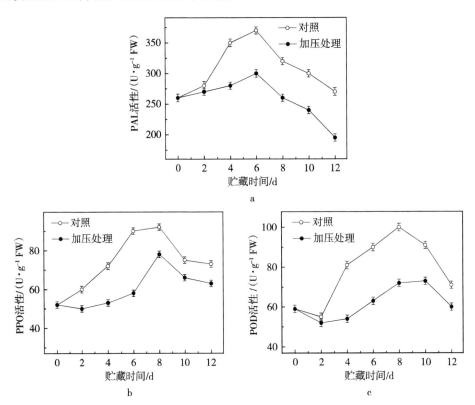

图 8-5 加压处理对茄子果实 PAL、PPO、POD 活性的影响

根据上述研究，主要结论如下。

茄子果实冷藏过程中褐变的发生与其组织内部酚类物质及相关代谢酶有着密切的关系。加压处理可有效降低茄子果实 PAL、PPO 和 POD 活性，抑制酚类物质积累的下降，控制 MDA 含量和相对膜透性的升高，维持细胞膜结构的完整性，限制胞内物质的外渗，减少酚类物质与其氧化酶的接触机会，从而减少褐变的发生。

第九章 青椒采后冷害与调控

一、青椒的生产概况、 品种简介及贮藏特性

（一）生产概况

青椒（*Capsicum frutescens* L.），别名甜椒、菜椒，是双子叶植物纲，菊亚纲，茄科，茄亚族，辣椒属的一年或多年生作物，果实为浆果，原产于中南美洲热带地区，明末引入我国。青椒是我国各地普遍栽培的大宗蔬菜之一，也是我国夏、秋季节的主要蔬菜之一。青椒颜色翠绿，感官良好，气味芳香辛辣，营养价值高而深受广大消费者的喜爱。青椒生长的季节性强，上市比较集中，淡季时供不应求，难以满足市场需求。因此调节好青椒的贮运流通，对于市场经济有重要意义。

青椒营养价值很高，富含多种维生素、糖类及蛋白质、胡萝卜素、钙、磷、铁等成分（表9-1）。尤其维生素 C 的含量很高，据资料分析，每 100 g 鲜青椒果实中维生素 C 含量为 73～342 mg。此外，古书记载青椒的药用价值很高，果实、茎、叶和种子都可入药，有通经活络、开胃健脾、散寒除湿、活血化瘀、补肝明目和清脑健神的作用，并有"红色药材"之称。青椒果实中所含辣椒素是一类抗氧化物质，它可阻止有关细胞的新陈代谢，从而终止细胞组织的癌变过程，降低癌症细胞的发生率。同时，青椒对预防坏血病、高血压、神经炎、肠胃功能障碍等均具有明显的效果。

表 9-1 青椒营养成分（每 100 g 果实中的含量）

营养成分	含量	营养成分	含量	营养成分	含量
热量	23 kcal	核黄素	0.04 mg	镁	15 mg
蛋白质	1.4 g	烟酸	0.5 mg	铁	0.7 mg
脂肪	0.3 g	维生素 C	62 mg	锰	0.14 mg
糖类	3.7 g	维生素 E	0.88 mg	锌	0.22 mg
膳食纤维	2.1 g	胆固醇	0 mg	铜	0.11 mg
维生素 A	57 μg	钾	209 mg	磷	33 mg
胡萝卜素	0.6 μg	钠	2.2 mg	硒	0.62 μg
硫胺素	0.03 mg	钙	15 mg		

（二）品种简介

目前，我国种植青椒的主要地区是东北、华北，华中、华东及东南沿海各省，另外西北和蒙、新地区也有部分种植。

'兰州大羊角'：单果重 35 g，果实长羊角形，纵径 23 cm，横径 2.4～3.5 cm，果顶向下渐细而顶凹，果面皱缩，有光泽，花萼平展，肉质较细，水分较多，味辣。

'冀研 4 号'：属中熟杂交种。果实灯笼形，美观，深绿色，果大，肉厚，味甜质脆，商品性好，耐贮运。平均单果重 100 g，最大单果重 250 g。

'冀研 5 号'：属中熟甜椒杂交种。果实灯笼形，果大，肉中厚，平均单果重 100 g，最大单果重 200 g。果实味甜质脆，品质好。

'冀研 6 号'：果实灯笼形，翠绿色，果面光滑而有光泽，单果重 114～250 g，味甜质脆，商品性好，耐贮运，抗辣椒病毒病，兼抗辣椒炭疽病。

'云丰一号'：果实粗牛角形，果长 15 cm 以上，横径 4.5 cm 左右，肉厚 0.37 cm 左右，单果重 55 g 左右。果实绿，果面光滑，耐贮运。

'晋椒三号'：果实方灯笼形，深绿色，纵径 9.8 cm，横径 8 cm，肉厚 0.6 cm 左右，果面光滑，耐贮运。

'农大 40'：果实灯笼形，纵径 10～12 cm，横径 8～12 cm，嫩果浅绿色，老果红色，果实脆甜。

（三）贮藏特性

青椒属呼吸跃变型果实。因其含水量高，外皮薄，代谢旺盛，采后极易失水萎蔫，腐烂变质。低温能抑制微生物的侵染，并有效地延缓果实的后熟，但湿度控制不当，很容易发生冷害，引起代谢失调和紊乱，导致组织坏死，品质劣变。冷害不仅影响果实的外观，使其失去商品价值，而且导致果实的抗病性和耐贮性下降，从而大大限制了低温技术在采后青椒果实贮运上的利用。

二、青椒的冷害特征

青椒冷害症状主要表现为花萼褐变，果皮变暗，光泽减少，表皮产生不规则的凹陷斑，严重时产生长条形或连片的大凹陷斑，凹陷部位果肉中的维管束褐变，种子褐变，果实不能正常后熟，果实风味劣变（图 9-1）。另外，果实受冷害后其抗病力大大降低，高湿条件下极易感染黑霉，造成黑腐病，短期内会大量蔓延，移入室温下迅速崩溃败坏。

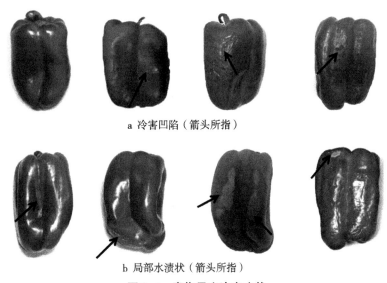

a 冷害凹陷（箭头所指）

b 局部水渍状（箭头所指）

图 9-1　青椒果实冷害症状

三、影响青椒采后冷害的因素

（一）种类品种对青椒冷害的影响

不同品种青椒的耐贮性不同。一般来说，甜椒、油椒比尖椒耐贮藏，晚熟品种比早熟品种耐贮藏。例如，'兰州大羊角''陇椒1号'在8 ℃ 条件下分别贮藏20 d、40 d、60 d，'兰州大羊角'的腐烂指数和商品果率均优于'陇椒1号'，耐贮性明显好于'陇椒1号'。青椒果皮蜡质及果肉厚度与其冷害间有一定的相关性。果肉薄壁细胞大的品种耐藏性好，果肉薄壁细胞小的品种易发生冷害。

（二）相对湿度、气体条件和温度对青椒耐贮性的影响

提高青椒贮藏环境的相对湿度，特别是当湿度接近于饱和时，能够减轻青椒冷害程度。青椒贮藏在100%相对湿度下，其冷害症状明显减轻。水分蒸发影响果皮凹陷斑的严重程度，环境湿度并不能抑制果实代谢的失调，而高湿却能通过阻碍组织中水分的丢失来抑制果皮的凹陷。

青椒冷害的发生程度与贮藏环境中的气体成分也有一定的关系，在无氧或者是纯氧的条件下，大都会发生严重的冷害现象。而贮藏环境中若存在高浓度 CO_2，则可以有效减轻冷害症状的发生程度。温度低于7 ℃ 时即发生冷害，10 ℃ 是青椒贮藏的安全温度，一般贮藏温度都在8~12 ℃。

四、青椒采后冷害调控措施

（一）物理因素

1. 贮前冷激处理

选取充分膨大且均匀一致、果皮厚而坚硬、果面有光泽、无病无伤的绿熟青椒，统一从果梗离层处采摘，立即运回实验室。将青椒盛于塑料篮中置于低温恒温培养箱中，12 ℃处理4 h，然后用厚度为0.03 mm的聚乙烯保鲜袋包装塑料篮，扎口后8 ℃恒温贮藏。

已有研究证明，0 ℃冷激处理4 h，可显著降低'茂椒5号'青椒的细胞膜透性，提高SOD、CAT和POD活性，降低青椒贮藏前期的H_2O_2含量，提高可溶性蛋白和热稳定蛋白的含量，显著降低了冷害指数和病情指数。

另有研究证明，利用0 ℃的冰水混合物冷激处理青椒24 min，可抑制青椒冷害的发生，降低了失重率，同时减缓了可溶性固形物和维生素C的损失，有利于延长青椒的贮藏期。

2. 间歇式升温处理

间歇升温是在低温贮藏过程中，用1次或多次短期升温处理来中断冷害的处理方法。间歇升温处理可有效减轻冷害，目前已经在桃、李、杧果、黄瓜、油豆角等果实中得到了广泛应用。

选择大小一致，成熟度、色泽基本相同，无病虫害及机械损伤的果实，保留萼片和果梗，采后1 h内运回预处理室。果实装入0.25 mm厚聚乙烯薄膜袋中，4 ℃和1 ℃贮藏，每隔5 d升温20 ℃，24 h。

已有研究证明，间歇升温（4 ℃和1 ℃贮藏，每隔5 d升温20 ℃，24 h），可有效减轻'牛角'椒冷害。

间歇升温可抑制青椒果实的呼吸，减少叶绿素、维生素C的降解和CAT活性的下降，抑制MDA的产生和电导率的增加，最终减少种子、花萼褐变和果实腐烂等症状，升温3次效果优于2次。

3. 气调贮藏

气调（MA）贮藏的方法主要是改变贮藏环境中的气体成分（降低O_2的浓度，提高CO_2浓度），降低呼吸强度和生理代谢速率，从而延长果蔬的贮藏时间。

选择大小一致，成熟度、色泽基本相同，无病虫害及机械损伤的果实，保留萼片和果梗，采后1 h内运回气调保鲜箱室，0~21 d前半期6% O_2+5% CO_2，21~42 d后半期4% O_2+2% CO_2气体浓度的双变动气调法贮藏。

已有研究证明，双变动气调法可减轻'世界冠军'青椒果实冷害。双变动气调法，可减少乙烯释放，减轻冷害症状，延长贮藏时间。

另有研究证明，采用青椒小包装气调保鲜技术（CO_2 浓度为 1%~5%，O_2 浓度为 2%~6%），能减轻青椒果实冷害，并有效保持青椒维生素 C、叶绿素含量和硬度等品质指标。

4. 热处理

热处理是一种应用广泛的处理方法，主要是将果蔬放置于 35~52 ℃ 的温度条件下进行短时间（一般 12~48 h）的热处理并迅速降温后再继续贮藏。这一方法能够使果蔬体内的 ACC 氧化酶和果胶酶失去活性，从而形成热激蛋白，但热激蛋白含量与果实的冷敏性呈负相关，所以，热处理能够有效抑制果实在低温贮藏环境下冷害的发生。

选择大小一致，成熟度、色泽基本相同，无病虫害及机械损伤的果实，保留萼片和果梗，采后 1 h 内运回预处理室。用 53 ℃ 热水浸泡青椒果实 5~10 min，晾干果实表面水分，10~12 ℃ 贮藏。

已有研究证明，采用 48~52 ℃ 贮前热处理'世界冠军'青椒 10 min 可推迟和减轻冷害发生。贮前热激处理能降低甜椒果实的呼吸上升、乙烯释放和乙醇、乙醛、丙酮等有害物质的积累，减轻低温胁迫造成的果肉细胞膜损伤，增强青椒果实的过氧化物酶和过氧化氢酶活性，降低苯丙氨酸解氨酶的活性。

另有研究证明，53 ℃ 热水浸泡青椒果实 5 min，可显著抑制细胞膜透性的上升，提高活性氧清除酶特别是 CAT 和 APX 的活性，维持活性氧代谢平衡，降低 LOX 活性，抑制膜脂过氧化，从而减轻青椒的冷害。

还有研究证明，用（45±0.5）℃ 热空气处理牛角椒果实 30 min，可减少 MDA 的产生和电导率的增加，抑制叶绿素、维生素 C 的降解和 CAT 活性的下降，延迟冷害出现的时间，减轻冷害和腐烂程度。

（二）化学处理

1. 水杨酸处理

水杨酸（salicylic acid，SA）是一种广泛存在于高等植物中的简单酚类物质，参与调节植物体内多种重要生理生化过程，如植物开花、产热、种子发芽、气孔关闭、膜通透性及离子的吸收等。目前，有学者认为水杨酸（SA）和甲基水杨酸（MeSA）处理能诱导一些如热激蛋白等抗胁迫蛋白的合成，提高果蔬的抗冷性，减少冷害的发生。

挑选无病虫害、无机械伤、大小适中、色泽亮绿、成熟度一致的青椒果实，在 0.5 mmol/L 的 SA 溶液中，于常温下浸泡 20 min，取出后自然晾干，贮藏于 3 ℃ 的冷库中。

已有研究证明，用 SA 处理'农大 24'青椒可以有效地减轻其表面水浸凹陷。

SA 处理可以减缓叶绿素和维生素 C 含量的下降，诱导辣椒果实保护酶活性的增强，提高内源自由基的清除水平，减少 MDA 含量的增加，抑制 LOX 活性和细胞膜透性的增加，最终减少青椒果实冷害的发生。

2. 油菜素内酯（BR）

油菜素内酯是一种新型的植物激素，在植物体内含量极低，但生理活性却极高，经过极低的浓度处理后，果蔬便能表现出明显的生理效应。油菜素内酯不仅影响果蔬的生长，更重要的是参与果蔬的逆境反应。

挑选无病虫害、无机械伤、大小适中、色泽亮绿、成熟度一致的青椒果实放入 15 μmol/L BR 溶液中于常温下浸泡 20 min，取出后自然晾干，贮藏于 3 ℃ 的冷库中。

已有研究证明，用 BR 处理'中椒 7 号'青椒，可有效延迟冷害出现的时间，并减轻了冷害症状。

BR 处理提高膜脂保护酶（POD、CAT、GR 和 APX）的活性，并降低 MDA 的积累，抑制 LOX 的活性和细胞膜透性的上升，提高果实抗性，减轻冷害发生。

3. 甜菜碱（GB）

作为一种重要的渗透调节物质，甜菜碱不仅能在受到环境胁迫的果蔬细胞内积累来降低渗透势，还能作为一种保护物质通过生理调节作用维持生物大分子的结构和完整性，并减缓由于逆境胁迫对果蔬造成的伤害，维持其正常的生理功能，以达到提高果蔬抗逆性的目的。

挑选无病虫害、无机械伤、大小适中、色泽亮绿的青椒果实作为试验材料。将青椒放入 0 mmol/L（CK）、1 mmol/L GB 溶液中，于常温下浸泡 20 min，取出后自然晾干，贮藏于 3 ℃ 的冷库中。

已有研究证明，用 GB 处理'木田秋硕'青椒，可减轻果实冷害。

低温下，对青椒采用 GB 处理可有效延缓青椒果实叶绿素和维生素 C 的降解，提高抗氧化系统保护酶类 POD、CAT、APX 和 GR 的活性，以及抗氧化酶基因的相对表达量，明显降低 MDA 的积累，抑制相对膜透性的上升和 LOX 活性的提高，从而保护细胞膜的结构和功能，进而保持青椒贮藏期的品质，延长其贮藏期。

五、青椒采后冷害调控实例

以'农大 24'青椒为材料，挑选无病虫害、无机械伤、大小适中、色泽亮绿的青椒果实。将青椒浸泡在 5 mmol/L 草酸溶液中 10 min，以不浸泡草酸溶液的青椒为对照，取出室温自然晾干后，贮藏于 3 ℃ 的机械冷库。

（一）草酸处理对冷害指数的影响

由图 9-2a 可知，冷害指数呈上升趋势，前期上升缓慢，后期上升迅速。草酸处理可以延迟青椒冷害现象的出现，并且抑制冷害指数的上升，第 12 天至贮藏结束与对照差异达显著水平（$P<0.05$）。贮藏结束时，草酸处理青椒的冷害指数仅为对照组的 51.3%。

由图 9-2b 可知，冷害率呈上升趋势。草酸处理可以延迟青椒冷害现象的出现，并且抑制冷害率的上升，第 9 天至贮藏结束与对照差异达显著水平（$P<0.05$）。贮藏

结束时，草酸处理青椒的冷害率仅为对照组的38.6%。

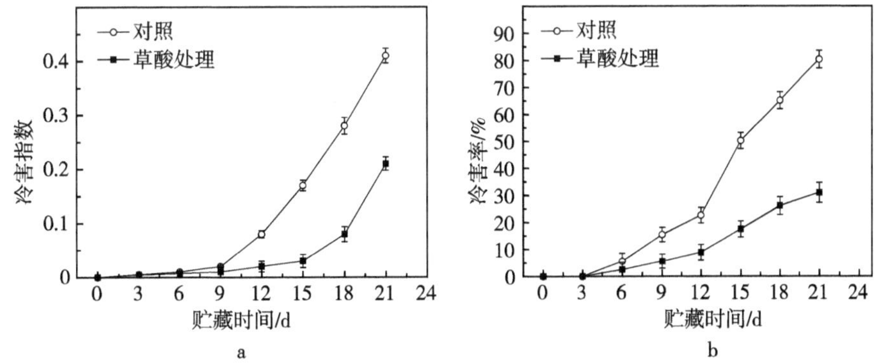

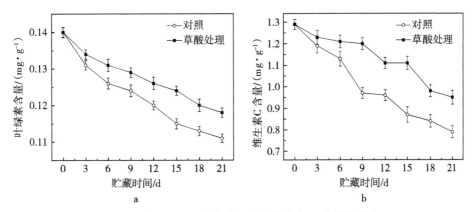

图9-2 草酸处理对青椒冷害指数和冷害率的影响

（二）草酸处理对叶绿素和维生素 C 含量的影响

由图 9-3a 可知，叶绿素含量总体呈下降趋势，前期的叶绿素降解速度较快，后期叶绿素降解速度较慢。贮藏第 6 天至贮藏结束，草酸处理的青椒叶绿素含量始终显著高于对照（$P<0.05$）。贮藏结束时草酸处理的青椒叶绿素含量比对照组高出 6.3%。

由图 9-3b 可知，维生素 C 含量整体呈下降趋势，前期维生素 C 含量下降较为缓慢，后期维生素 C 含量下降较为迅速。经草酸处理的青椒维生素 C 含量始终高于对照，贮藏第 6 天至贮藏结束与对照差异均达显著水平（$P<0.05$）。贮藏到 21 d 时，草酸处理的青椒维生素 C 含量比对照提高了 20.3%。

图9-3 草酸处理对青椒叶绿素和维生素 C 含量的影响

（三）草酸处理对 MDA 含量和相对膜透性的影响

MDA 是膜脂过氧化作用的主要产物之一，组织中 MDA 水平的变化反映了果蔬遭受低温胁迫时细胞膜脂质过氧化程度。由图 9-4a 可知，MDA 含量总体呈上升趋势，且前期上升较为缓慢，后期上升较为迅速。草酸处理的果实，MDA 含量始终低于对照组，贮藏第 6 天至贮藏结束与对照差异均达显著水平（$P<0.05$）。贮藏到 21 d 时，草酸处理的青椒 MDA 含量比对照降低了 55.0%。

相对膜透性反映了细胞膜的完整程度和稳定性，因此相对膜透性已经被广泛作为反映冷害的一个指标。由图9-4b可知，相对膜透性整体呈上升趋势，前期相对膜透性改变较为缓慢，后期相对膜透性改变较为迅速。经草酸处理的青椒相对膜透性始终低于对照，贮藏第6天至贮藏结束与对照差异均达显著水平（$P<0.05$）。由此表明，随着贮藏时间的延长，青椒相对膜透性增加，膜受损加重，草酸处理可有效减轻膜受损，减轻冷害发生的程度。

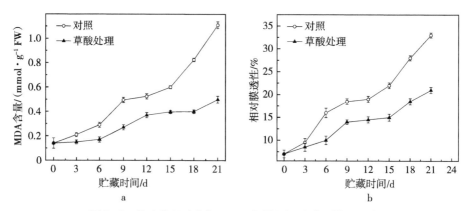

图9-4　草酸处理对青椒MDA含量和相对膜透性的影响

（四）草酸处理对 SOD、CAT、APX、GR 活性含量的影响

SOD、CAT、APX、GR常作为果蔬抗氧化胁迫的重要指标。由图9-5a可知，SOD活性初期呈上升趋势，并于贮藏第6天达到最高峰，之后SOD活性随着贮藏时间的延长而降低。草酸处理的青椒SOD活性始终高于对照组含量，贮藏第3天至贮藏结束与对照差异达显著水平（$P<0.05$）。由此表明，草酸处理可有效增强青椒果实SOD活性，抑制果实冷害的发生。

由图9-5b可知，CAT活性初期呈上升趋势，并于第9天达到峰值。草酸处理青椒可提高CAT活性，贮藏第3天至贮藏结束与对照差异达显著水平（$P<0.05$）。由此表明，草酸处理的青椒CAT活性得到提高，减弱了细胞膜的过氧化作用，进而减轻了冷害的发生。

由图9-5c可知，APX活性呈先上升后下降的趋势，且在第9天达到峰值，随后APX活性呈下降趋势且对照组下降速度更快。在贮藏第6天至贮藏结束草酸处理的果实与对照差异达显著水平（$P<0.05$）。由此表明，草酸处理能够有效增强APX活性，增强青椒的抗氧化效力。

由图9-5d可知，GR活性呈先上升后下降的趋势，在第9天达到峰值。草酸处理的青椒GR活性始终高于对照组，贮藏第6天至贮藏结束与对照差异达显著水平（$P<0.05$）。由此表明，草酸处理可以显著提高青椒GR活性，增强其坑氧化性，抑制冷害的发生。

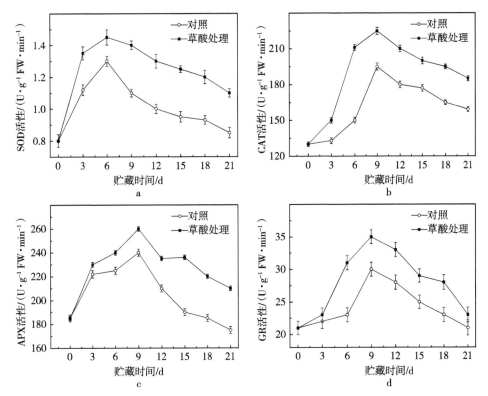

图 9-5 草酸处理对青椒 SOD、CAT、APX、GR 活性含量的影响

根据上述研究，主要结论如下。

草酸处理可有效抑制青椒表面水浸凹陷冷害，延缓青椒果实中叶绿素的降解和维生素 C 的流失，改善青椒冷藏期间的贮藏品质，提高抗氧化系统酶类（SOD、CAT、APX、GR）活性，抑制 MDA 含量的积累和相对膜透性的增加，最终减轻了果实冷害。

第十章 冬枣采后冷害与调控

一、冬枣的生产概况、品种简介及贮藏特性

(一) 生产概况

冬枣 (*Ziziphus jujuba* Mill. cv. Dongzao)，属于鼠李科，是枣树中的一个栽培品种，最初生长于山东省滨州市一带，是山东北部地区鲜食果类的一个优良品种，属于晚熟鲜食果类，冬枣的品质也得到广大消费者的一致好评，现在主要分布在山东、河北、山西等地区。

冬枣皮薄肉脆，酸甜适口，营养丰富，风味极佳。其维生素 C 含量是猕猴桃含量的 3~4 倍，营养价值极高 (表 10-1)。因为冬枣中含有丰富的糖类、维生素及环磷酸腺苷等，可以起到解毒保肝、解酒、防治心血管病、调节免疫的作用。

表 10-1 冬枣营养成分 (每 100 g 果实中的含量)

营养成分	含量	营养成分	含量
水	69.5 g	钾	195 mg
糖类	27.8 g	铁	0.2 mg
蛋白质	1.8 g	锌	0.19 mg
脂肪	0.2 g	钠	33 mg
不溶性膳食纤维	3.8 g	锰	0.13 mg
烟酸	0.51 mg	硒	0.14 g
叶酸	29.9 g	镁	17 mg
维生素 C	243 mg	碘	6.7 g
维生素 B	0.17 mg	铜	0.08 mg
维生素 E	0.19 mg	磷	29 mg
钙	16 mg		

(二) 品种简介

'沾化'冬枣：沾化县特有的鲜食果品，营养丰富、口味独特。核果为扁球形，外形似苹果，又称苹果枣。果实红褐光亮、皮薄、质脆、无渣、细嫩多汁、甘甜清香，品质极佳，是目前最好的鲜食冬枣品种。

'成武'冬枣：起源于山东成武，是 1985 年山东省果树研究所和成武县林业局在枣树资源普查时共同选出的优良株系，是菏泽市独有的晚熟、优质、大果型、鲜食

和加工两用的枣品种，果实长椭圆形或倒卵形，具有早产、丰产、结实率高、耐贮运的特点。

'薛城'冬枣：主产于山东枣庄，该品种具有成熟晚、果个大、商品价值较高的特点（朱其增 等，2001）。果肉容易木质化，形成核外木栓层，食后口中有渣，10月中下旬成熟。

'红金芒'冬枣：果形酷似杧果，白熟期为金黄色，完熟期呈鲜红色，极具鲜食和观赏价值。平均单果重 38 g，最大单果重 70 g。口味纯正，酥甜味浓，脆嫩无渣，皮薄肉细，汁多核小，鲜食品质上等。

'九月青'：主产于山东济宁和菏泽，果实细长椭圆形，果个整齐，果面平整光亮，赭红色，果肉较致密，甜味浓，品质中上，10月上中旬成熟。

（三）贮藏特性

冬枣属于非呼吸跃变型果实，采收后的新鲜冬枣水分含量高，代谢旺盛。但其耐贮性差，在贮藏过程中容易出现失水、转红、酒软和霉烂。常温下 3~5 d 便失去商品价值。低温贮藏是保存冬枣的有效方法。但冬枣对低温较敏感，据报道，冬枣果实在-1.5 ℃就会发生冷害，生理代谢失调，皮下细胞受损，表皮细胞会发生坏死，枣果表面出现凹陷的斑点，表皮皱缩褐变，营养物质损失严重。冷害不但严重影响着冬枣的外部感观、内部质地、风味口感，而且导致其耐贮性和抗病性大大降低。

二、冬枣的冷害特征

冬枣冷害症状主要表现为：果实不能正常转色，果皮出现水渍状凹陷斑，果皮及果肉褐变，果实风味劣变（图 10-1）。

图 10-1　冬枣冷害症状

a 和 b 为果实转色不均一（王文生，2003）；c 为果实出现凹陷斑和褐变

（实线箭头所指为凹陷斑，虚线箭头所指为褐变）

三、影响冬枣采后冷害的因素

（一）贮藏温度

冬枣的冷害程度随着贮藏温度的降低而加剧：-0.5 ℃条件下，冬枣在整个贮藏

期间均未出现冷害症状；-1.5 ℃ 条件下，冬枣仅在贮藏末期90 d 时出现了轻微的冷害症状；-2.0 ℃、-2.5 ℃和-3.0 ℃ 条件下，冬枣在贮藏中后期均出现冷害症状，其中-3.0 ℃ 贮藏的冬枣冷害症状最严重。

（二）贮藏时间

冬枣的冷害程度随着贮藏时间的延长而加剧，-3.0 ℃ 贮藏的冬枣在30 d 时就出现冷害现象，在90 d 时冷害指数高达68%。

四、冬枣采后冷害调控措施

采摘成熟度为冬枣果面1/4红，果粒大小一致，无机械伤，无病虫害，采后18 h 内入（0±0.5）℃冷库预冷，按试验设计3 d 内处理完毕。将预冷48 h 的冬枣分别装入真空干燥器，容器底部盛5% $CaCl_2$溶液（防冻、加湿）。用SHB-Ⅲ型循环水真空泵每隔24 h 抽真空1次，设定压力为40.5 kPa，贮藏温度为-3～2 ℃。

减压具有减缓冬枣冷害的作用，在减压条件下可将冬枣的贮藏温度降低2 ℃，可能是低压促使果实内部水分子运动速度加快、冰点降低所致。

五、冬枣采后冷害调控实例

本试验所用的材料采自运城'沾化'冬枣果园，当果实呈现点红采收，采收结束后2 h 内迅速将果实运回实验室，选取无伤、无病、大小均一、成熟度均一的正常果为实验材料，随机分成4组，每组45 kg 果分成3个重复，将冬枣果实分别用0 mg/L（蒸馏水）、10 mg/L、30 mg/L、60 mg/L SA 溶液喷洒至液滴状，置于通风阴凉处晾干，用厚度为0.03 mm 的聚乙烯保鲜袋包装，放入0 ℃ 相对湿度90%～95%的冷库中贮藏。定期取样，果实去皮切碎用液氮速冻，置于-80 ℃ 超低温冰箱中待用。

0 mg/L SA（蒸馏水）为对照；10 mg/L SA 为SA1；30 mg/L SA 为SA2；60 mg/L SA 为SA3。

（一）外源SA 处理对冬枣果实冷害指数和冷害率的影响

由图10-2a 可知，冬枣在冷藏过程中冷害指数呈上升的趋势，SA 处理的冷害指数均低于对照组。在贮藏前30 d 果实都未发现冷害症状，对照组果实首先在40 d 表现出冷害，SA 处理果实晚10 d 表现冷害。在50～80 d 贮藏期间SA 冷害指数始终低于对照组，且差异达到显著水平（$P<0.05$）。SA 处理组之间，60～80 d 贮藏期间SA2始终处于较低水平，并与其他处理差异达显著水平（$P<0.05$）。

由图10-2b 可知，贮藏80 d 时，SA 处理冷害率均显著低于对照。SA2 在贮藏80 d 时其冷害发生率最低仅为38.67%，比对照降低了33.14%，两者差异显著（$P<0.05$）。不同浓度SA 处理间，SA1 和SA3 在贮藏过程中冷害指数和冷害率差异不明显，但两者与SA2 的差异达显著水平（$P<0.05$）。不同浓度SA 处理与对照相比均延

迟出现冷害症状，而且对冷害率和冷害指数有一定的抑制作用，其中 SA2 的效果最好，因而后期生理生化指标均用 SA2 分析。

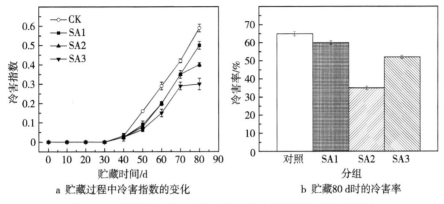

图 10-2 外源 SA 处理对冬枣果实冷害指数和冷害率的影响

（二）外源 SA 处理对冬枣果实 TA 和总抗坏血酸含量的影响

图 10-3a 可知，冬枣在贮藏过程中，TA 含量呈下降趋势，且在贮藏 0~40 d 下降较快，40~80 d 下降比较平缓。SA 处理的冬枣 TA 含量在 0~80 d 均大于对照，差异达显著水平（$P<0.05$）。TA 含量下降的原因可能是：①有机酸作为呼吸基质被消耗掉；②有部分酸在果实成熟过程中转变为糖类。

由图 10-3b 可知，在冬枣贮藏过程中，枣果总抗坏血酸呈现下降的趋势。SA 处理抑制总抗坏血酸含量下降，贮藏 20 d 至贮藏结束，与对照比差异达显著水平（$P<0.05$）。

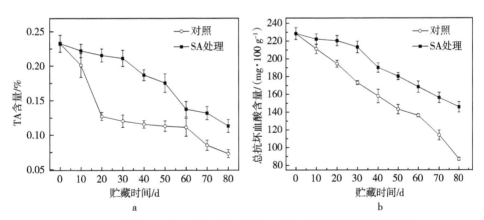

图 10-3 外源 SA 处理对采后冬枣果实 TA 和总抗坏血酸含量的影响

（三）外源 SA 处理对冬枣果实 MDA 含量的影响

植物体内含有一种非血红素铁的蛋白质，能催化多元不饱和脂肪酸的加氧反应生成 MDA，MDA 能与蛋白质、核酸等大分子反应，改变它们的大分子构型，从而破坏膜结构，促使膜透性升高。MDA 的含量可以作为膜脂过氧化程度的重要指标。由图 10-4 可知，随着冬枣贮藏时间的延长，MDA 的含量逐渐增加，这是因为果实在冷胁迫下，自由基的生成增加，达到阈值后，引起膜脂的不饱和键过氧化作用，则过氧化产物 MDA 含量增加。在 0~40 d MDA 含量变化较缓慢，60~80 d MDA 含量增加速率较快。对照 MDA 的含量均显著大于 SA 处理，在 80 d 时 MDA 含量是 SA 处理的 1.55 倍，这可能是因为 SA 能够清除果实在冷害过程中产生的自由基，减少膜过氧化作用，进而减少 MDA 生成和膜透性的增加。

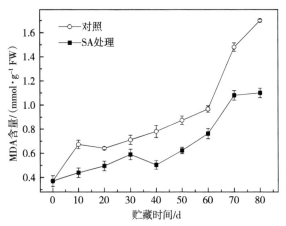

图 10-4 外源 SA 处理对冬枣果实 MDA 含量的影响

（四）外源 SA 处理对冬枣果实 SOD、CAT、POD、APX 活性的影响

SOD 是植物体内重要的抗氧化酶，与活性氧清除密切相关。由图 10-5a 可知，冬枣果实在冷藏过程中 SOD 活性呈现先上升后下降的趋势。SA 促进 SOD 活性上升抑制其下降，贮藏期间与对照差异达显著水平（$P<0.05$）。

由图 10-5b 可知，冬枣果实在冷藏过程中 CAT 活性呈现先上升后下降的趋势。贮藏过程中酶活性的升高是冬枣果实对低温胁迫的生理反应，加速清除活性氧自由基。在 0~40 d 内，CAT 活性上升，在 40 d 时，SA 活性比对照高 85%，在 40~80 d 内，CAT 活性开始下降，SA 处理 CAT 活性也明显高于对照组，整个贮藏期间 SA 处理与对照差异达显著水平（除 80 d 外）（$P<0.05$）。

POD 是广泛存在于植物体内的氧化还原酶，其作用主要是催化氧化还原反应中产生的 H_2O_2。由图 10-5c 可知，冬枣果实在冷藏过程中 POD 活性的变化趋势呈峰形，在冷藏前期呈上升趋势，在 40 d 时达到高峰，随后呈下降趋势。与对照组比较，SA 处理的 POD 活性均高于对照，30 d 至贮藏结束差异达显著水平（$P<0.05$）。

APX 是植物体内清除 H_2O_2 的关键酶，在抑制膜脂过氧化、维持膜系统的稳定性中起重要作用。由图 10-5d 可知，冬枣果实在冷藏过程中 APX 活性呈现先上升后下降的趋势。SA 促进 APX 活性上升抑制其下降，贮藏期间与对照差异达显著水平（$P<0.05$）。

近年来，外源 SA 具有诱导黄瓜、番茄、桃、石榴和枇杷抗冷作用，并且与抗氧化胁迫有关。本研究中 SA 提高 SOD、POD、CAT 和 APX 活性，清除过多的活性氧，降低了膜脂过氧化作用，减轻了果实冷害。SA 提高抗氧化酶活性减轻果实冷害已在甜椒、番茄、桃、杏等果实上证实。

综上所述，SA 是植物体内保护细胞结构和膜系统稳定性的重要物质，在提高抗逆性、延缓衰老、抑制褐变、保持新鲜度等方面具有重要作用。

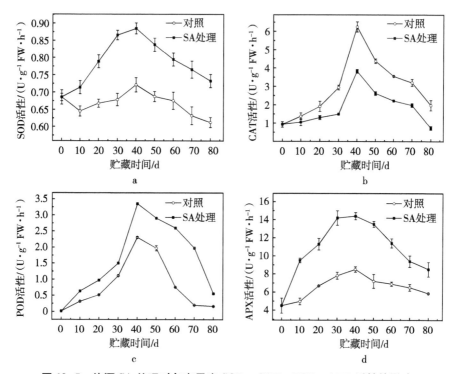

图 10-5 外源 SA 处理对冬枣果实 SOD、CAT、POD、APX 活性的影响

根据上述研究，主要结论如下。

①SA 处理能有效抑制冷害指数的上升，降低冷害率，延缓 TA 含量和总抗坏血酸含量的下降速率，减少冬枣果实营养的流失，延长贮藏时间。

②SA 可以提高 SOD、CAT、POD 和 APX 活性，降低 MDA 的含量，保护膜结构的完整，从而减轻果实的冷害。

第十一章 猕猴桃采后冷害与调控

一、猕猴桃的生产概况、品种简介及贮藏特性

（一）生产概况

猕猴桃（*Actinidia chinensis* Planch），是猕猴桃科猕猴桃属多年生落叶藤本植物，主要分布在亚洲东部，南起赤道附近，北到黑龙江流域，西至印度东北部，东达日本的广大地区都有栽培。猕猴桃在我国的分布范围很广，除新疆、青海、内蒙古未见报道外，其余各省均有分布。在我国进行猕猴桃商业栽培的历史较短，20 世纪 80 年代以后才开始。近年来，由于猕猴桃的巨大经济价值和经济效益，其在我国尤其是在陕西省的栽培面积和产量迅速增加。

猕猴桃果实酸甜可口，富含多种氨基酸，尤其是维生素 C 含量高，而且种子中富含亚油酸，具有疏通血管的功效，因而深受消费者喜爱（表 11-1）。

表 11-1　猕猴桃果实营养成分（每 100 g 果实中的含量）

营养成分	含量	营养成分	含量	营养成分	含量
热量	56.00 cal	镁	12.00 mg	纤维素	2.60 g
维生素 C	400.00~430.00 mg	铁	1.20 mg	烟酸	0.30 mg
脂肪	0.60 g	铜	1.87 mg	维生素 A	22.00 g
硫胺素	0.05 mg	锌	0.57 mg	维生素 E	2.43 mg
糖类	14.50 g	钾	144.00 mg	胡萝卜素	130.00 g
核黄素	0.02 mg	钙	27.00 mg	磷	26.00 mg
蛋白质	0.80 g	钠	10.00 mg	锰	0.73 mg

（二）品种简介

猕猴桃系列分为美味猕猴桃系列和中华猕猴桃系列。中华猕猴桃又名软毛猕猴桃，果实呈棕色、棕绿色，果面有毛糙或松软的绒毛，毛容易脱落。'粤引''武直号''红阳''翠玉''龙藏红'等品种都属于中华猕猴桃。美味猕猴桃又被称作硬毛猕猴桃和毛阳桃，'徐香''金香''秦美''亚特''海沃德'等品种都属于美味猕猴桃。

1. 中华猕猴桃系列

'红阳'：果实短圆柱形，纵径 4.2 cm，横径 4.0 cm，平均单果重 68.8 g，最大

果重 87.0 g。果尖凹陷，果皮绿褐色，果肉黄色或浅绿色，位于果心外呈红色、紫红色，甚为鲜艳；果汁多，香甜味浓，口感佳，总糖含量 8.97%，TSS 含量 16.0%，TA 含量 0.11%，维生素 C 含量 250 mg/100 gFW，品质上等，鲜食、加工均佳。特别适宜制作工艺菜肴。耐贮性强，可贮至翌年 2 月。

'魁蜜'：果实扁圆形，纵径 5.36~5.79 cm，横径 5.55~5.81 cm，侧径 4.91~5.20 cm，平均单果重 92.2~106.2 g，最大果重 183.3 g，果肉黄或绿黄色，质细多汁，酸甜或甜，风味清香，TSS 含量 12.4%~16.7%，总糖含量 6.09%~12.08%，柠檬酸含量 0.77%~1.49%，维生素 C 含量 93.7~147.6 mg/100 gFW，品质优。果实在室温下可存放 12~15 d。冷藏 120 d 后，硬果完果率达 92.4%，维生素 C 保存率 92.7%。

2. 美味猕猴桃系列

'金香'：果形美观，茸毛金黄色，果型整齐，大小一致，平均单果重 90 g，风味浓郁，清香可口，含糖量高，总糖 12.3%。TSS 含量 17.3%，维生素 C 含量 114.4 mg/100 gFW。耐贮藏，货架期长，果实常温下可存放 30 d 以上。

'徐香'：果实圆柱形，平均纵径 5.8 cm，横径 5.0 cm，侧径 4.8 cm，单果重 75~110 g，最大果重 137 g。果皮黄绿色，被黄褐色硬刺毛，皮薄，果肉绿色，质细多汁，酸甜适口，风味浓香。总糖含量 12.1%，总酸含量 l.42%，TSS 含量 15.3%~19.8%，维生素 C 含量 99.4~123 mg/100 gFW。后熟期 15~20 d，货架期 15~20 d，室内常温下存放 30 d 左右，在 0 ℃ 贮藏库中可存放 100 d。其突出优点是口感甜香，耐贮藏，宜大量发展。

'秦美'：果实椭圆形，纵径平均 7.2 cm，横径 6.0 cm，平均单果重 106.5 g，最大 160 g。果皮褐绿色，质地细，汁多，酸甜可口，味浓有香气。总糖含量 11.18%，有机酸含量 1.69%，维生素 C 含量 190.0~354.6 mg/100 gFW，TSS 含量 10.2%~17.0%，耐贮藏，室内常温下（10 ℃）贮藏期可达 100 d。

'哑特'：果实圆柱形，果皮褐色，密被棕褐色糙毛，平均单果重 87 g，最大果重 127 g。果肉翠绿色，果心小，质软，黄色，十分香甜，TSS 含量 15%~18%，维生素 C 含量 150~290 mg/100 gFW，果实较耐贮藏，常温下可放置 1~2 个月，货架期 20 d 左右。

'米良 1 号'：果实近长圆柱形，顶端直径略大于蒂端，略扁，柱头基部残迹宽而明显，平均单果重 95 g，果肉黄绿色，汁多，酸甜可口，有芳香，维生素 C 含量 217 mg/100 gFW，TSS 含量 13%~16.5%。果实于 10 月上旬成熟，采后在常温下可贮藏 20 d 以上。

'海沃德'：果实多为宽椭圆形，纵径 6.4 cm，横径 5.3 cm，侧径 4.9 cm，平均果重 90 g 左右，最大果重 120 g 以上，在新西兰选育的 5 个品种中果实最大，故又名"巨果"。果皮绿褐色或淡绿色，密生褐色硬毛，果肉绿色，翠绿色，肉质细嫩，甜酸可口，香气浓郁，TSS 含量 15% 左右，维生素 C 含量 50~100 mg/100 gFW。果实后熟期长，极耐贮藏运输，货架期亦长，果实硬时能食，鲜食品质极佳。

3. 杂交系

'华优'：是中华和美味猕猴桃通过自然杂交得到的黄肉中熟品种。果实椭圆形，较整齐，商品性好，纵径 6.5~7 cm，横径 5.5~6 cm，单果重 80~120 g，最大单果重 150 g，果面棕褐色或绿褐色，绒毛稀少，细小易脱落，果皮厚难剥离。未成熟果，果肉绿色，成熟后果肉黄色或绿黄色，果肉质细汁多，香气浓郁，风味香甜，质佳爽口，果心中轴胎坐乳白色可食。TSS 含量 7.36%，总酸含量 1.06%，总糖含量 3.24%，维生素 C 含量 161.8 mg/100 gFW，富含黄色素。常温下，后熟期 15~20 d，货架期 30 d，在 0 ℃ 下可贮藏 5 个月左右。

（三）贮藏特性

猕猴桃属于呼吸跃变型果实，在自然条件下不耐贮运，采后果实生理代谢旺盛，后熟速度快，果肉软化，在贮藏过程中容易出现果实异味和腐烂等问题。保存猕猴桃较为有效的办法是低温贮藏。但猕猴桃对低温较敏感，在采后长期低温贮运中易造成生理代谢失调和细胞膜结构损伤，发生冷害的果实抗病性和耐藏性下降，造成果实腐烂和品质劣变，损失较严重。冷藏过程中适宜的温度对果实的贮藏效果非常重要。

一般来说，中华猕猴桃果实的耐贮性较美味猕猴桃差，相同冷藏条件下，中华猕猴桃果实的贮藏时间和货架期较美味猕猴桃短，更易表现出冷害症状，发生冷害。

二、猕猴桃的冷害特征

猕猴桃果实冷害症状前期在低温逆境下不易察觉，移到常温 20 ℃ 下逐渐表现出来，表现为表皮凹陷，皮下果肉组织呈现水渍状斑块，随着贮藏时间的延长果皮局部褐变，皮下果肉组织伴有木质化（见上篇图 3-1、图 3-9、图 4-7）。

三、影响猕猴桃采后冷害的因素

（一）品种

尽管猕猴桃具有低温敏感性，在长期低温条件下容易发生冷害，但不同品种在低温条件下依然表现出不同的低温耐受力。'红阳'猕猴桃在（0±0.5 ℃）条件下贮藏 50 d 时开始表现出冷害症状，'华优'猕猴桃在贮藏 60 d 时表现出冷害症状，'徐香'在贮藏 70 d 左右才表现出冷害症状，同时'徐香'果实的冷害率及冷害指数也较'红阳'和'华优'低，说明'徐香'较'红阳'和'华优'的低温胁迫耐受力强。虽然目前对不同品种猕猴桃冷敏性研究较少，但是研究认为其冷敏性与其遗传及成熟时间具有相关性。'红阳'和'华优'两种冷敏性较强的为中华系猕猴桃，而'徐香'为美味猕猴桃。从成熟时间上看，'红阳'猕猴桃成熟早于'华优'和'徐香'。

（二）采收成熟度

果实成熟是一个高度程序化并不可逆的过程，该过程包括一系列的生理、生化和感官变化。不同成熟度果实其细胞酶活性及内含物含量有较大差异，从而影响其采后生理变化及其对低温逆境的反应。'红阳''华优''徐香'猕猴桃在 TSS 积累达到

6.5%~7.5%时采收，能有效减少冷害发生并保持较好的贮藏和货架品质，而较早采收的猕猴桃极易出现木质化、水浸状等冷害症状，且冷害发生率及冷害指数也较高。

（三）贮藏温度、时间和采收前温度

由于冷害是逐步积累的过程，对于品种和成熟度相同的猕猴桃来说，贮藏温度越低、贮藏时间越长冷害也就越明显。猕猴桃在较低温度（-0.8 ℃）条件下贮藏24周后98%的果实发生冷害，而在较高温度2.5 ℃条件下贮藏24周后只有2%的果实发生冷害，因此温度对猕猴桃冷害有显著的影响。'徐香'猕猴桃在0 ℃贮藏50 d左右开始出现冷害，随着时间的延长冷害发生率逐渐增高，贮藏至110 d时冷害发生率高达64%，冷害指数高于0.4。采收前温度对猕猴桃冷害也有显著影响，采前经过低温驯化的猕猴桃能增加SSC的积累降低猕猴桃的冷敏性，减少冷害的发生。

四、猕猴桃采后冷害调控措施

（一）物理方法

1. 逐步降温

逐步降温贮藏是一种冷锻炼或冷驯化，因其无毒无害、无污染、无化学残留而又操作简单，目前在多种果蔬冷害控制的研究上获得明显的效果。猕猴桃果实在逐渐适应低温过程中，一方面将大量的田间热散去，另一方面是愈伤的过程，第三方面可能启动了果实的防御系统，这将有助于提高果实的抗冷性。

选择管理水平良好的成龄猕猴桃果园，在果实TSS含量达到6.5%~7.5%时采收，采收结束后2 h内，迅速将果实运回实验室。选取无伤病的大小均一的正常果为贮藏果，用厚度为0.03 mm的聚乙烯保鲜袋（国家农产品保鲜工程中心，天津）包装，每袋100个果实，袋口用橡皮筋松绕两圈以透气保湿。温度处理措施如下。

逐步降温［10 ℃→5 ℃ 2 d→2 ℃ 2 d→（0±0.5）℃］：将果实先放入10 ℃冷库中，24 h降至（5±0.5）℃（每隔12 h降低2.5 ℃），此条件下贮藏2 d，然后库温降至（2±0.5）℃贮藏2 d，最后库温降至（0±0.5）℃继续贮藏。

已有研究证明，逐步降温处理可减轻'徐香'果实因低温贮藏而引起的冷害，保持较高的硬度、TSS、TA、维生素C等品质指标。逐步降温处理抑制'徐香'果实呼吸速率和乙烯合成速率，保持了较高的SOD、POD、CAT、APX等活性氧清除酶活性，抑制O_2^-和H_2O_2的积累，减轻细胞膜脂过氧化程度，最终抑制了'徐香'果实冷害的发生。

2. 低温预贮

低温预贮（LTC）是将果蔬等产品放在略高于冷害临界温度预贮一段时间，从而减轻果蔬在后续冷藏期间冷害发生的一种物理温度调控方法。因其操作比较简单，而

且无污染和化学残留等优点，LTC 处理已受到采后贮藏者的普遍关注。近年来 LTC 处理已被广泛应用于减轻园艺产品冷害的研究。

选择管理良好的成龄猕猴桃果园。当果实可溶性固形物（TSS）达到 6.5%～7.5%时采收，采收结束后 2 h 内，迅速将果实运回实验室。选取无伤、病的大小均一的正常果为贮藏果，用厚度为 0.03 mm 的聚乙烯保鲜袋（国家农产品保鲜工程中心，天津）包装，每袋 100 个果实，袋口用橡皮筋松绕两圈以透气保湿。温度处理措施如下。

LTC：将果实放入 12 ℃ 冷库中预贮 3 d，而后库温降至（0±0.5）℃ 继续贮藏，贮藏环境的相对湿度均控制在 90%～95%。

已有研究证明，'海沃德'果实在 12 ℃ 预贮 3 d 后，再于 0 ℃ 冷库贮藏，可有效推迟'海沃德'果实冷害发生，降低果实冷害发生率和冷害发生程度，并保持较高硬度、TSS、TA 和维生素 C 等品质指标。

'海沃德'果实在 5 ℃ 预贮 3 d 后，也可以有效地保持果实细胞膜的完整性，提高保护酶的活性，促进 AcCBF 表达，从而减轻'红阳'猕猴桃果实冷害的发生。

（二）化学处理

多胺具有刺激植物生长发育、延缓衰老，并与植物的抗逆性密切相关。

大量研究证明，植物在遭受低温胁迫时，会引起内源多胺的积累，而高水平的内源多胺有利于保持采后果蔬品质，延长果蔬贮藏期。采用外源多胺处理则可以降低果蔬冷敏性，减轻果蔬贮藏期间冷害发生。

选择管理水平良好的成龄猕猴桃果园。当果实可溶性固形物（TSS）达 6.5%～7.5%时采收，采收结束后 2 h 内，迅速将果实运回贮藏室。选取无伤、病的大小均一的正常果为贮藏果。将猕猴桃果实浸入浓度为 2 mmol /L Put 溶液中浸泡 10 min，然后自然晾干果实表面水分，装入厚度为 0.03 mm 的聚乙烯保鲜袋（国家农产品保鲜工程中心，天津）包装，每袋 100 个果实，袋口用橡皮筋松绕两圈以透气保湿，置于 0 ℃、相对湿度 90%～95%的机械冷库中贮藏。

已有研究证实，采用外源 2 mmol /L Put 处理'红阳'果实可提高 Put、Spd、Spm 等多胺含量，降低了'红阳'果实冷害率和冷害发生的程度，并在贮藏结束和模拟货架期结束时，保持较高硬度、TA、维生素 C 含量等果实品质指标。

Put 处理提高了'红阳'内源 Put、Spd、Spm 含量，显著抑制了'红阳'果实呼吸速率和乙烯释放速率，保持较高 POD、SOD、CAT、APX、脱氢抗坏血酸还原酶（DHAR）、单脱氢抗坏血酸还原酶（MDHAR）、谷胱甘肽还原酶（GR）活性及还原型谷胱甘肽（GSH）、抗坏血酸（ASA）抗氧化物质含量，积累较少的氧化型谷胱甘肽（GSSG）和脱氢抗坏血酸（DHA），保持较高的 GSH/GSSG 和 ASA/DHA 比例，并抑制 $O_2 \cdot^-$ 和 H_2O_2 积累，降低了果实中 MDA 含量和相对膜透性，降低'红阳'果实 LOX 活性，抑制膜脂不饱和脂肪酸相对含量的下降，保持较高的膜脂肪酸不饱和度与不饱和指数，从而增强了'红阳'果实抗冷性，减轻果实冷害的发生。

五、猕猴桃采后冷害调控实例 1——LTC 处理对'海沃德'果实冷害的影响

'海沃德'果实采自陕西省周至县青化镇管理良好的成龄猕猴桃果园。当果实 TSS 含量达 6.5%~7.5% 时采收,采收结束后 2 h 内,迅速将果实运回实验室。选取无伤、病的大小均一的正常果为试验材料,随机分成 7 组,每组 2700 个果分成 3 个重复,均用厚度为 0.03 mm 的聚乙烯保鲜袋(国家农产品保鲜工程中心,天津)包装,每袋 100 个果实,袋口用橡皮筋松绕两圈以透气保湿。温度处理措施如下。

对照(0±0.5)℃:果实直接放入(0±0.5)℃ 冷库中;LTC:将果实分别放入 6 ℃、12 ℃ 冷库中预贮 1 d、3 d、5 d,而后库温降至(0±0.5)℃ 继续贮藏 120 d。贮藏环境的相对湿度均控制在 90%~95%。

LTC(6 ℃,1 d)、LTC(6 ℃,3 d)、LTC(6 ℃,5 d)、LTC(12 ℃,1 d)、LTC(12 ℃,3 d)、LTC(12 ℃,5 d)分别用 LTC1、LTC2、LTC3、LTC4、LTC5、LTC6 表示。

每个处理 3 次重复,整个试验期 2 年。

(一)LTC 处理对'海沃德'果实冷害的影响

'海沃德'猕猴桃冷害症状表现为外果皮有水渍化、木质化,这些冷害症状最初以散状斑点形式出现在外果皮部分,然后逐渐连成环状,严重时整个外果皮形成一层木质化,并变成褐色(图 11-1)。

由图 11-2a 可知,对照果实冷害最严重,冷害指数高达 0.46,除 LTC1 与对照差异不显著外,其他 LTC 处理均显著降低了冷害指数($P<0.05$),其中 LTC5 处理抑制冷害指数的效果最好,比对照降低了 50.00%,二者差异达极显著水平($P<0.01$),同时与其他 LTC 处理间差异亦达显著水平($P<0.05$)。

由图 11-2b 可知,对照的冷害率最高,达 68.33%。LTC 处理均显著降低了冷害率($P<0.05$),其中 LTC5 处理抑制冷害发生的效果最好,比对照降低了 47.32%,二者差异达极显著水平($P<0.01$),同时与其他 LTC 处理间差异达显著水平($P<0.05$)。

(二)LTC 处理对'海沃德'果实失重率和腐烂率的影响

由图 11-3a 可知,对照的失重率最高达 3.43%,LTC 处理显著降低了失重率($P<0.05$),其中 LTC2 和 LTC5 失重率较低,分别比对照降低了 35.77% 和 37.54%,并与其他 LTC 处理间差异达显著水平($P<0.05$),但二者间差异不显著。

由图 11-3b 可知,在 120 d 贮藏结束时,对照果实的腐烂率最高达 12.33%,LTC 显著降低了腐烂率,其中 LTC5 果实的腐烂率最低,比对照降低了 72.97%,差异达极显著水平($P<0.01$),并与其他 LTC 处理间差异亦达显著水平($P<0.05$)。

a 果皮正常果实

b 正常果肉

c 表皮凹陷（空心箭头所指）

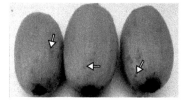

d 水渍化果肉（空心箭头所指）

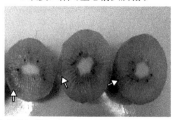

e 沿赤道部横切水渍状果肉（空心箭头所指）

f 木质化果肉（实心箭头所指）

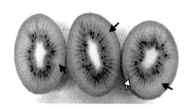

g 沿赤道部横切白色木粒化组织（实心箭头所指）和水渍化组织（空心箭头所指）

h 沿中轴纵切白色木粒化组织（实心箭头所指）和水渍化组织（空心箭头所指）

图 11-1 '海沃德'果实冷害症状

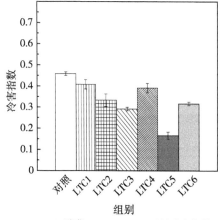

a 0 ℃贮藏120 d+20 ℃ 5 d时的冷害指数

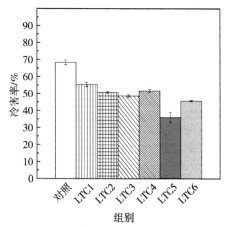

b 0 ℃贮藏120 d+20 ℃ 5 d时的冷害率

图 11-2 LTC 处理对'海沃德'果实冷害指数和冷害率的影响

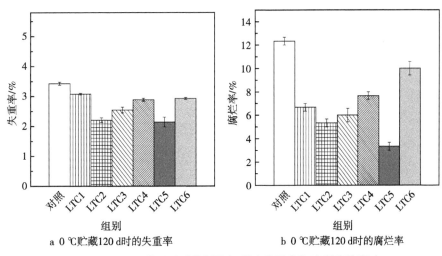

图 11-3　LTC 处理对'海沃德'果实失重率和腐烂率的影响

（三）LTC 处理对'海沃德'果实品质的影响

由表 11-2 可知，在 0 ℃ 贮藏前，LTC 处理并未对'海沃德'果实的硬度、TSS、维生素 C、TA 等品质指标产生显著影响。与对照相比，120 d 低温贮藏结束和模拟货架期 5 d 结束时，LTC 处理均显著抑制果实硬度、TA 和维生素 C 含量下降（除硬度在 120 d 与 LTC1 和 LTC6 差异不显著外）。不同 LTC 处理对硬度、TA 和维生素 C 含量影响程度不同，其中 LTC5 处理抑制下降的效果最好，其硬度、TA 和维生素 C 含量均显著高于其他 LTC 处理。与对照相比，在 120 d 低温贮藏结束时和模拟货架期 5 d，LTC 处理均显著促进 TSS 含量升高，其中 LTC5 处理 TSS 含量最高，并显著高于其他 LTC 处理。说明低温贮藏结束和模拟货架期，LTC 处理能保持较好果实品质。

表 11-2　LTC 处理对'海沃德'果实贮藏期间硬度、TSS、TA 和维生素 C 含量的影响

组别	贮藏时间/d	硬度/N	TSS/%	TA/%	维生素 C/ $[mg \cdot (100\ g)^{-1}]$
对照		112.47±2.46a	6.99±0.13a	1.84±0.04a	86.01±0.22a
LTC1		112.13±2.79a	7.06±0.14a	1.79±0.04a	84.91±1.12a
LTC2		111.46±1.77a	7.12±0.18a	1.79±0.04a	84.84±1.32a
LTC3	0	111.96±2.96a	7.15±0.10a	1.79±0.03a	84.78±1.39a
LTC4		112.03±2.43a	7.02±0.13a	1.80±0.05a	85.78±0.83a
LTC5		110.46±2.20a	7.09±0.07a	1.78±0.03a	85.21±1.37a
LTC6		110.13±2.33a	7.16±0.03a	1.75±0.04a	84.48±1.69a
对照		18.97±0.87d	12.37±0.05d	1.22±0.00e	58.84±1.81d
LTC1	120	21.37±0.77bcd	13.07±0.13c	1.31±0.01d	62.41±0.79c
LTC2		24.04±0.32b	13.72±0.01b	1.47±0.02b	64.84±0.57b

续表

组别	贮藏时间/d	硬度/N	TSS/%	TA/%	维生素 C/ [mg·(100 g)$^{-1}$]
LTC3		23.04±0.27 bc	13.65±0.02b	1.43±0.01b	62.91±0.64 bc
LTC4		22.10±0.43 bc	13.17±0.05c	1.32±0.01d	62.84±0.57 bc
LTC5	120	27.08±2.25a	14.27±0.03a	1.58±0.02a	68.84±0.81a
LTC6		20.67±0.33 cd	13.62±0.01b	1.37±0.02c	61.84±0.57c
对照		14.23±0.51d	12.68±0.10e	1.06±0.01e	59.47±0.73d
LTC1		17.73±0.12 bc	13.43±0.27d	1.11±0.01d	62.13±0.77c
LTC2		18.73±0.12b	14.64±0.21b	1.23±0.02b	65.79±0.45b
LTC3	120+5	18.07±0.45b	14.6±0.07 bc	1.20±0.01 bc	62.60±0.61c
LTC4		16.53±0.07c	13.98±0.01c	1.17±0.01c	64.13±0.77 bc
LTC5		20.33±0.71a	15.43±0.27a	1.33±0.02a	70.07±0.85a
LTC6		16.63±0.55c	14.4±0.27 bc	1.16±0.01 cd	62.80±0.45c

注：表中数据为平均数±标准误，且同列数据后小写字母表示在 $P<0.05$ 水平显著差异。

LTC 处理降低了'海沃德'果实冷害指数和冷害发生率，保持较高的硬度、TSS、TA 和维生素 C 含量，降低了果实失重率和腐烂率，其中 LTC5（12 ℃，3 d）减轻果实冷害和保持果实品质的效果最好。在此基础上，选用 LTC5（12 ℃，3 d）做进一步生理生化机制研究。

（四）LTC 处理对'海沃德'果实 $O_2 \cdot^-$ 产生速率和 H_2O_2 含量的影响

由图 11-4a 可知，'海沃德'果实 $O_2 \cdot^-$ 产生速率在贮藏的前20 d 呈下降趋势，随后逐渐上升，特别是贮藏 60d 后，$O_2 \cdot^-$ 产生速率上升迅速，这可能是低温胁迫致使清除活性氧的能力下降所致。对照的 $O_2 \cdot^-$ 产生速率除前10 天处于较低水平外，其余均高于 LTC 处理，且上升迅速，低温贮藏期间的增加量为 1.32 mol/(gFW·min)，贮藏 120 d 时其 $O_2 \cdot^-$ 为采收时的2.32 倍，是同期 LTC 处理的 1.19 倍。与对照相比，LTC 处理抑制了'海沃德'果实 $O_2 \cdot^-$ 产生速率，20~120 d 其含量始终低于对照，30~120 d 二者差异达显著水平（$P<0.05$）。

由图 11-4b 可知，整个贮藏期间 H_2O_2 含量呈上升趋势，这与氧自由基产生速率的变化趋势相一致，说明果肉细胞已开始对低温胁迫进行应答。对照的 H_2O_2 含量上升迅速，低温贮藏期间的增加量为 2.94 mol/gFW，贮藏 120 d 时其 H_2O_2 含量为采收时的 3.51 倍，是同期 LTC 处理的 1.31 倍。与对照相比，LTC 处理抑制 H_2O_2 含量的上升，20~120 d 其含量始终低于对照，40~120 d 二者差异达显著水平（$P<0.05$）。

LTC 处理抑制 $O_2 \cdot^-$ 自由基产生速率和 H_2O_2 含量上升，可能与提高细胞内抗氧化能力有关。

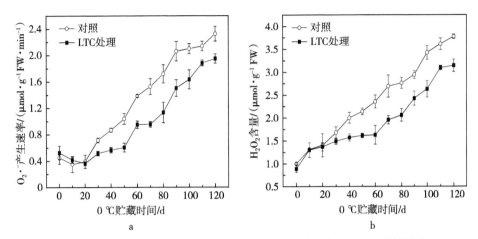

图 11-4　LTC 处理对'海沃德'果实 O₂·⁻产生速率和 H₂O₂ 含量的影响

（五）LTC 处理对'海沃德'果实 MDA 含量和相对膜透性的影响

由图 11-5a 可知，整个贮藏期间，'海沃德'果实的 MDA 含量呈上升趋势，说明细胞膜脂过氧化作用随贮藏时间延长和冷害加剧而加剧。对照的 MDA 含量在贮藏前 20 天上升缓慢，随后上升迅速，低温贮藏期间其增加量为 1.81 mmol/gFW，贮藏 120 d 时 MDA 含量为采收时的 6.77 倍，是同期 LTC 处理的 1.49 倍。与对照相比，贮藏期间，LTC 抑制了 MDA 含量的上升，30~120 d 其 MDA 含量显著低于对照（$P <$ 0.05）。说明 LTC 的脂质过氧化作用较轻，有利于减少对细胞的毒害作用，最终减轻果实的冷害症状。

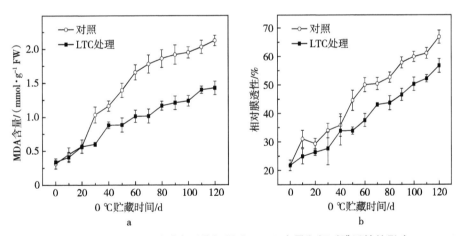

图 11-5　LTC 处理对'海沃德'果实 MDA 含量和相对膜透性的影响

由图 11-5b 可知，整个贮藏期间，'海沃德'果实的相对膜透性呈上升趋势，这与 MDA 变化趋势相一致。相对膜透性与 MDA 呈正相关，相关系数 $R =$ 0.9712，$P =$ 0.0001，说明 MDA 严重影响细胞膜结构，可作为衡量冷害发生程度的重要指标。对照的相对膜透性始终较 LTC 处理的高，且上升迅速，低温贮藏期间的增加量为 45.04%，贮藏 120 d 时的相对膜透性为采收时的 3.07 倍，是同期 LTC 处理的 1.18 倍。

与对照相比，LTC 抑制了相对膜透性的上升，整个贮藏期间其含量始终低于对照，50~120 d 二者差异达显著水平（$P<0.05$）。说明 LTC 处理提高了果实的抗冷性，减轻了低温对果肉细胞的毒害作用。

（六）LTC 处理对'海沃德'果实 SOD、CAT、APX 和 POD 活性的影响

据报道，提高 SOD、CAT、APX、POD 等抗氧化酶活性能够减轻果实冷害。Sala（1998）报道抗氧化酶活性与果实抗冷性呈正相关。由图 11-6a 可知，贮藏前期，'海沃德'果实 SOD 活性呈上升趋势，并于 30 d 达到高峰，随后其活性逐渐下降。与对照相比，LTC 处理促进了'海沃德'果实 SOD 活性的上升，并抑制酶活性的下降，10~120 d 其酶活性始终高于对照，20~120 d 二者差异达显著水平（除 80 d 外）（$P<0.05$）。

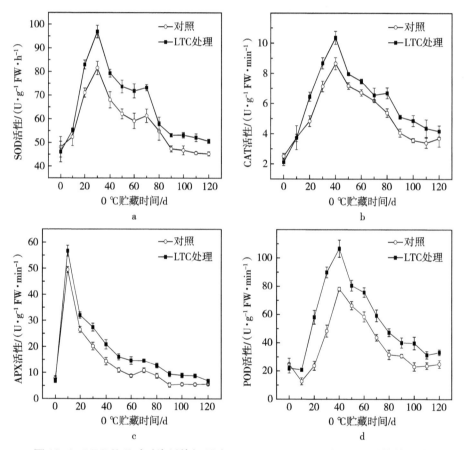

图 11-6　LTC 处理对'海沃德'果实 SOD、CAT、APX 和 POD 活性的影响

由图 11-6b 可知，CAT 活性呈前期上升和后期下降趋势。与对照相比，LTC 处理促进 CAT 活性的上升和抑制其活性下降，20~100 d 二者差异达显著水平（除 70 d 外）（$P<0.05$）。

由图 11-6c 可知，'海沃德'果实的 APX 活性在贮藏 10 d 迅速上升至高峰，随后呈逐渐下降趋势。与对照相比，LTC 处理促进 APX 活性上升，并抑制活性下降。低温贮藏期间，APX 活性始终显著高于对照（$P<0.05$）。

由图 11-6d 可知，'海沃德'果实的 POD 活性在贮藏前 10 d 有个下降过程，随后逐渐上升并于 40 d 达到高峰，之后又逐渐下降。与对照相比，LTC 处理促进 POD 活性上升并抑制其活性下降，贮藏期间其酶活性始终高于对照，10~100 d 二者差异达显著水平（$P<0.05$）。

所有处理的 SOD、CAT 和 APX 均在贮藏初期有个上升过程，提高 SOD 酶活性，有利于歧化 $O_2\cdot^-$ 成 H_2O_2，提高 SOD、CAT、APX 有利于清除 H_2O_2，从而减轻活性氧对细胞的膜脂化作用，减少 MDA 积累和相对膜透性的提高，从而抑制果实冷害发生。类似 LTC 效应已在桃、南瓜上证实。而贮藏后期的 SOD、CAT 和 APX 活性的下降，可能是冷害破坏了酶分子结构所致。

（七）LTC 处理对'海沃德'果实 LOX 活性的影响

果实采后冷害的发生与脂质过氧化作用有密切关系。LOX 是膜脂过氧化作用的关键性酶。在冷胁迫的环境下，组织的 LOX 活性升高，引起细胞膜脂过氧化作用加剧，增加细胞膜透性，进一步引起细胞膜的降解和细胞功能的丧失，最终导致冷害的发生。

由图 11-7 可知，LOX 活性在贮藏前期呈上升趋势，并于 60 d 达到一个高峰，可能与启动膜脂过氧化有关，而后稍有下降，在贮藏后期又呈上升趋势，说明膜脂过氧化越来越严重。与对照相比，LTC 处理抑制 LOX 活性的上升，贮藏期间其酶活性始终低于对照，40 d 至贮藏结束，二者差异达显著水平（$P<0.05$）。这表明 LTC 降低了膜脂过氧化程度，表现为 MDA 含量的降低。这将有利于保护细胞膜的完整性，使膜具有正常生理功能，从而有效控制猕猴桃冷害的发生。抑制 LOX 活性并降低果实冷害效应已在枇杷、番茄、香蕉、枣等果实中证实，但其作用机制尚不十分清楚，有待进一步研究。

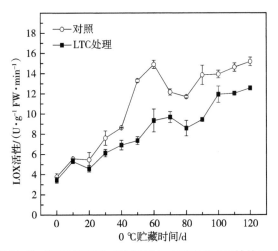

图 11-7 LTC 处理对'海沃德'果实 LOX 活性的影响

（八）LTC 处理对'海沃德'果实内源激素含量的影响

由图 11-8a 可知，ABA 在贮藏初期有个下降过程，随后逐渐上升并于 60 d 达到高峰，继而又下降直至贮藏末期。与对照相比，LTC 处理促进 ABA 含量上升并抑制后期含量下降，除采收和贮藏 10 d 时 ABA 含量略低于对照外，其余贮藏期间始终高于对照，30～120 d 二者差异达显著水平（P<0.05）。

由图 11-8b 可知，贮藏前 10 d IAA 含量有个轻微下降过程，随后上升，在 30 d 达到高峰，继而开始逐渐下降直至 120 d 贮藏结束。与对照相比，整个低温贮藏期间 LTC 处理的 IAA 含量始终显著高于对照（P<0.05）。

由图 11-8c 可知，整个贮藏期间，GA₃ 含量逐步下降。LTC 处理促进 GA₃ 含量的下降，30～120 d，其 GA₃ 含量始终显著低于对照（P<0.05）。

由图 11-8d 可知，整个贮藏期间，玉米素（ZR）含量亦呈逐步下降的趋势。贮藏前 10 d，LTC 处理的 ZR 含量低于对照，但二者差异不显著，30～120 d，LTC 处理的 ZR 含量反而显著高于对照（P<0.05）。

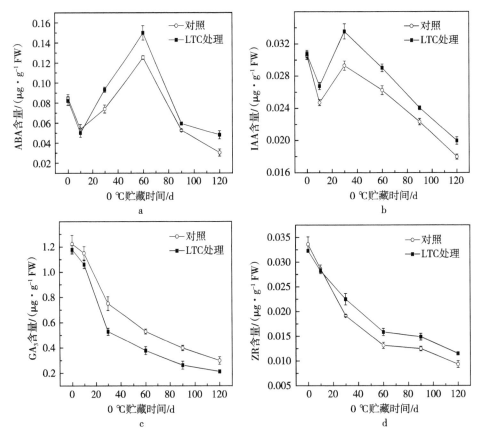

图 11-8　LTC 处理对'海沃德'果实内源 ABA、IAA、GA₃ 和 ZR 含量的影响

（九）LTC 处理对'海沃德'果实内源激素平衡的影响

植物内源激素的相互平衡及相互协调作用对诱导植物抗冷性起着非常重要的作用。

由图 11-9 可知，贮藏前 10 d ABA/GA₃ 和 ABA/IAA 均有下降的过程，随后逐渐上升并于 60 d 达到高峰，继而又逐渐下降。LTC 处理促进 ABA/GA₃ 比例提高并抑制该比例的下降，10~120 d 贮藏结束其 ABA/GA₃ 比例始终高于对照，30~120 d 二者差异达显著水平（$P<0.05$）。贮藏前 10 d LTC 处理的 ABA/IAA 处于较低水平，与对照间差异不显著，随后 LTC 处理促进 ABA/IAA 比例提高并抑制该比例的下降，30~120 d 贮藏结束其 ABA/IAA 比例始终高于对照，90~120 d 二者差异达显著水平（$P<0.05$）。整个贮藏期间，LTC 处理和对照间的 ABA/ZR 差异并不显著（没出示数据）。

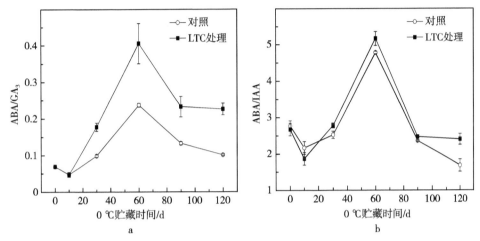

图 11-9　LTC 处理对'海沃德'果实 ABA/GA₃ 和 ABA/IAA 的影响

根据上述研究，主要结论如下。

①LTC 处理降低了'海沃德'果实冷害指数和冷害发生率，保持较高的果肉硬度、TSS、TA 和维生素 C 含量，降低了果实失重率和腐烂率，其中 LTC 5（12 ℃，3 d）控制果实冷害的效果最好。

②LTC 5（12 ℃，3 d）处理保持较高的 SOD、POD、CAT 及 APX 活性，降低 LOX 活性，并减少了 $O_2^{-\cdot}$ 和 H_2O_2 的自由基产生，抑制了 MDA 积累和细胞膜透性升高，从而有利于控制果实冷害的发生。

③LTC 5（12 ℃，3 d）保持较高内源 ABA、IAA 和 ZR 含量及 ABA/GA₃ 和 ABA/IAA 比值，并促进 GA₃ 下降，可能有助于减轻果实冷害程度。

六、猕猴桃采后冷害调控实例 2——外源 Spd 处理对'红阳'果实冷害的影响

已有研究证明，多胺具有调节植物生长发育和成熟衰老的作用，而且对果蔬在采摘后贮藏运输过程中保持质量有明显效果。近年来，多胺在减少热带、亚热带果蔬低温贮藏冷害的发生中所起的作用日益受到人们的重视。采用外源多胺浸泡油桃、杧果、西葫芦、苹果、荔枝可提高果实的抗低温能力，这种外源多胺处理提高果蔬抗冷能力可能与内源多胺含量的提高密切相关。杧果经 Put 处理后，其果实的抗冷性和内源多胺水平均显著提高，Put 处理的果实在低温下贮藏 17 d 后仍能正常后熟，而未经处理的果实则在冷藏 10 d 时就表现出冷害症状，并且无法正常后熟。外源 Spd 处理

辣椒提高了果实内源 Spd 含量,减轻了果实冷害程度。郑永华等(2000)研究表明,用 1 mmol/L Spm 浸泡处理枇杷果实后,在 1 ℃ 低温条件下贮藏 3 周后未用 Spm 处理果实木质化败坏严重,而 Spm 处理果实的冷害症状明显减轻,而且还具有较高内源 Spm、Spd 含量。乔勇进等(2005)报道,外源 Spd、Spm 和 Put 处理可提高内源 Spd、Spm 和 Put 水平,并减轻黄瓜冷害发生程度,延缓黄瓜叶绿素的分解、TA 含量的降低和维生素 C 降解,使 TSS 和果实硬度保持较高水平。这些资料表明多胺在提高果蔬抗冷性方面发挥重要作用。

本研究以典型冷敏性果实'红阳'猕猴桃为实验材料,研究 Spd 对猕猴桃冷藏过程中的能量、H⁺-ATP 酶活性、Ca^{2+}-ATP 酶活性、琥珀酸脱氢酶活性、细胞色素氧化酶活性的影响。该研究将为猕猴桃采后低温贮运中冷害控制提供参考依据。

'红阳'果实采自陕西省周至县管理水平良好的成龄猕猴桃果园。采收结束后 2 h 内,迅速将果实运回实验室。选取无伤、病的大小均一的正常果为试验材料,随机分成 4 组,每组 2700 个果分成 3 个重复,分别用蒸馏水、1 mmol/L Spd、2 mmol/L Spd、4 mmol/L Spd 溶液浸泡 10 min,自然晾干果实表面水分,用厚度为 0.03 mm 的聚乙烯保鲜袋(国家农产品保鲜工程中心,天津)包装,每袋 100 个果实,袋口用橡皮筋松绕两圈以透气保湿,置于 0 ℃、相对湿度 90%~95% 的机械冷库中贮藏。

(一)外源 Spd 处理对'红阳'果实冷害的影响

冷害的发生会严重降低果实的抗病性和耐贮性,最后造成严重腐烂和品质劣变,如图 11-10 所示,对照处理在 30 d 先出现冷害现象,且冷害指数上升较快;Spd 处理的样品在 45 d 后出现冷害现象,冷害指数总体低于对照组。在贮藏 95 d 中,对照组冷害率最高,Spd 处理的样品冷害率总体低于对照,说明 Spd 处理能够降低并延缓冷害现象的发生,其中 2 mmol/L Spd 处理效果最显著。

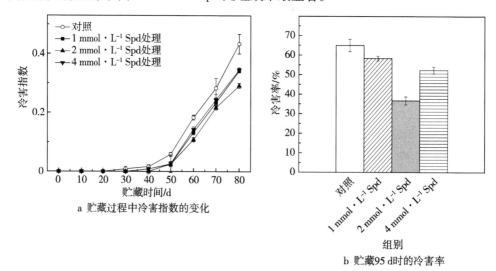

图 11-10 外源 Spd 处理对'红阳'果实冷害指数和冷害率的影响

（二）外源 Spd 处理对'红阳'果实能量的影响

能量是生物体进行正常生命代谢过程所必需的物质。越来越多的资料表明，一些果实衰老和褐变的发生与能量亏缺或能量生成受到阻碍有关。细胞膜损伤和 ATP 含量之间密切相关，ATP 亏缺会导致膜脂质过氧化，能产生更多的自由基攻击细胞膜从而加重膜的伤害。由图 11-11a 可知，贮藏过程中果实 ATP 含量呈下降趋势，冷胁迫下 ATP 合成减少，细胞没有充足能量保持正常生理反应和形态，最终出现褐变、木质化和水渍状等冷害现象。Spd 处理较对照果实中 ATP 含量高，且下降趋势缓慢，20 d 至贮藏结束与对照差异达显著水平，说明 Spd 对细胞合成 ATP 有保护作用。

由图 11-11b 可知，贮藏过程中果实 ADP 含量呈现下降趋势。ADP 下降是由于细胞御冷机制的启动，促使能量的合成，最直接的是 ADP 转化为 ATP，所以 ADP 含量降低。Spd 处理抑制了 ADP 含量下降，20 d 至贮藏结束与对照差异达显著水平。

由图 11-11c 可知，贮藏过程中 AMP 整体呈上升趋势。AMP 含量增加与细胞抵御低温逆境，促使 ATP、ADP 放能反应产生 AMP 有关。Spd 处理抑制了 AMP 含量上升，20 d 至贮藏结束与对照差异达显著水平。

由图 11-11d 可知，随着贮藏时间的延长能荷呈现下降趋势，说明猕猴桃果实在低温逆境下是一个耗能衰老的过程。在低温持续影响下，细胞能量不断消耗，酶活性不断降低，致使能量严重亏缺。Spd 处理抑制了能荷下降，20 d 至贮藏结束与对照差异达显著水平。

能量对维持细胞膜完整性起关键作用，能量物质的减少会使细胞膜完整性遭到破坏，促使底物与酶接触，膜脂过氧化反应加剧，导致褐变等冷害现象发生。Spd 处理保持了较高的能荷水平，能够维持细胞膜完整性，降低冷害指数和冷害率。

采后果实冷害发生与能量代谢密切相关，能量亏缺越多，冷害越严重。杧果和番茄果实中 ATP 含量和冷害之间密切相关，杧果和番茄 ATP 快速下降的时间与冷害出现的时间一致。陈京京等（2012）发现桃果实在低温冷藏过程中冷害程度与能量水平呈负相关，并且冷害发生时 ATP 含量和能荷水平迅速下降，相应的果实内部出现的冷害症状——褐变现象也随着冷害程度的增加而增加。因此，提高或维持采后果蔬体内一定的 ATP 含量和能荷水平对于维持其细胞组织正常生命活动、维持果蔬品质、减少果蔬冷害具有重要的作用和意义。赵颖颖（2012）研究认为低温预贮处理能有效调节桃果实线粒体呼吸代谢酶活性，维持桃果实体内较高的 ATP、ADP 及能荷水平，延缓膜脂质过氧化进程，延缓桃果实冷害的发生。草酸处理能维持杧果和番茄中较高 ATP 水平，显著延缓杧果和番茄中能荷水平的下降，提高果实的抗冷性。在本研究中褐变、木质化和水质化等冷害现象的发生加剧了 ATP 含量和能荷值的下降，膜脂过氧化反应加剧，细胞膜透性增强，褐变指数升高。在本研究中外源 Spd 渗入'红阳'果实内部并转化为内源多胺，而内源多胺以多聚阳离子形式插入细胞膜，起到稳定了膜结构、减少膜物质外渗作用，同时外源 Spd 还可能影响了膜结构的酶活性，因而维持较高的 ATP、ADP 和能荷水平，有效降低了褐变等冷害现象的发生。

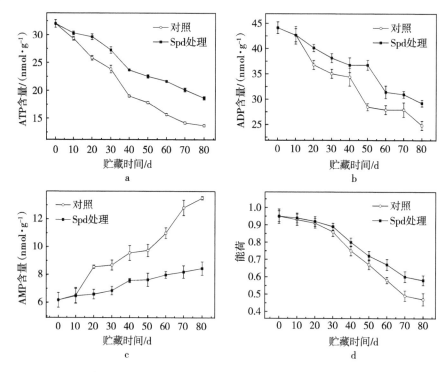

图 11-11 外源 Spd 处理对'红阳'果实 ATP、ADP、AMP 和能荷的影响

（三）外源 Spd 处理对'红阳'果实能量相关酶活性的影响

线粒体是植物细胞能量代谢、物质转化的中枢。SDH、CCO、Ca^{2+}-ATPase 和 H^+-ATPase 是线粒体内膜上的关键呼吸酶，也是线粒体呼吸酶的标志酶。

H^+-ATPase 是植物细胞中有氧呼吸产能的关键酶，是细胞膜的质子泵，通过向外分泌 H^+ 产生了跨膜电化学梯度，从而建立起跨膜质子推动力 ΔpH，H^+-ATPase 在跨膜质子电动势的催化下合成了 ATP。由图 11-12a 可知，随着贮藏时间的延长，H^+-ATP 酶活性整体呈下降趋势，产能减少。Spd 处理抑制了 H^+-ATPase 活性下降，50d 至贮藏结束与对照差异达显著水平（$P<0.05$）。

Ca^{2+}-ATPase 也是植物细胞中有氧呼吸产能的关键酶，是细胞器膜上的 Ca^{2+} 泵，可以维持细胞的稳态。如果细胞质内 Ca^{2+} 过量积累则会打破线粒体内环境的平衡，从而导致线粒体功能出现障碍。由图 11-12b 可知，随着贮藏时间的延长，对照果实中 Ca^{2+}-ATPase 活性逐渐降低，Spd 处理抑制了线粒体 Ca^{2+}-ATPase 活性降低，20 d 至贮藏结束与对照差异达显著水平（$P<0.05$）。Spd 对 Ca^{2+}-ATPase 活性起到了保护作用，有效抑制了 Ca^{2+}-ATPase 活性下降，稳定了细胞膜结构，同时促进了 Ca^{2+} 的传递和 ATP 的合成，保证了膜内外 Ca^{2+} 的平衡，保证了猕猴桃细胞在贮藏过程中抗冷机制的能量消耗，防止和减轻了冷害的产生。

SDH 是唯一一种嵌入在线粒体内膜上的酶，是线粒体内膜的重要组成部分之一。SDH 还是连接电子传递和氧化磷酸化的枢纽之一。真核细胞中的线粒体及多种原核细胞需氧和产能的呼吸链都需要 SDH 提供电子。SDH 活性可作为评价三羧酸循环运行程度的指标之一。由图 11-12c 可知，随着贮藏时间的延长，SDH 酶活性逐渐降低，对照组前 45 d 下降较快，45 d 之后下降趋势趋于平缓，可见 Spd 处理显著抑制了 SDH 活性下降（$P<0.05$）。

CCO 是线粒体呼吸链上氧化磷酸化的关键酶，也是呼吸链上的末端氧化酶，能反映生物体有氧呼吸的代谢水平，主要功能是将细胞色素 C 的电子传递到氧，通过氧化磷酸化提供能量，CCO 活性降低则会导致 ATP 生成受到阻碍。由图 11-12d 可知，随着贮藏时间的延长，对照果实 CCO 酶活性呈降低趋势，Spd 处理抑制酶活性降低，20 d 至贮藏结束与对照差异达显著水平（$P<0.05$）。

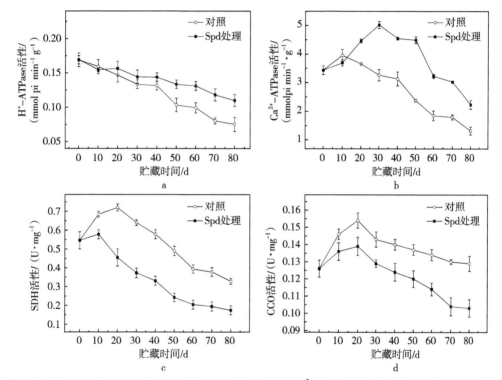

图 11-12 外源 Spd 处理对'红阳'果实 H^+-ATPase、Ca^{2+}-ATPase、SDH 和 CCO 活性的影响

H^+-ATPase、Ca^{2+}-ATPase、SDH 和 CCO 是线粒体内膜上的关键呼吸酶，也是线粒体呼吸酶的标志酶。H^+-ATPase、Ca^{2+}-ATPase、SDH 和 CCO 活性下降会引起果实线粒体生成 ATP 的机制受到阻碍，而果实能量下降会导致细胞膜结构和完整性遭到破坏，果实冷害症状如褐变便会显现出来。本研究结果表明，Spd 处理能显著提高猕猴桃果实中 H^+-ATPase、Ca^{2+}-ATPase、SDH 和 CCO 活性，Spd 处理果实的呼吸代谢机制要优于对照，或者说，Spd 处理能通过调节果实中 H^+-ATPase、Ca^{2+}-ATPase、SDH 和 CCO 活性来提高三羧酸循环及电子传递链的效率，生成更多的能量物质 ATP，维持细胞膜的完整性，延缓果实的冷害。本研究结果已在茉莉酸甲酯处理桃果实过程中得到证实。

（四）外源 Spd 处理对'红阳'果实 MDA 含量和相对膜透性的影响

由图 11-13a 可知，对照组的 MDA 含量大幅增加，与对照相比，Spd 处理显著抑制了 MDA 的积累（$P<0.05$），贮藏结束时复合涂膜处理组 MDA 含量比对照组低29.1%。说明 Spd 有利于抑制细胞膜脂质过氧化，减少有害物积累对细胞的损伤。

相对电导率可反映出膜的透性。由图 11-13b 可知，在贮藏期间，猕猴桃果实的电导率呈现上升趋势，Spd 处理抑制了相对膜透性的上升，20 d 至贮藏结束与对照差异达显著水平（$P<0.05$）。说明 Spd 处理降低了相对膜透性的上升，能够更好地保持细胞膜的完整性。

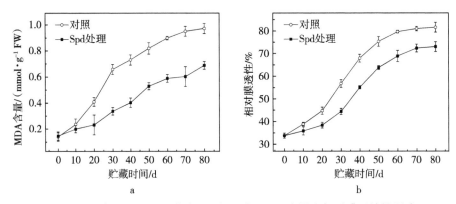

图 11-13　外源 Spd 处理对 '红阳' 果实 MDA 含量和相对膜透性的影响

根据上述研究，主要结论如下。

Spd 处理猕猴桃能够有效抑制线粒体 SDH、CCO、$H^+-ATPase$、$Ca^{2+}-ATPase$ 呼吸酶活性下降，保证 ATP、ADP 的含量，同时维持果实细胞较高的能量水平，维持细胞膜结构稳定，降低膜脂过氧化反应，提高植物细胞御冷反应的速度和能力，增强植物的适应性和忍耐力，从而减轻冷害程度。

七、猕猴桃采后冷害调控实例 3——热处理对 '红阳' 猕猴桃果实冷害的影响

'红阳' 猕猴桃果实，采自陕西省眉县首善镇第五村一管理良好的果园，果实采后当天运回西北农林科技大学园艺学院采后实验室。厚度为 0.03 mm 的聚乙烯保鲜袋购自国家农产品保鲜工程中心（天津）。在果实 TSS 含量达 6.5%~7.5% 时采收，选择大小均匀、无病虫害、无机械损伤的果实，随机分成 4 组，每组 3 个重复，每个重复用果 600 个，分别进行如下处理：A 作为对照（CK），室温清水处理 10 min，阴干后入冷库；B 用（35±1）℃ 热水处理 10 min，阴干后入冷库；C 用（45±1）℃ 热水处理 10 min，阴干后入冷库；D 用（55±1）℃ 热水处理 10 min，阴干后入冷库。

热水处理采用恒温水浴锅进行，冷库温度（0±1）℃，相对湿度 90%±5%。所有处理的果实均放入厚度为 0.03 mm 的聚乙烯保鲜袋中，待果实入库完全冷却后再封口。

以上 4 组果实每 10 d 取样测定相关指标，将用于相关酶活性测定的样品用液氮速冻，-80 ℃ 超低温贮藏。同时每重复取 15 个果实于室温 20 ℃ 放置 5 d，用于统计冷害率和冷害指数。入贮后从各处理重复中随机取 100 个果实，用于出库后失重率和好果率的统计。

（一）热处理对'红阳'猕猴桃果实冷害的影响

由图 11-14a 可知，'红阳'猕猴桃果实在（0±1）℃ 条件下贮藏时，对照果实 40 d 即开始出现冷害，且随着贮藏时间的延长，冷害现象愈加严重。在冷藏 60 d 后，对照 A 的冷害指数显著高于同期处理 B 和处理 C（$P<0.05$），说明贮前适当的热水处理可以有效抑制'红阳'果实冷害的发生。

在整个冷藏过程中，处理 C 的冷害指数一直保持在较低水平，且在冷藏 70 d 后，处理 C 的冷害指数显著低于同期其他处理（$P<0.05$），由此可见，（45±1）℃热水处理抑制'红阳'猕猴桃果实冷害发生的效果最好。

由图 11-14b 可知，在（0±1）℃ 贮藏 70 d 后，处理 B 和处理 C 与对照 A 的冷害发生率有显著差异（$P<0.05$）。在贮藏末期（90 d），处理 C 的冷害率仅为 30.0%，比对照 A 的冷害率 66.7% 降低了 55.0%，有效地抑制了'红阳'果实冷害的发生。但是处理 D 的冷害率显著高于同期其他处理（$P<0.05$），比对照 A 增加了 24.9%，这说明不适宜的热处理反而加重冷害的发生。

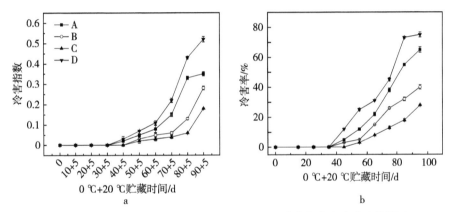

图 11-14　不同热处理对'红阳'猕猴桃果实冷害指数和冷害率的影响

（二）热处理对'红阳'猕猴桃果实呼吸速率和乙烯释放速率的影响

由图 11-15a 可知，在贮藏至第 10 天时，各处理实均出现呼吸高峰，处理 B 和处理 C 的峰值显著低于对照 A（$P<0.05$），且处理之间也有显著差异（$P<0.05$）。经过呼吸高峰后，各处理果实的呼吸速率均呈逐渐下降的趋势，并在后期一直维持在较低水平，在此期间，处理 C 的呼吸速率一直低于同期其他处理，但处理 D 的呼吸速率相对于同期其他处理而言是最高的。

各处理果实在贮藏期间乙烯释放速率均呈现先上升后下降的趋势（图 11-15b），在贮藏至第 50 天时，各处理乙烯释放速率均达到峰值，且相互之间差异显著（$P<0.05$）。处理 B 和处理 C 对果实的乙烯释放速率有明显的抑制作用，表现在显著降低峰值，但并不改变乙烯峰出现的时间。

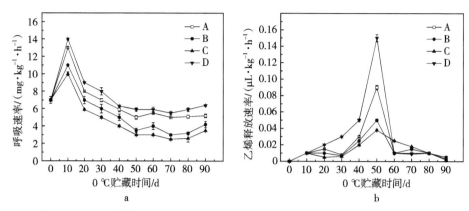

图 11-15 不同热处理对'红阳'猕猴桃果实呼吸速率和乙烯释放速率的影响

（三）不同热处理对'红阳'猕猴桃果实硬度、SSC、失重率和好果率的影响

果实硬度和 SSC 是反映果实耐贮性、衡量果实品质的主要指标。从表 11-3 可以看出，在贮藏结束（90 d）时，处理 B 和处理 C 均保持较高的果实硬度和 SSC，且与对照 A 有显著性差异（$P<0.05$），说明这两种热处理都有显著的抑制'红阳'果实软化、保持果实品质的效果，尤以处理 C 的效果最明显。但处理 D 的果实硬度和 SSC 均低于对照 A，其中 SSC 与对照 A 有显著差异，说明不适宜的热处理会降低果实品质，缩短其贮藏期。

果实在贮藏期间水分的不断丧失是果实质量损失的主要原因。有研究表明，减少果实水分丧失会减轻冷害的发生，从而果实水分丧失被认为是冷害发生的先兆。与对照 A 相比，处理 B 和处理 C 均显著降低了'红阳'猕猴桃果实的失重率，并显著提高了其好果率（$P<0.05$），且处理之间也有显著差异（$P<0.05$），而处理 D 则表现相反的作用。

表 11-3 不同热处理对'红阳'猕猴桃果实硬度、SSC、失重率和好果率的影响

处理	硬度/N	SSC/%	失重率/%	好果率/%
A	1.45±0.18c	14.09±0.07c	1.19±0.1c	28±3c
B	2.15±0.12b	14.81±0.12b	0.95±0.01b	48±3b
C	2.63±0.07a	15.61±0.08a	0.89±0.02a	57±4a
D	1.24±0.13c	13.52±0.26d	1.31±0.01d	8±1d

注：A 处理为对照；B 处理为（35±1）℃热水处理 10 min；C 处理为（45±1）℃热水处理 10 min；D 处理为（55±1）℃热水处理 10 min。同列数据后不同小写字母表示在 $P<0.05$ 水平差异显著。

（四）采后热处理对'红阳'果实 MDA 含量和相对膜透性的影响

MDA 常用来表示采后果实衰老或冷害发生过程中细胞膜脂过氧化程度和逆境伤

害的程度。MDA 含量的变化与相对膜透性类似（图 11-16a），从贮藏 40 d 开始处理与对照就有了显著差异（$P<0.05$），且处理 D 和对照 A 的 MDA 含量的增加幅度较大，处理 B 和处理 C 的 MDA 含量一直处于较低水平，变化较为平缓。这些数据表明，处理 B 和处理 C 对于维持细胞膜的完整性有着较大的作用。

在整个贮藏过程中，处理 B 和处理 C 的相对膜透性一直低于对照 A（图 11-16b），且在贮藏中后期（40~90 d）与对照差异显著（$P<0.05$），处理之间也有显著差异（$P<0.05$）。这说明适宜温度的热水处理有效地减轻了由冷害导致的膜损伤。相反，热水处理 D 的相对膜透性相对于同期其他处理，一直处于最高水平。

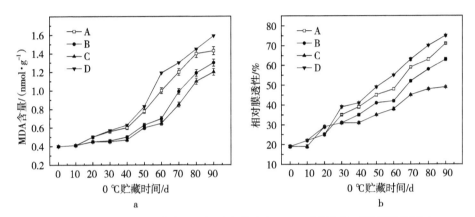

图 11-16 不同热处理对'红阳'猕猴桃果实 MDA 含量和相对膜透性的影响

（五）采后热处理对'红阳'猕猴桃果实 POD 和 PPO 活性的影响

如图 11-17a 所示，在整个贮藏期间，各处理果实 POD 的活性均呈现先上升后下降的趋势。处理 B 和处理 C 与对照 A 相比促进 POD 活性升高并抑制其后期活性降低，且活性高峰各处理间差异显著（$P<0.05$）。

冷害会导致果肉褐变，而褐变主要是酚类物质在 PPO 参与下的氧化结果。由图 11-17b 可知，对照 A 和处理 D 的 PPO 活性一直维持在较高水平，其峰值显著高于其他处理（$P<0.05$），处理 C 有显著降低果实 PPO 活性高峰的作用（$P<0.05$）。

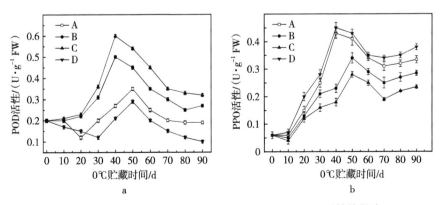

图 11-17 不同热处理对'红阳'果实 POD 和 PPO 活性的影响

根据上述研究，主要结论如下。

采用适宜的贮前热水处理可以保持果实细胞膜的完整性，提高保护酶的活性，从而减轻'红阳'猕猴桃果实冷害的发生程度。而不适宜的贮前热水处理会加重果实的冷害，在贮藏末期丧失商品价值。综合评定在所设计的 3 个热处理中，(45 ± 1) ℃ 热水处理 10 min 后入 (0 ± 1) ℃ 冷库贮藏对'红阳'猕猴桃果实冷害的控制效果最为显著。

八、猕猴桃采后冷害调控实例 4——LTC 处理对'红阳'猕猴桃果实冷害及 CBF 转录因子表达的影响

LTC 是指冷藏前以略高于冷害发生温度预贮一段时间，以增强果实抵御低温冷害的能力。这一技术的关键要素是预贮温度与贮藏温度的温差及预贮温度下的预贮时间长短。由于 LTC 处理具有无污染、环保健康、操作简单等优点，因此受到国内外果蔬采后保鲜研究者的重视。有研究表明，枇杷在 5 ℃ 下低温预贮 6 d 可以减轻果心褐变，葡萄柚果实在 16 ℃ 下预贮 7 d 可以减轻冷害症状。但是 LTC 处理能否控制'红阳'果实采后冷害还未见报道。

CBF（C-repeat binding factor）作为一种转录因子能与功能基因的 CRT/DRE 顺式作用元件特异结合，从而激活下游多个功能基因的协同表达使植株多方面的抗逆性得到提高，因此，CBF 已经成为研究最为深入的转录因子之一。但是前人对 CBF 转录因子的研究主要集中在探讨 CBF 在植株生长发育过程中的抗冷调节机制，对于在猕猴桃果实采后贮藏过程中 CBF 与冷害发生发展的关系尚未涉及。因此，本试验选取冷敏感性较强的猕猴桃品种'红阳'果实为材料，用前期试验筛选出 (5 ± 1)℃ 的 LTC 温度，从生理和分子两方面来研究 LTC 处理对其冷害的影响，以期为降低猕猴桃果实低温贮藏期间的冷害发生提供技术依据。

供试猕猴桃品种'红阳'于 2012 年 9 月 14 日采自陕西省眉县首善镇第五村一管理良好的果园，采收后 1 h 内运回西北农林科技大学园艺学院采后实验室。选择大小均匀、无病虫害、无机械损伤的果实，随机分成 2 组，每组重复 3 次，每个重复用果 600 个，分别进行如下处理：①对照组，猕猴桃果实直接放置于 (0 ± 1)℃ 冷库中贮藏 90 d。②LTC 组，猕猴桃果实于 (5 ± 1)℃ 下贮藏 3 d，而后转入 (0 ± 1)℃ 冷库中继续贮藏 90 d，共贮藏 93 d。

处理结束后，果实用厚度为 0.03 mm 的聚乙烯保鲜袋（国家农产品保鲜工程中心，天津）分装，每袋 100 个果实，袋口用普通橡皮筋绕两圈以透气保湿，在 (0 ± 1)℃、相对湿度 90%±5% 的冷库中贮藏。入库当天及此后每 10 天从每重复中取 10 个果实用于相关指标的测定，同时取样混合均匀后保存于 -80 ℃ 超低温冰箱，用于相关酶活性测定及 RNA 提取。另外，从各重复中取 15 个果实放置于室温 20 ℃ 5 d，用于统计冷害率和冷害指数。入贮后从各处理重复中随机取 100 个果实，用于出库后失重率和好果率的统计。

以猕猴桃 Actin 基因（GenBank 登录号：EF063572.1）作为内参，设计内参引物 Act-F：5′-GCTTACAGAGGCACCACTCAACC-3′，Act-R：5′-CCGGAATCCAGCA-

CAATACCAG-3′。参照'红阳'猕猴桃果实分离的 AcCBF（GenBank 登录号：KF672602）基因，按照荧光定量 PCR 引物设计原则在 AcCBF 的 3′非翻译区附近设计特异性引物 AcCBF-F：5′-CGGCAGAGGT-GTTTCGTC-3′，AcCBF-R：5′-ATCGCCTC-CTCGTCCATA-3′。对以上特异性引物经 RT-PCR 反应，获得 PCR 产物，测序后与目标基因进行比对，保证 PCR 产物为目标基因上的片段。

（一）LTC 处理对'红阳'猕猴桃果实冷害的影响

由图 11-18 所示，对照果实在 0 ℃ 贮藏 40 d 时出现冷害症状，且随着贮藏时间的增加，冷害指数和冷害率均呈现上升趋势。LTC 处理推迟 10 d 出现冷害症状，抑制了冷害指数和冷害率的上升。在贮藏后期（70~90 d），LTC 处理果实的冷害指数和冷害率显著低于对照果实（$P<0.05$），说明 LTC 处理显著减轻了冷藏'红阳'猕猴桃果实冷害的发生程度。目前，已有研究报道适宜的 LTC 处理可以减轻桃、枇杷、柠檬的冷害发生，保持较好的果实品质，这与本研究结果相一致。

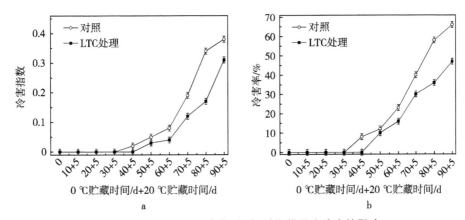

图 11-18 LTC 处理对'红阳'猕猴桃果实冷害的影响

（二）LTC 处理对'红阳'猕猴桃果实呼吸速率和乙烯释放速率的影响

在许多冷敏性植物中，呼吸速率的提高可以作为冷害发生的标志，冷害的发展伴随着乙烯的大量生成。'红阳'果实采后置低温条件下贮藏时，呼吸速率迅速降低，说明冷藏可以抑制'红阳'果实的呼吸作用（图 11-19a）。果实在贮藏至 10 d 时出现呼吸高峰，这可能是果实在低温胁迫下一种本能的自我保护反应，预示冷害的即将发生。LTC 处理显著降低了呼吸峰值，且呼吸速率一直显著低于对照果实（$P<0.05$）。在贮藏前期'红阳'果实的乙烯释放速率很低，随着贮藏时间的延长，乙烯释放逐渐增加，在 50 d 时达到高峰，此后迅速降低，在贮藏后期维持较低水平（图 11-19b）。LTC 处理显著降低乙烯峰值（$P<0.05$），且乙烯释放速率一直低于同期对照果实。说明 LTC 处理有抑制呼吸和乙烯释放的作用，减轻了果实的冷害。这与在柑橘和杧果上的研究结果相一致。

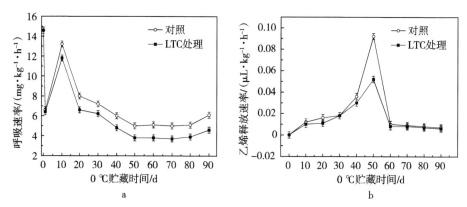

图 11-19　LTC 处理对'红阳'猕猴桃果实呼吸速率和乙烯释放速率的影响

（三）LTC 处理对'红阳'猕猴桃果实失重率和好果率的影响

果实采后水分丧失会导致其出现萎蔫、疲软的状态，降低果实品质，还会加重冷害的发生，所以果实水分丧失被认为是冷害发生的先兆。好果率是判别果实不同贮藏方式优劣的重要指标。由图 11-20a 可知，贮藏 90 d 后，LTC 处理的失重率为 0.99%，比对照果实的 1.19% 减少 16.81%，显著降低'红阳'果实的失重率（$P<0.05$）。0 ℃贮藏 90 d，2 0 ℃放置 5 d 后，LTC 处理的好果率显著高于对照（图 11-20b）。表明LTC 处理能够减缓'红阳'果实的水分散失，降低失重率，同时也可以减少果实冷害和软烂的发生，保持较高的好果率。

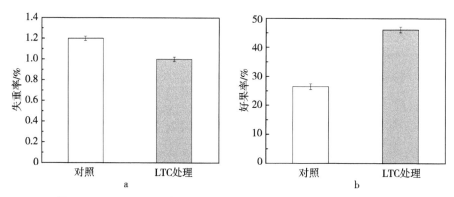

图 11-20　LTC 处理对'红阳'猕猴桃果实失重率和好果率的影响

（四）LTC 处理对'红阳'猕猴桃果实 MDA 含量和相对膜透性的影响

由图 11-21a 可见，在贮藏期间'红阳'果实 MDA 含量表现为逐步上升的趋势，从 30 d 开始对照果实 MDA 含量上升速度加快，并在此后与 LTC 处理果实差异显著（$P<0.05$）。由图 11-21b 可见，在贮藏期间'红阳'果实相对膜透性呈上升趋势。LTC 处理抑制了相对膜透性上升，在贮藏 30 d 后与对照比较显著差异（$P<0.05$）。

冷敏性植物在不适宜的低温条件下，细胞膜的完整性和结构最先发生变化。本研究发现，在贮藏后期 MDA 含量增速加快，细胞膜脂过氧化加剧，膜的完整性丧失，冷害症状也愈加严重。而 LTC 处理的 MDA 含量增速减缓，减轻了膜脂过氧化作用，维持了细胞膜的完整性，进而提高了'红阳'猕猴桃果实的耐冷能力。这与在枇杷、桃上的研究结果相一致。

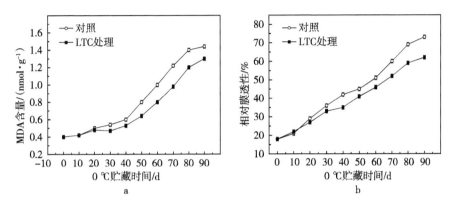

图 11-21　LTC 处理对'红阳'猕猴桃果实 MDA 含量和相对膜透性的影响

（五）LTC 处理对'红阳'猕猴桃果实 POD 和 PPO 活性的影响

冷害使冷敏性果蔬的细胞膜受到伤害后，紧随而来的伤害是植物细胞活性氧的代谢失调。POD 活性在低温贮藏期间表现先上升后下降的趋势（图 11-22a）。对照果实的 POD 活性高峰出现在 50 d，LTC 处理 POD 活性高峰比对照提前 10 d 出现，且二者之间峰值差异显著（$P<0.05$）。在本研究中，LTC 处理的 POD 活性一直维持在较高水平，其冷害症状也较轻，说明 POD 活性的升高对于提高果实抗冷害能力有一定的作用。这与在李子和番茄上的研究结果相似。

果面和皮下果肉组织的褐化是'红阳'果实主要的冷害症状，而果实褐变的主要原因是酚类物质在 PPO 的催化作用下形成醌。由图 11-22b 显示，在贮藏前 40 d 对照果实 PPO 活性呈现上升趋势，并在 40 d 时达到峰值，此后呈现下降趋势，但在贮藏后期仍维持较高的活性水平。在整个贮藏过程中，LTC 处理的 PPO 活性一直低于对照，并且活性高峰推迟了 10 d，与对照 PPO 峰值有显著差异（$P<0.05$）。LTC 处理显著降低了'红阳'果实 PPO 活性，抑制果肉的褐变，延缓果实冷害的发生。

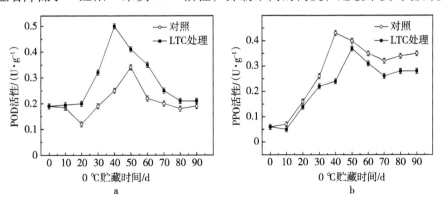

图 11-22　LTC 处理对'红阳'猕猴桃果实 POD 和 PPO 活性的影响

这与 LTC 处理显著降低枇杷 PPO 活性，有效地抑制果实的褐变，使冷害症状得以减轻，以及 LTC 处理降低桃果实 PPO 活性，延缓果实冷害发生的报道相一致。

（六）LTC 处理对'红阳'猕猴桃果实 AcCBF 基因表达的影响

通过荧光定量 PCR 发现，AcCBF 在低温贮藏期间的相对表达量呈现双峰趋势（图 11-23）。

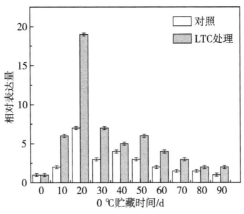

图 11-23　LTC 处理对'红阳'猕猴桃果实 AcCBF 基因表达的影响

对照和 LTC 处理果实的第 1 个高峰均出现于贮藏 20 d，有可能是因为低温诱导 AcCBF 快速表达，从而启动下游一系列冷诱导基因的表达来抵御不适宜的低温伤害。LTC 处理的相对表达量是对照的 1.4 倍，两者峰值之间差异显著（$P<0.05$）。第 1 个高峰之后对照和 LTC 处理果实相对表达量逐渐降低，在贮藏 40 d 时，对照果实出现 AcCBF 的第 2 个表达峰。LTC 处理果实的第 2 个表达峰在贮藏 50 d 时出现，比对照果实推迟 10 d，二者峰值间差异显著（$P<0.05$）。与冷害指数和冷害率结合分析可看出，AcCBF 第 2 个表达高峰出现的时间与冷害开始发生的时间一致，这说明冷害的出现可能诱导 AcCBF 的表达，以延缓冷害的加剧。尽管 CBF 相对表达量在番茄果实和拟南芥中也呈现双峰趋势，但是具体的原因还有待进一步阐述。

通过荧光定量 PCR 检测显示，与对照果实相比，LTC 处理的 AcCBF 基因相对表达量较高，且相应的冷害指数和冷害率较低，说明 LTC 处理促进 AcCBF 基因表达，从而减轻了冷害的发生。这与在番茄果实中，CBF 相对表达量高的番茄品种冷害发生率低的研究结果一致。

根据上述研究，主要结论如下。

低温预贮处理可以有效地降低'红阳'猕猴桃果实冷害率和冷害指数，显著减少膜脂过氧化产物 MDA 的积累和抑制 LOX 活性的增加，有效地抑制果实呼吸速率和乙烯释放速率，保持较高的 POD 活性，降低多 PPO 活性，促进 CBF 转录因子的表达，在贮藏末期失水较少，保持较高的好果率。

由此可见，低温预贮处理可以减轻'红阳'猕猴桃果实在低温贮藏过程中的冷害发生，促进 CBF 转录因子的表达，对控制'红阳'猕猴桃果实冷害有较好的作用。

第十二章 西葫芦采后冷害与调控

一、西葫芦的生产概况、品种简介及贮藏特性

(一) 生产概况

西葫芦 (*Cucurbita pepo* L.)，又名美洲南瓜、茄瓜、番瓜等，属于葫芦科。原产于印度，如今世界各国普遍栽培，于 19 世纪中叶 (清代) 始从欧洲引入我国，我国南、北各地普遍有栽培。西葫芦含有较多维生素 C、葡萄糖等营养物质，食用鲜美、营养价值高，且钙含量非常高，是我们平时生活中不可缺少的蔬菜之一。

西葫芦富含糖类、蛋白质、膳食纤维、钾、胡萝卜素、磷、钙、镁、维生素 C、钠、维生素 A、铁等。它的基本营养成分含量见表 12-1。

表 12-1　西葫芦的营养成分 (每 100 g 果实中的含量)

营养成分	含量	营养成分	含量
能量	75 kJ	钾	92.0 mg
水分	94.6 g	磷	17.0 mg
可食部	73 g	钙	15.0 mg
糖类	3.8 g	镁	9.00 mg
蛋白质	0.8 g	钠	5.00 mg
膳食纤维	0.6 g	铁	0.30 mg
灰分	0.3 g	锌	0.12 mg
脂肪	0.2 g	锰	0.04 mg
胡萝卜素	30.0 mg	铜	0.03 mg
维生素 C	6.0 mg	硒	0.28 μg
维生素 A	5.0 mg	核黄素	0.03 mg
维生素 E	0.34 mg	硫胺素	0.01 μg
烟酸	0.20 mg		

中医认为西葫芦具有除烦止渴、润肺止咳、清热利尿、消肿散结的功效。对烦渴、水肿腹胀、疮毒及肾炎、肝硬化腹水等症具有辅助治疗的作用；能增强免疫力，发挥抗病毒和肿瘤的作用；能促进人体内胰岛素的分泌，可有效地防治糖尿病，预防肝、肾病变，有助于增强肝、肾细胞的再生能力。

（二）品种简介

西葫芦品种按照以下标准进行分类。

根据果实表皮颜色分为绿皮和黄皮：绿皮较为常见，有'法拉利''长青一号''绿玉''冬玉''翡翠一号'等品种；黄皮有'香蕉'西葫芦。

根据基因型早熟一代杂交种分为：①'早青一代'，嫩瓜皮色浅绿、上有细密网纹，老瓜皮黄色。②'改良早青'，植株属矮生种，生长势强，抗病丰产，适宜在日光温室和小拱棚保护地内用于早熟栽培。③'长青一号'，嫩瓜呈长筒形、粗细均匀，商品性好。④'长青二号'，嫩瓜皮上有好看的淡绿色网纹，瓜为长筒形，上下粗细均匀一致，商品性好。⑤'寒玉'，嫩瓜为乳白微绿色网纹瓜，瓜为圆筒形，肉质鲜嫩、清脆。⑥'寒丽'，嫩瓜皮为浅绿色带细微网纹，光泽度好，瓜为长筒形，肉质鲜脆，商品性好。⑦'长绿'，嫩瓜皮表面光滑为亮绿色，瓜呈长棒形，果形均匀一致，肉质鲜脆，风味佳，商品性好。⑧'永圆'，嫩瓜皮为绿色，上覆有网纹，瓜呈近圆形，商品性好，是一个极具特色的新品种。⑨'阿太一代'，嫩瓜皮为深绿色，有光泽，瓜为长筒形，老瓜皮为墨绿色，抗病。

（三）贮藏特性

西葫芦是非呼吸跃变型果实，新陈代谢旺盛，采收后的新鲜西葫芦含水量较高，组织非常容易失水变得松软，易出现受病菌侵染而腐烂的水渍状现象，直接影响其商品价值。低温冷藏是果蔬采后最有效的贮藏方法之一，而西葫芦是冷敏性果实。据报道，西葫芦果实在 7 ℃ 以下会发生冷害。

二、西葫芦的冷害特征

西葫芦的冷害症状初期表现为表皮出现大小不一的凹陷斑或水浸状斑点，后期果皮出现黄褐色斑块并逐渐扩大，表皮呈水渍状，颜色趋于黄化、水分含量下降、萎蔫和腐烂程度加深，冷害后期表皮脱落，组织非常松软易受病菌侵染而腐烂等现象，直接影响其商品价值（图 12-1）。

三、影响西葫芦采后冷害的因素

（一）贮藏温度

西葫芦对温度变化极其敏感。西葫芦在 1~4 ℃ 贮藏下第 3 天就开始出现轻微冷害，直至贮藏结束果实表面失色变黄严重；在 5~8 ℃ 贮藏下第 6 天才开始出现轻微冷害，贮藏结束时较 1~4 ℃ 冷害现象较轻；在 9~12 ℃ 贮藏下 15 d 贮藏期内一直未出现冷害症状。

a 表皮较软出现褐斑，
腐烂斑点≤3个
（箭头所指）

b 表面出现少量凹
陷，色泽略有变化
（箭头所指）

c 凹凸面积加大，
出现褐斑，组织略
松软（箭头所指）

d 开始出现水渍状，组
织松软，颜色脱落，表皮
开始部分脱落（箭头所指）

e 出现烫伤斑，
腐烂面积增大
（箭头所指）

f 凹凸面积增大，
褐斑增多，组织
更加松软
（箭头所指）

g 已拿出冷库在室温条件，水
渍状面积增大，褐斑面积加大，
已腐烂，组织非常松软，表皮
脱落严重（箭头所指）

h 已拿出冷库在室温
条件，褐变极为严重，
萎蔫程度深（箭头
所指）

图 12-1　西葫芦果实冷害症状

（二）贮藏时间

7 ℃ 以下贮藏时贮藏时间越久冷害越严重。贮藏前 4 d 西葫芦果实未出现冷害症状，随着贮藏时间的延长开始出现轻微冷害症状，表面出现凹陷；在 4~12 d，初期表皮出现失去光泽，颜色由翠绿转黄、出现凹陷斑，后期瓜面皱缩严重；在 12~15 d，冷害现象严重，凹陷增多，褐斑增多，水渍状严重，表皮脱落。

四、西葫芦采后冷害调控措施

（一）物理方法

1. 热处理

选取无机械损伤及无病虫害的饱满，色泽、大小均一（单个平均质量为 300 g），瓜皮细腻，瓜条较直，翠绿油亮的果实，用 35 ℃ 热水处理 10 min，晾干果实表面水分，装入打过孔的厚度为 0.03 mm 的聚乙烯塑料袋，置于 4 ℃、相对湿度为 85%~90% 的恒温条件下贮藏。

已有研究证明，用热水处理'法拉利'西葫芦，可有效控制西葫芦在低温贮藏过程中的冷害，推迟冷害发生时间，减轻冷害程度。

一方面热水处理提高了果实的硬度，削弱叶绿素含量降低，促进了可溶性糖含量的提高，抑制了贮藏后期可溶性糖含量的降低，一定程度上提高了可溶性蛋白含量，同时缓解了贮藏中后期 TSS 含量的降低，减弱了呼吸强度，维持了较好的贮藏品质；另一方面 SOD、CAT 和 POD 活性的升高，降低了 MDA 含量及相对膜透性的升高，减少冷害发生。

2. 热空气处理

选取无机械损伤及无病虫害的饱满，色泽、大小均一，单个平均质量为 300 g，瓜皮细腻，瓜条较直，翠绿油亮的果实。在 45 ℃ 热空气下处理 20 min，晾干果实表面水分，装入打过孔的厚度为 0.03 mm 的聚乙烯塑料袋中，置于 4 ℃、相对湿度为 85%～90% 的恒温条件下贮藏。

已有研究证明，用热空气处理'法拉利'西葫芦，可有效控制西葫芦在低温贮藏过程中的冷害，推迟冷害发生时间，减轻冷害程度。

一方面，热空气处理的西葫芦呼吸强度减轻且呼吸跃变时间推迟，果实的硬度、TSS 含量、可溶性糖含量及可溶性蛋白含量保持更好；另一方面，热空气处理提高 CAT、SOD 及 POD 的活性，及时清除自由基，抑制了 MDA 含量与相对膜透性上升，维持了细胞膜更好的结构与完整性，从而减轻了低温贮藏下的冷害程度。

（二）化学方法

1. 外源甜菜碱处理

甘氨酸甜菜碱是一种季胺类渗透调节物质，无毒无害，在高等植物维持细胞渗透压、保护蛋白质的功能及调节应激反应等方面发挥着重要作用，且与提高植物抗逆性密切相关。

选择大小均匀、无病害、无机械损伤的西葫芦。用 10 mmol/L 外源甜菜碱处理 15 min，自然晾干果实表面水分，装入打过孔的厚度为 0.03 mm 的聚乙烯塑料袋中，在（1±1）℃、相对湿度 90% 的机械冷库中贮藏。

已有研究证明，用外源甜菜碱处理'亚历山大'西葫芦，可有效控制其在低温贮藏过程中的冷害，推迟冷害发生时间，减轻冷害程度。

甜菜碱处理能有效抑制西葫芦果实低温贮藏过程中相对膜透性的上升，保持较高的叶绿素、总酚含量。此外，甜菜碱处理还能抑制褐变相关酶 PPO 和 POD 活性，促进抗氧化相关酶 CAT 和 APX 活性，减少 ROS 的产生和积累，减轻西葫芦果实冷害。

2. 1-MCP 处理

1-MCP 处理能与乙烯受体不可逆结合，阻止植物内源乙烯和外源乙烯的诱导作用，降低果蔬在贮藏期间的乙烯释放率及呼吸强度，保持果蔬良好的外观品质，进而延长贮藏期。

选取大小均一、无病虫害及机械损伤的西葫芦果实。将果实放入 20 ℃ 室内熏蒸 20 h 后在通风处通风 0.5 h，后用 10 μL/L 的 1-MCP 处理，用厚度为 0.03 mm 的聚乙烯保鲜袋包装，置于（8±0.5）℃环境下贮藏。

已有研究证明，用 1-MCP 处理'冬翠'西葫芦，可有效控制其在低温贮藏过程中的冷害，推迟冷害发生时间，减轻冷害程度。

1-MCP 处理，一方面抑制呼吸强度、乙烯释放速率，维持了西葫芦较好的外观品质，保存了其良好的商品价值；另一方面提高了 SOD 和 CAT 活性，抑制 H_2O_2 和 MDA 的产生，保护了西葫芦细胞膜的相对完整性，从而减轻了西葫芦的冷害。

（三）生物方法

选取挑选成熟度一致、大小均匀、无病虫害和机械损伤的果实。将果实浸于 1% 壳聚糖涂膜液中 5 min，自然晾干，用厚度为 0.02 mm 的聚乙烯保鲜袋包装，贮藏于 5 ℃、相对湿度 80% 的机械冷库中。

已有研究证明，用壳聚糖涂膜液处理'早青'西葫芦，可有效控制西葫芦在低温贮藏过程中的冷害，推迟冷害发生时间，减轻冷害程度。

壳聚糖涂膜可以降低果实采后呼吸强度，抑制相对膜透性的升高和 MDA 含量的积累，减缓果皮叶绿素的降解，抑制 CAT 活性的降低，在贮藏前期 POD 上升阶段无明显变化，后期抑制了 POD 活性的下降，使其维持在较高水平。

五、西葫芦采后冷害调控实例

选用'早青一代'西葫芦为试验材料。挑选成熟度一致、大小均匀、无病虫害和机械损伤的果实分为 4 组，每组 50 个。分别用 0 mmol/L、5 mmol/L、10 mmol/L 和 15 mmol/L Spd 溶液浸泡 10 min，自然晾干，用厚度为 0.03 mm 的聚乙烯薄膜袋包装，在 6 ℃、相对湿度为 90% 恒温恒湿库中贮藏。贮藏期间定期取样，用于测定生理指标。

（一）外源 Spd 处理对西葫芦冷害指数和冷害率的影响

由图 12-2a 可知，西葫芦在贮藏过程中，随时间延长，冷害指数呈上升趋势。在贮藏第 6 天，对照西葫芦表皮出现凹陷，后期逐渐增多，表皮颜色变黄，并出现褐色斑块。Spd 处理延迟冷害症状的出现，并显著抑制了冷害指数的上升，第 8 天至贮藏结束与对照间差异达显著水平（$P<0.05$）。

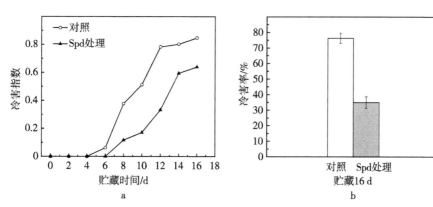

图 12-2　外源 Spd 处理对西葫芦冷害指数和冷害率的影响

由图 12-2b 可知，贮藏 16 d 时 Spd 处理显著降低了冷害率，其冷害率仅为对照的 45.8%。

（二） 外源 Spd 处理对西葫芦呼吸速率的影响

西葫芦属于呼吸跃变型蔬菜，如图 12-3 所示，随贮藏时间的延长，呼吸速率趋势都是先升高再降低，在第 6 天达到呼吸高峰。Spd 处理的西葫芦呼吸速率低于对照，4~10 d 与对照差异达到显著水平（$P<0.05$）。但贮藏后期对照的呼吸速率反而低于 Spd 处理，这可能是线粒体膜结构破坏、呼吸链损伤的结果。

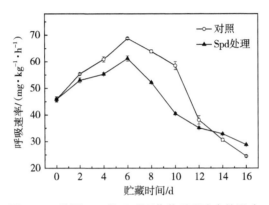

图 12-3　外源 Spd 处理对西葫芦呼吸速率的影响

（三） 外源 Spd 处理对西葫芦叶绿素含量的影响

叶绿素主要集中于西葫芦果皮部分，随着贮藏时间延长，叶绿素分解，果实外观品质降低。如图 12-4 所示，贮藏期间，西葫芦表皮叶绿素含量呈下降趋势，Spd 处理的西葫芦叶绿素保持在较高水平，第 8 天至贮藏结束与对照间差异达到显著水平（$P<0.05$），表明 Spd 处理可以显著减缓叶绿素的降解。

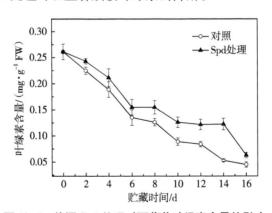

图 12-4　外源 Spd 处理对西葫芦叶绿素含量的影响

（四）外源 Spd 处理对西葫芦 MDA 含量和相对膜透性的影响

果蔬组织遭受冷害等逆境胁迫时，发生膜脂过氧化反应，从而积累 MDA，对果蔬细胞器造成伤害。由图 12-5a 可知，随着贮藏时间延长，MDA 含量呈现上升趋势。在 5 ℃ 下，Spd 处理有效延缓了 MDA 含量的升高，除第 6 天外，Spd 处理与对照差异达显著水平（$P<0.05$）。

由图 12-5b 可知，Spd 处理和对照的相对膜透性都呈上升趋势，随着贮藏时间延长，细胞受伤害程度加深，膜通透性增加，第 6 天起，对照果实的细胞膜透性急剧升高，Spd 处理维持平缓上升的状态，第 10 天至贮藏结束 Spd 处理与对照之间的差异达到显著水平（$P<0.05$）。

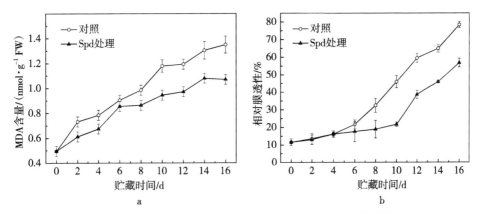

图 12-5　外源 Spd 处理对西葫芦 MDA 含量和相对膜透性的影响

本研究中，外源 Spd 减少细胞膜脂过氧化产物 MDA 积累和相对膜透性的提高，可能与外源 Spd 提高抗氧化酶活性和内源多胺含量有关。一方面，多胺作为质子来源，可有效清除自由基，减少了对细胞膜的攻击；另一方面，多胺往往以多聚阳离子的形式存在，在正常的生理 pH 条件下，容易与膜上阴离子成分结合，起到加固膜双分子结构的作用，有利于提高果蔬抗低温的能力。

（五）Spd 处理对西葫芦抗氧化酶活性的影响

SOD、CAT、POD、APX 常作为果蔬抗氧化胁迫的重要指标。由图 12-6a 可知，SOD 活性初期呈上升趋势，并于贮藏第 8 天达到最高峰，之后 SOD 活性随着贮藏时间的延长而降低。Spd 处理的西葫芦 SOD 活性始终显著高于对照含量。

CAT 是果蔬体内活性氧清除系统中的重要保护酶，能有效地阻止 ROS 在果蔬体内的积累，因此 CAT 活性的升降反映了果蔬在逆境作用下通过自身防御机制对有害物质做出的保护性应激反应。如图 12-6b 所示，贮藏期间，西葫芦表皮 CAT 活性呈先上升后下降趋势，Spd 处理促进了 CAT 活性上升抑制其活性，第 4 天至贮藏结束与对照差异达显著水平（$P<0.05$）。

POD 是植物体内活性氧清除系统中的重要保护酶，能有效地阻止活性氧在植物体内的积累。如图 12-6c 所示，贮藏初期，对照组和处理组 POD 活性都有上升趋势，之后 POD 活性持续下降，Spd 处理组的 POD 活性下降趋势缓慢，一直维持在较高水平，第 6 天至贮藏结束与对照组达到了显著差异（$P<0.05$）。

如图 12-6d 所示，贮藏期间，西葫芦 APX 活性呈先上升后下降趋势，Spd 处理促进了 APX 活性上升抑制其活性，贮藏期间与对照差异达显著水平（$P<0.05$）。

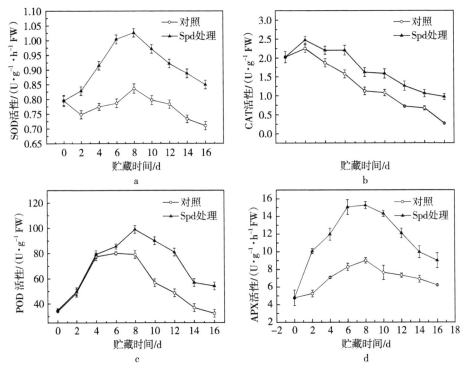

图 12-6　外源 Spd 处理对西葫芦 SOD、CAT、POD 和 APX 活性的影响

据报道，多胺可直接清除活性氧，提高保护酶的基因转录水平来增加酶活性，同时促进抗氧化物质的形成，从而有效清除自由基。本研究中，外源 Spd 处理提高果实 CAT 和 POD 抗氧化酶活性，清除活性氧，减少细胞膜脂过氧化产物 MDA 积累和相对膜透性的提高。相似的有关外源 Spd 提高抗氧化酶活性而减轻冷害已在杏、猕猴桃等果蔬中证实。

根据上述研究，主要结论如下。

外源 Spd 处理可以降低西葫芦采后呼吸速率，减缓果皮叶绿素的降解，提高 CAT 和 POD 活性，抑制相对膜透性的升高和 MDA 含量的积累，延缓西葫芦冷害的发生时间，减轻冷害程度。

第十三章　甜樱桃采后冷害与调控

一、甜樱桃的生产概况、品种简介及贮藏特性

（一）生产概况

甜樱桃（*Cerasus avium* L. Moench.），是蔷薇科李属樱桃亚属植物，起初生长于欧洲和亚洲西部地区，后来在中国东北和华北地区开始引进栽培，栽培的甜樱桃品种主要是从欧洲引进的品种。

甜樱桃果实圆润，色泽比较鲜艳，口感甘甜，汁多肉嫩，含有丰富的营养成分，得到广大消费者的认可。甜樱桃中富含多种营养物质，如糖、蛋白质、维生素及多种钙质元素。尤其富含铁元素，在水果中排行第一（表 13-1）。

表 13-1　甜樱桃营养成分（每 100 g 果实中的含量）

营养成分	含量	营养成分	含量
热量	37 kcal	钙	8.8 mg
蛋白质	0.9 g	钾	185.6 mg
糖类	8.2 g	铁	0.3 mg
脂肪	0.2 g	钠	6.4 mg
膳食纤维	0.2 g		

（二）品种简介

'黄玉'：原产美国，果实小，平均单果重 3 克，果皮黄白色，带淡红色条纹，易于果肉剥离。果肉淡黄白色、柔软多汁、味甜且具芳香，品质佳，由于含糖量远远高于其他樱桃品种，口感十分甘甜，也被称为"黄蜜樱桃"。属于中熟品种。

'滨库'：原产美国，是美国、加拿大的主栽品种之一。果皮厚且韧，果实大，呈红褐色，果肉紫黑色，质地硬，汁多，甜酸适度，品质上等。离核，核小。

'那翁'：果实中大，果形心脏形或长心脏形，果顶尖圆或近圆，缝合线不明显，有时微有浅凹，果形整齐。果梗长，与果实不易分离，落果轻。果皮乳黄色，阳面有红晕，偶尔有大小不一的深红色斑点，富光泽。果皮较厚韧，不易剥离。果肉浅米黄色，肉质脆硬，汁多，含可溶性固形物 14%~16%，甜酸可口，品质上等。

'大紫'：原产苏联，是一个紫红色、软肉、比较早熟的品种。果实大，平均单

果重 7.04 g，最大可达 10 g。果实阔心脏形至阔卵形。果皮薄，多汁，味甜，TSS 含量 14%左右，品质上等。

'艳阳'：加拿大品种，亲本为先锋×斯坦拉。果个特大，平均单果重 13.2 g，最大可达 22.5 g。果实圆形，果皮深红色，具光泽。果肉质软多汁，甜度高，品质好，不裂果。

'萨米脱'：加拿大品种。果个极大，平均单果重 12~13 g，最大可达 23 g，果个大小整齐。果皮紫红色，完熟后紫黑色，长心脏形，光泽度好，美观，商品性极好。果皮抗裂性较强，无裂果。

'拉宾斯'：加拿大品种，亲本为先锋×斯坦勒。平均单果重 8 g。果实近圆形或卵圆形，紫红色，有光泽，外观美丽。果皮厚而韧，裂果轻。果肉肥厚，脆而较硬，果汁多，风味较佳，品质上等。

（三）贮藏特性

甜樱桃属于非呼吸跃变型果实。采收后的新鲜甜樱桃皮薄汁多，表皮光滑，含糖量和呼吸代谢水平较高，极易受到高温干燥、病原菌侵染等因素影响，导致贮藏过程中果面颜色暗淡，果肉褐变，果梗褐变干枯，口感发苦，甚至腐烂变质，严重限制其包装运输和销售，失去其商业价值。低温冷藏是果蔬采后最有效的贮藏方法之一。樱桃在−0.5 ℃ 开始出现冷害症状，主要表现为果皮和果肉的组织褐变，因其品种不同，对低温的抵御能力有所差别，发生褐变的程度不同。

二、甜樱桃的冷害特征

甜樱桃冷害症状主要表现为果皮凹陷，果皮和果肉的组织褐变，果肉异味等（图 13-1）。

a   b   c

图 13-1　甜樱桃冷害症状

a 虚线箭头所指为褐变；b 粗实线箭头所指为褐色斑点；c 细实线箭头所指为凹陷引起的病斑

三、影响甜樱桃采后冷害的因素

（一）品种

不同品种甜樱桃冷敏性不同。在-0.5 ℃下，'巨红''萨米脱''雷尼''拉宾斯'冷敏性越来越高。

（二）贮藏温度

不同的温度对果实的冷害程度不同。贮于-0.5 ℃下的樱桃果实冷害指数最小，而贮于-2.0 ℃下所有品种的樱桃果实均发生严重程度的冷害，冷害指数达100%。

四、甜樱桃采后冷害调控措施

选七八成熟果实，挑大小均匀，成熟度一致，无机械损伤，无病虫害的果实备用。将果实完全浸入0 ℃冰水混合液中30 min，沥干，用厚度为0.01 mm的保鲜膜包装，置于（2±0.5）℃温度下贮藏。

已有研究证明，用冷激处理'红灯'甜樱桃，可有效控制低温贮藏过程中的冷害，推迟冷害发生时间，减轻冷害程度。

冷激处理抑制甜樱桃呼吸速率的上升，延缓硬度下降，还可以有效抑制樱桃果实维生素C、可滴定酸和可溶性固形物含量的降低，保持了果实的品质和风味，延长了果实的保质期。

五、甜樱桃采后冷害调控实例1——外源褪黑素对甜樱桃果实采后冷害及品质的影响

试材'萨米脱'甜樱桃果实采自运城市管理水平良好的甜樱桃果园，八九成熟时采收，采收后1 h内，迅速将果实运回实验室，选取无机械损伤、无病、大小均一、带果梗的正常果为实验材料，随机分成4组，每组3个重复，每重复10 kg果实。将甜樱桃果实分别浸入0 mmol/L（蒸馏水）、50 μmol/L、100 μmol/L、150 μmol/L褪黑素（MT）溶液中浸泡5 min，然后晾干果实表面水分，装入保鲜袋包装，放入0 ℃、相对湿度90%~95%的冷库中贮藏。

贮藏过程中，定期取样，每次取75个果，其中45个果用于测定硬度、TA、TSS、相对膜透性、呼吸速率和乙烯释放速率，同时取样保存于-80 ℃的超低温冰箱中，用于MDA、维生素C、$O_2 \cdot^-$、H_2O_2和酶活性的测定；另外30个果实，移到20 ℃，模拟货架期5 d，用于冷害指数和褐变指数统计。贮藏结束时，取100个果实，移到20 ℃，模拟货架期5 d，用于冷害率和凹陷率的统计。

（一）外源MT对甜樱桃冷害指数和冷害率的影响

由图13-2a可知，甜樱桃果实在低温贮藏过程中冷害指数整体呈上升趋势，在

贮藏前 14 d 果实都没有发现冷害症状，之后对照组果实 21 d 时先表现出冷害症状，且冷害指数上升较快。而 MT 处理的甜樱桃果实在冷藏的 28 d 后表现出冷害症状，冷害指数均显著低于对照组（$P<0.05$），说明 MT 处理能够减缓冷害的发生时间，其中 100 μmol/L MT 处理效果最显著。

由图 13-2b 可知，MT 处理的甜樱桃果实在低温贮藏结束时冷害率均显著低于对照（$P<0.05$），说明 MT 能有效延缓其冷害现象的发生。100 μmol/L MT 处理的甜樱桃果实冷害率最低，效果最好。

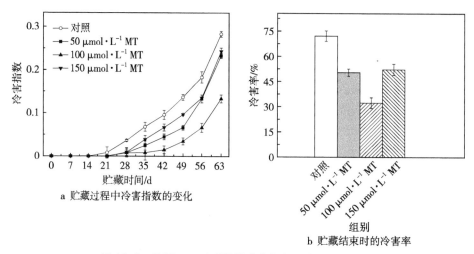

图 13-2 外源 MT 对甜樱桃冷害指数和冷害率的影响

（二）外源 MT 处理对甜樱桃果实褐变指数和凹陷斑率的影响

褐变不仅影响果蔬价值，也降低了果蔬的内在品质。由图 13-3a 可知，甜樱桃果实在低温贮藏过程中褐变指数整体呈上升趋势，在贮藏前 14 d 果实都没有发现褐变症状，对照果实 21 d 先表现出褐变症状，且对照果实的褐变指数上升较快。MT 处理的样品在冷藏的 28 d 后表现出褐变症状，35 d 至贮藏结束 MT 处理的甜樱桃果实的褐变指数显著低于对照（$P<0.05$），说明 MT 处理能够抑制褐变现象的发生，其中 100 μmol/L MT 处理效果最显著。

由图 13-3b 可知，贮藏结束时 MT 处理的甜樱桃果实在低温贮藏过程中凹陷斑率均显著低于对照组（$P<0.05$），说明 MT 处理能够抑制凹陷斑现象的发生，其中 100 μmol/L MT 处理的甜樱桃果实的凹陷斑率最低，抑制效果最好。

（三）外源 MT 处理对甜樱桃果实品质的影响

可溶性糖含量高低与果蔬品质、成熟度、贮藏性有关。由图 13-4a 可知，甜樱桃果实可溶性糖含量整体呈下降趋势。对照甜樱桃果实可溶性糖含量下降趋势最大，而 100 μmol/L MT 处理可抑制可溶性糖含量下降趋势，抑制效果最好。

TA 是影响果蔬品质的重要因素之一。由图 13-4b 可知，甜樱桃果实 TA 含量在低温贮藏过程中整体呈下降趋势。对照甜樱桃果实 TA 含量下降幅度最大，MT 处理可抑

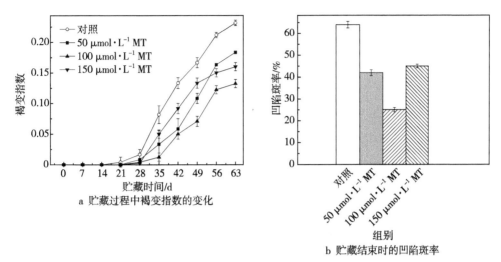

a 贮藏过程中褐变指数的变化

b 贮藏结束时的凹陷斑率

图 13-3 外源 MT 对甜樱桃褐变指数和凹陷斑率的影响

制可滴定酸含量下降，35 d 至贮藏结束与对照差异达显著水平（$P<0.05$）。100 μmol/L MT 处理效果最好。

维生素 C 含量可作为果蔬的品质和贮藏的评价指标之一。由图 13-4c 可知，甜樱桃维生素 C 含量呈降低趋势，对照组维生素 C 含量下降较快，MT 处理可抑制其下降，35 d 至贮藏结束与对照差异达显著水平（$P<0.05$），其中 100 μmol/L MT 抑制效果最好。

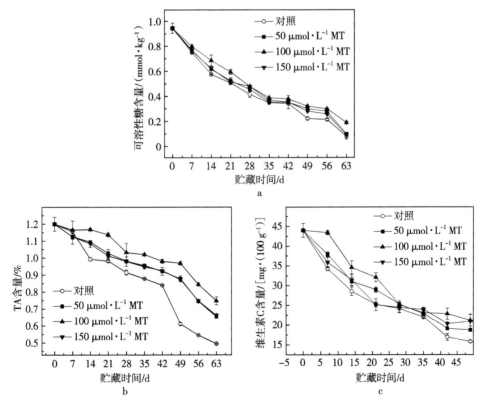

a

b

c

图 13-4 外源 MT 对甜樱桃可溶性糖、TA 和维生素 C 含量的影响

鉴于 100 μmol/L MT 抑制了甜樱桃冷害指数和褐变指数上升，降低了冷害率和凹陷率，又保持了较好品质指标，后续分析采用 100 μmol/L MT。

（四）外源 MT 处理对甜樱桃 SOD 和 CAT 活性的影响

SOD 活性可以清除细胞中多余的 $O_2 \cdot^-$，防止对细胞膜造成伤害。由图 13-5a 可知，SOD 活性呈现先上升后下降趋势。外源 MT 处理促进 SOD 活性上升抑制其下降，贮藏过程中其活性显著高于对照（$P>0.05$）。

由图 13-5b 所示，CAT 活性呈先上升后下降的变化趋势。外源 MT 处理促进 CAT 活性上升抑制其下降，14 d 至贮藏结束与对照差异达显著水平（$P<0.05$）。

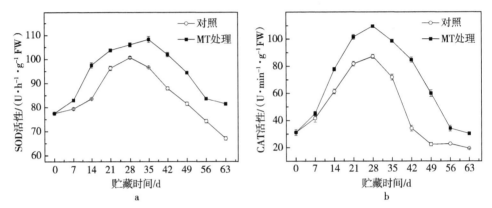

图 13-5　外源 MT 对甜樱桃 SOD 和 CAT 活性的影响

（五）外源 MT 处理对甜樱桃果实 MDA 含量和相对膜透性的影响

MDA 是膜脂过氧化作用的主要产物之一。由图 13-6a 可知，MDA 含量总体呈上升趋势。MT 处理的果实 MDA 含量始终低于对照组（$P<0.05$），贮藏第 14 天至贮藏结束与对照差异均达显著水平（$P<0.05$）。

相对膜透性反映了细胞膜的完整程度和稳定性。由图 13-6b 可知，相对膜透性整体呈上升趋势。经 MT 处理的相对膜透性始终低于对照（$P<0.05$），贮藏第 14

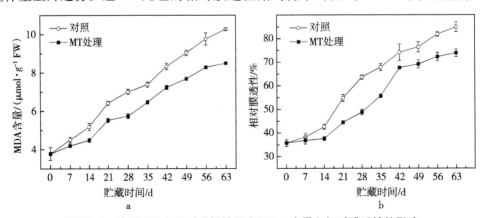

图 13-6　外源 MT 处理对甜樱桃果实 MDA 含量和相对膜透性的影响

天至贮藏结束与对照差异均达显著水平（$P<0.05$）。由此表明，随着贮藏时间的延长，甜樱桃相对膜透性增加，膜受损加重，MT 处理可有效减轻膜受损，降低冷害程度。

（六）外源 MT 处理对甜樱桃果实 LOX 活性的影响

由图 13-7 可知，冷藏过程中 LOX 活性呈缓慢上升趋势。MT 处理抑制其上升趋势，28 d 至贮藏结束与对照差异达显著水平（$P<0.05$）。

MT 及其下游代谢产物环型-3-羟基褪黑素（C3OHM）、N-乙酰基-N-甲酰基-5-甲氧基犬脲胺（AFMK）和 N-乙酰基-5-甲氧基犬脲胺（AMK）都是极好的自由基清除剂。MT 的这些级联产物能够清除多达 10 种自由基产物，其清除自由基能力是单个氧化分子解毒的经典自由基清除剂的 2~4 倍。据报道，外源 MT 可作为抗氧化剂来增强抗氧化物酶相关基因的表达，提高抗氧化酶活性，从而增强清除细胞内活性氧的能力，减轻细胞膜脂过氧化程度，最终抑制果蔬冷害发生。本研究中，外源 MT 处理提高果实 SOD 和 CAT 抗氧化酶活性，有助于清除 ROS，减少细胞膜脂过氧化产物 MDA 的积累和相对膜透性的提高，从而抑制冷害发生。这一结论已在黄瓜、桃、木薯根等研究中得到证实。

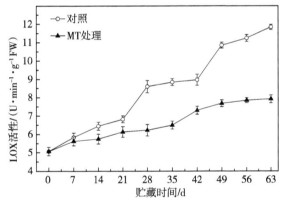

图 13-7　外源 MT 处理对甜樱桃果实 LOX 活性的影响

（七）外源 MT 处理对甜樱桃果实多酚含量的影响

褐变是植物普遍存在的一种生理现象，与褐变相关的酶活性是讨论褐变程度的关键。植物多酚是植物体内最重要的次生代谢产物，其特殊的多元酚结构具有独特性生理性质，在酶促褐变中，多酚物质自动氧化随后聚合也可产生褐变物质引起褐变。

由图 13-8 可知，甜樱桃在冷藏过程中各处理的多酚含量呈先上升后下降的趋势。MT 处理促进其上升抑制其下降，21 d 至贮藏结束与对照差异达显著水平（$P<0.05$）。

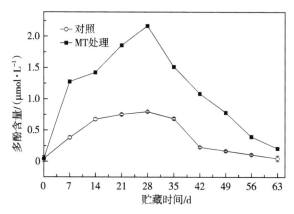

图 13-8 外源 MT 处理对甜樱桃果实多酚含量的影响

（八）外源 MT 处理对甜樱桃果实褐变相关酶活性的影响

由图 13-9a 可知，甜樱桃在冷藏过程中 PPO 活性的变化呈先上升后下降的趋势。外源 MT 处理抑制 PPO 活性上升促进其下降，PPO 活性都低于对照组，贮藏期间与对照差异达显著水平（$P<0.05$）。

由图 13-9b 可知，甜樱桃果实在冷藏过程中 POD 活性的变化趋势呈现峰形，在 0~35 d 呈上升趋势，在 35 d 之后迅速下降。外源 MT 处理酶活性都低于对照组，贮

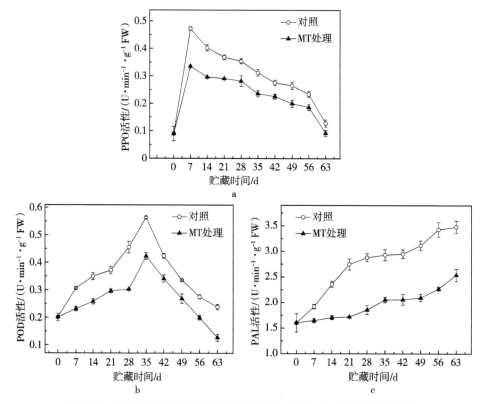

图 13-9 外源 MT 处理对甜樱桃果实 PPO、POD 和 PAL 活性的影响

藏期间与对照差异达显著水平（$P<0.05$）。

PAL 是酚类物质合成的极限酶，随着贮藏时间的延长，PAL 催化 L-苯丙氨酸裂解反应形成肉桂酸，肉桂酸进一步形成酚类化合物，为褐变提供底物。由图 13-9c 可知，甜樱桃在冷藏过程中 PAL 活性一直处于上升水平。外源 MT 处理抑制 PAL 活性上升，14 d 至贮藏结束与对照差异达显著水平（$P<0.05$）。

酚类物质酶促氧化是果实发生褐变的关键，而 PAL、PPO 和 POD 是引起果实褐变的关键酶。这些酶能将果实中的酚类物质氧化为颜色更深的醌类物质，从而导致果实组织发生褐变。正常状态下，果实中酶与酚类物质呈区域化分布，二者互不接触，因而不会发生酶促褐变反应。但由于果实的衰老和低温逆境胁迫，果实的细胞膜结构遭到破坏，相对膜透性增强，导致酶与酚类物质的区域性被打破，从而引发果肉褐变。本研究中 MT 保持较低 PAL、PPO、POD 活性和较高的多酚含量，抑制果实冷害褐变。相一致的结论已在桃、梨等果实上得到证实。

根据上述研究，主要结论如下。

①MT 处理保持较高可溶性糖、TA 和维生素 C 含量，保持较好的果实品质。MT 处理提高抗氧化酶活性，抑制细胞膜脂化进程，降低 MDA 含量和相对膜透性，最终减轻了果实冷害。

②MT 处理降低了褐变指数，提高了多酚含量，并有效抑制了 POD、PPO 和 PAL 活性的上升，从而有效抑制了甜樱桃果肉冷害褐变。

六、甜樱桃采后冷害调控实例 2——加压氩气与气调复合处理对甜樱桃果实品质及冷害褐变的影响

加压惰性气体处理是一种新型的保鲜技术。惰性气体与果蔬细胞间水在一定压力下能够形成特殊的"笼形水合物"结构，这种结构不仅限制了果蔬水分子的活动，而且还降低了其中酶活性，使果蔬生理代谢活动受到抑制，最终抑制果蔬褐变，延缓衰老，保持果实品质。由于该项技术具有无毒副作用、操作简单、效果明显等优点，近年来越来越受到诸多研究人员的重视。Rahman 等（2002）研究发现，加压 0.3 MPa 氩气处理降低了柿子果实的呼吸速率，并抑制果实褐变及衰败腐烂的发生。0.4 MPa 氩气处理显著缩短茄子纵向弛豫时间和横向弛豫时间，未经氩气处理样品在贮藏第 6 天出现褐变，而 0.4 MPa 氩气处理茄子 17 d 后仍未出现褐变。Oshita 等（2000）发现加压 0.6 MPa 氩气处理的花椰菜细胞间水分黏度增加，贮藏期间并未出现褐变、失水等现象。张等（2008）研究发现，加压氩气和氙气混合处理抑制了芦笋呼吸速率的增加、木质化和褐变的发生。Wu 等（2012）发现高压氮气能抑制鲜切菠萝呼吸速率的上升、乙烯的产生、褐变的发生和抗氧化能力的损失，延长货架期，保持较好的品质。虽然加压惰性气体保鲜研究已取得了一定的成果，但单一的果蔬保鲜技术仍存在着许多不足，将不同的保鲜技术综合使用将会成为果蔬保鲜的新趋势。气调贮藏是通过改变果蔬贮藏微环境气体成分，从而抑制果蔬呼吸，延缓衰老的保鲜技术。目前，加压惰性气体结合气调贮藏已逐渐被研究人员重视起来，但大多数集中在加压技术结合自发气调技术上，而且主要侧重于果蔬品质方面的研究。有关甜

樱桃贮藏方面仅见气调贮藏和加压贮藏，尚未见加压惰性气体和气调贮藏综合使用。本项目在前期预试验基础上，选用 0.5 MPa 氩气加压 10 h 复合 3% O_2 +10% CO_2 +87% Ar 气调，以中晚熟甜樱桃品种'拉宾斯'果实为材料，研究加压氩气与气调复合处理对甜樱桃冷藏期间冷害褐变和品质的影响，揭示复合处理对甜樱桃果实冷害褐变的调控机制，以期为控制甜樱桃果实采后褐变提供理论依据和技术指导。

本试验以八九成熟的'拉宾斯'甜樱桃果实为材料，果实采摘于山西省绛县甜樱桃种植基地。手工采摘结束后 1 h 内运至运城学院果蔬保鲜实验室。挑选色泽鲜艳、大小均一、无病害和机械损伤的果实为材料，将果实随机分成 4 组（每组 30 kg，每组 3 个重复，每个重复 10 kg 果实），试验设计见表 13-2。

表 13-2　试验设计

试验组	加压条件	气调比例
对照	无	无
加压	0.5 MPa, 10 h	无
气调	无	3% O_2 +10% CO_2 +87% Ar
加压+气调	0.5 MPa, 10 h	3% O_2 +10% CO_2 +87% Ar

每组材料先在 50 mg/L 二氧化氯溶液中浸泡 30 s 杀菌，取出在 1 ℃ 晾干。

加压处理：将果实放入自制高压氩气反应釜中，不排除原有空气，通入氩气加压到 0.5 MPa，保持 10 h。其中加压和撤压速率分别为 120 s 和 180 s 左右，加压过程始终在（0±1）℃ 环境条件下。

气调处理：果实平铺于塑料筐（44 cm×33 cm×11 cm）中，然后码垛于气调箱（长/宽/高：130 cm×62 cm×113 cm）中，每个气调箱中码垛 12 筐，每筐 2.5 kg。其中气调处理始终在（0±1）℃、相对湿度90%环境条件下。

对照处理：果实平铺于塑料筐（44 cm×33 cm×11 cm）中，筐外套厚度为 0.03 mm 的聚乙烯保鲜袋，挽口不封袋，贮藏于（0±1）℃、相对湿度90%~95%环境条件下。

贮藏过程中定期取样，每次取果 75 个，其中 45 个果实用于测定果皮颜色、果肉硬度、糖度、TA、维生素 C、相对膜透性，并用液氮速冻果肉，保存于-80 ℃ 超低温冰箱中，用于测定 MDA 和多酚含量及褐变相关酶活性；另外 30 个果实用于测定腐烂指数、好果率及果肉褐变指数。

（一）加压、气调及二者联合处理对甜樱桃果实冷害指数和褐变指数的影响

由图 13-10a 可知，果实前 14 d 无冷害，中后期冷害指数呈上升趋势。加压和气调及二者联合处理均延迟果实冷害发生，并抑制冷害指数上升，28 d 至贮藏结束与对照差异均达显著水平（$P<0.05$）。贮藏 63 d 结束时，加压和气调二者联合处理果实的冷害指数仅为对照果实的 85.9%、82.3%和 47.2%。

由图 13-10b 可知，贮藏前 14 d 甜樱桃果实未出现褐变，贮藏 21 d 后对照果实首先表现出褐变症状，并随着贮藏时间的延长褐变指数呈上升趋势。加压和气调及二者联合处理均延迟果肉褐变的出现，并抑制褐变指数的上升，21 d 至贮藏结束均与对照差异达显著水平（$P<0.05$）。贮藏 63 d 结束时，加压和气调及二者联合处理果实的褐变指数仅为对照果实的 20.3%、11.8% 和 5.2%。

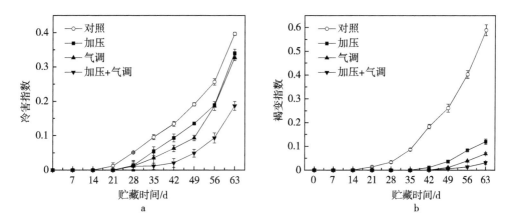

图 13-10　加压、气调及二者联合处理对甜樱桃果实冷害指数和褐变指数的影响

（二）加压、气调及二者联合处理对甜樱桃果实色度的影响

由图 13-11a 可知，果实 L^* 值总体呈现下降趋势，贮藏前、中期下降迅速，后期下降缓慢。加压和气调及二者联合处理均可抑制果实 L^* 值下降，尤其在中后期抑制效果显著（$P<0.05$），从 21 d 至贮藏结束与对照差异达显著水平（$P<0.05$）。在贮藏结束时，加压和气调及二者联合处理分别比对照果实 L^* 值高 13.4%、16.2% 和 30.2%。加压和气调联合处理比单独加压或气调抑制效果更佳，从 35 d 至贮藏结束其差异达到显著水平（$P<0.05$）。在贮藏结束时，其 L^* 值分别比单独加压和气调处理显著高出 14.7% 和 12.6%。

由图 13-11b 可知，果实 C^* 值呈现下降趋势，前、中期下降迅速，后期下降缓慢。加压和气调及二者联合处理均可抑制果实 C^* 值下降，尤其在后期抑制效果显著，从 21 d 至贮藏结束与对照差异达显著水平（$P<0.05$），单独加压或气调及二者联合处理间差异亦达显著水平（$P<0.05$）。在贮藏结束时，加压和气调及二者联合处理分别比对照果实的 C^* 值显著提高 18.9%、28.8% 和 46.9%。

由图 13-11c 可知，果实 h° 值呈现下降趋势，前期及后期下降较为缓慢，中期下降迅速。加压和气调及二者联合处理均可抑制果实 h° 值下降，尤其是二者联合处理抑制下降的效果尤为明显，从 14 d 至贮藏结束与其他处理差异达显著水平（$P<0.05$），单独加压和气调从 35 d 后与对照差异达显著水平（$P<0.05$）。在贮藏结束时，加压和气调及二者联合处理分别比对照果实的 h° 值显著提高 16.4%、23.7% 和 45.1%。

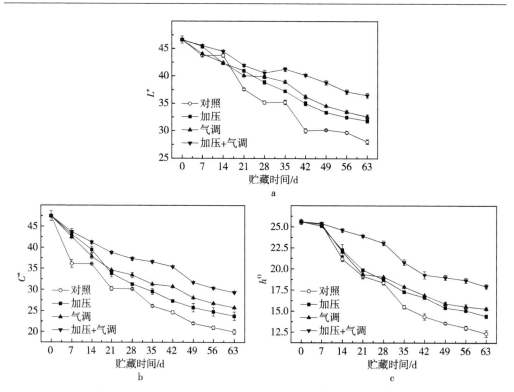

图 13-11　加压、气调及二者联合处理对甜樱桃果实色度的影响

（三）加压、气调及二者联合处理对甜樱桃果实品质指标的影响

由图 13-12a 可知，甜樱桃果实硬度总体呈下降趋势，前中期下降迅速，后期下降缓慢。加压和气调及二者联合处理均可抑制果实硬度下降，从 28 d 至贮藏结束其硬度与对照差异达显著水平（$P<0.05$）。加压和气调联合处理抑制效果更佳，从 35 d 至贮藏结束与单独加压或气调处理差异达显著水平（$P<0.05$）。在贮藏结束时，其硬度值分别比单独气调、加压和对照处理高出 10.8%、12% 和 47%。

由图 13-12b 可知，果实 TSS 在贮藏期呈下降趋势，贮藏前期下降缓慢，中后期下降迅速。加压和气调及二者联合处理均可抑制果实 TSS 下降，从 21 d 至贮藏结束与对照差异达显著水平（$P<0.05$）。加压和气调联合处理抑制效果更佳，从 42 d 至贮藏结束与其他单独加压或气调处理差异达显著水平（$P<0.05$）。在贮藏结束时，其 TSS 分别比单独气调、加压和对照处理高出 8.7%、9% 和 22.6%。

由图 13-12c 可知，果实 TA 呈现下降趋势，贮藏初期、末期下降缓慢，中期下降迅速。加压和气调及二者联合处理均可抑制果实 TA 值下降，从 28 d 至贮藏结束与对照差异均达显著水平（$P<0.05$）。加压和气调及二者联合处理在贮藏 42 d 之后差异亦达显著水平（$P<0.05$）。在贮藏结束时，加压和气调及二者联合处理果实的 TA 比对照显著提高 28.9%、59.4% 和 85.5%。

由图 13-12d 可知，总抗坏血酸总体呈现下降趋势。加压和气调及二者联合处理抑制总抗坏血酸的下降，28 d 至贮藏结束与对照差异均达显著水平（$P<0.05$），3 个处

理之间差异亦达显著水平（$P<0.05$）。其中，加压和气调联合处理抑制效果最好，贮藏结束时其总抗坏血酸分别比单独加压和气调及对照提高 49.5%、11.2% 和 24.4%。

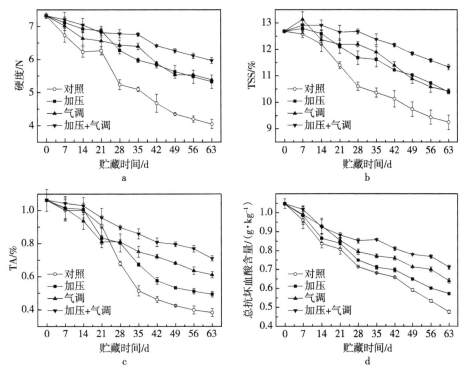

图 13-12　加压、气调及二者联合处理对甜樱桃果实品质指标的影响

本研究发现，单独加压或气调均能抑制果皮 L^* 值、C^* 值、$h°$ 值下降，保持较高的硬度、可溶性糖、TA、总抗坏血酸含量。加压和气调联合处理保鲜效果优于单独处理。其保鲜机制可能是：①加压处理后残存在果实微气孔中的氩气，在组织内部形成低氧的微气调环境，该微气调环境已在黄瓜组织显微图片中证实，再加上后续气调处理营造的低氧外部环境，使果实内部需氧代谢减慢；②氩气在加压条件下进入果实组织，与其中的水分子形成"结构化水"，可增加樱桃果实中汁液的黏度，降低水分的流动性，抑制酶活性，从而有助于减缓果实物质的分解速度。相同的保鲜效果已在西兰花、柿子、黄瓜、芦笋、青椒、卷心菜等果实上发现。

（四）加压、气调及二者联合处理对甜樱桃果实 MDA 含量和相对膜透性的影响

由图 13-13a 可知，MDA 含量呈现上升趋势，初、末期上升缓慢，中期上升迅速。加压和气调及二者联合处理抑制 MDA 含量上升，14 d 至贮藏结束与对照差异达显著水平（$P<0.05$），三者之间从 35 d 至贮藏结束亦达显著水平（$P<0.05$）。其中，加压和气调联合处理 MDA 含量始终保持在较低水平，35 d 至贮藏结束其 MDA 含量分别比对照、单独加压和气调降低 30.1%、18.9% 和 14.2%。

由图 13-13b 可知，相对膜透性总体呈现上升趋势，前、中期上升迅速，后期上

升缓慢。加压和气调及二者联合处理抑制相对膜透性上升，14 d 至贮藏结束与对照差异达显著水平（$P<0.05$），三者之间从 35 d 至贮藏结束亦达显著水平（$P<0.05$）。其中，加压和气调联合处理相对膜透性始终保持在较低水平，35 d 至贮藏结束其相对膜透性分别比对照、单独加压和气调降低 27.7%、17.2% 和 10.3%。

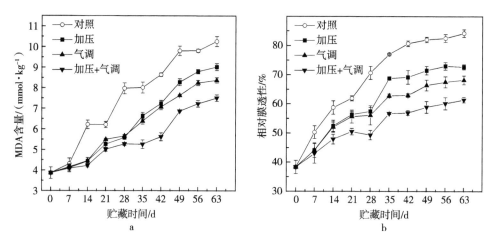

图 13-13 加压、气调及二者联合处理对甜樱桃果实 MDA 含量和相对膜透性的影响

本研究中发现，单独加压或气调均能抑制果实 MDA 含量和相对膜透性的上升，二者联合处理的抑制效果优于单独处理。惰性气体溶解于水，形成疏水性水合结构，该结构可能有助于抑制膜脂过氧化作用，稳定细胞膜的结构与功能，最终减轻果实冷害褐变。相似的抑制效果已在鲜切青椒和菠萝中发现。Wu（2012）通过透射电子显微镜观测了贮藏两周高压氩气处理的鲜切菠萝细胞膜的结构，发现高压氩气和限气包装的鲜切菠萝中，细胞壁仍保持着没有降解的完整结构，细胞质膜还贴近细胞壁，细胞中层清晰可见，说明高压氩气处理能促进鲜切菠萝的细胞膜完整结构的保持。

（五）加压、气调及二者联合处理对甜樱桃果实总酚含量的影响

由图 13-14 可知，贮藏初期果实总酚含量呈现上升趋势，并分别于 7 d 和 14 d 达到最高峰，随后呈现下降趋势。加压和气调及二者联合处理促进了总酚含量上升并抑制其下降，14 d 至贮藏结束与对照差异达显著水平（$P<0.05$），3 个处理间差异亦达显著水平（$P<0.05$）（除贮藏结束时单独加压和气调差异不显著外）。其中，加压和气调联合处理总酚含量始终保持在较高水平，14 d 至贮藏结束其总酚含量分别比对照、单独加压和气调提高 52.9%、22.5% 和 15.2%。

（六）加压、气调及二者联合处理对甜樱桃果实褐变相关酶活性的影响

由图 13-15a 可知，POD 活性总体呈现先上升后下降再上升趋势。加压和气调及二者联合处理抑制 POD 活性上升，从 7 d 至贮藏结束分别与对照差异达显著水平（$P<0.05$）。其中，联合处理抑制效果最好，从 35 d 至贮藏结束分别与单独处理差异达显著水平（$P<0.05$）。

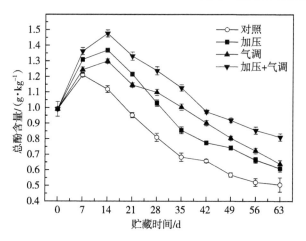

图 13-14 加压、气调及二者联合处理对甜樱桃果实总酚含量的影响

由图 13-15b 可知，PAL 总体呈现上升趋势，贮藏初期、末期上升缓慢，中期上升迅速。加压和气调及二者联合处理抑制 PAL 活性上升，从 21 d 至贮藏结束分别与对照差异达显著水平（$P<0.05$）。其中，联合处理抑制效果最好，从 35 d 至贮藏结束分别与单独处理差异达显著水平（$P<0.05$）。

由图 13-15c 可知，PPO 活性总体呈现上升趋势。加压和气调及二者联合处理抑制 PPO 活性上升，7 d 至贮藏结束与对照差异达显著水平（$P<0.05$），三者之间从 35 d 至贮藏结束亦达显著水平（$P<0.05$）。其中，联合处理抑制效果最好，整个贮藏期其 PPO 活性始终处于较低水平。

酚类物质酶促氧化是果实发生褐变的关键。PAL、PPO 和 POD 是引起果实褐变的关键酶。这些酶能将果实中的酚类物质氧化为颜色更深的醌类物质，从而导致果实组织发生褐变。本研究中发现，随着褐变指数的上升酚类物质的含量呈现下降趋势，PPO 和 PAL 活性呈上升趋势，POD 则呈现先上升后下降趋势。相关性分析显示褐变指数与酚类物质呈现极显著负相关（$r=-0.8166$），与 PPO（$r=0.6802$）和 PAL（$r=0.8319$）酶活性呈现显著正相关，说明酚类物质含量、PPO 和 PAL 与甜樱桃果实褐变密切相关。本研究发现，单独加压或气调均能抑制果实酚类物质含量下降及 PPO 和 PAL 活性的上升，二者联合处理的抑制效果优于单独处理。究其原因可能是：①加压和气调降低氧提高二氧化碳浓度，抑制了酶促氧化褐变的发生；②惰性气体氩气能发挥积极的生化作用，和氧分子竞争酶的结合位点，抑制了果蔬褐变代谢中一些重要酶类的活性；③加压使惰性气体与果实水分子形成了惰性气体水合物，该水合物能影响到果蔬中酶蛋白上的疏水残基，使酶的活性中心结构发生改变，进而使酶的活性降低，酶促反应速率减慢。相似的惰性气体抑制褐变机制效应已在鲜切菠萝、苹果和蘑菇上发现。在本研究中，POD 活性与褐变指数相关性不显著，这说明 POD 在甜樱桃果肉褐变中并未发挥重要作用，可能发挥了抗氧化酶的作用，但其机制尚不清楚，有待于进一步研究。

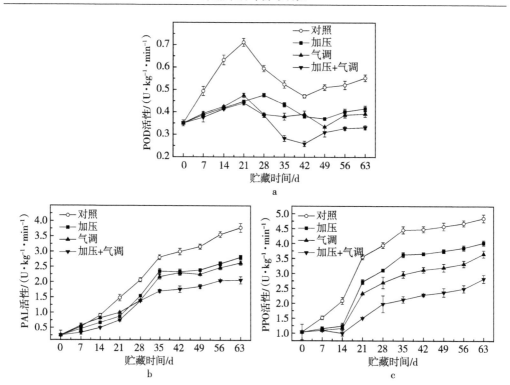

图 13-15　加压、气调及二者联合处理对甜樱桃果实褐变相关酶活性的影响

根据上述研究，主要结论如下。

加压氩气、气调及二者复合处理均能抑制冷害指数和褐变指数，保持较高的亮度（L^* 值）和饱和度（C^* 值）、较低的色调角度（h^o 值），并延缓硬度、可溶性糖、TA、总抗坏血酸含量的下降，最终保持最优的果实品质；加压氩气、气调及二者复合处理通过降低果实中 MDA 含量和相对膜透性，抑制果实酚类物质含量的下降及 PPO 和 PAL 活性的上升，最终保持较低的褐变指数，抑制果实冷害褐变发生。其中，二者复合处理效果均优于单独处理，该复合处理将成为较理想的甜樱桃保鲜方法之一。

第十四章　甜柿采后冷害与调控

一、甜柿的生产概况、品种简介及贮藏特性

（一）生产概况

柿子（*Diospyros* Raki. L.）隶属柿科柿属多年生落叶果树，起源于长江流域，是我国重要的经济树种。成熟时间在 10 月左右，果实形状较多，如球形、扁桃、近似锥形、方形等，不同的品种颜色从浅橘黄色到深橘红色不等，大小 2~10 cm，重量 100~450 g。

柿子中含有丰富的糖分、果胶和维生素，有良好的清热和润肠作用，是慢性支气管炎、高血压、动脉硬化患者的天然保健食品（表 14-1）。中医学认为，柿子味甘、涩，性寒，归肺经。《本草纲目》中记载："柿乃脾、肺、血分之果也。其味甘而气平，性涩而能收，故有健脾涩肠，治嗽止血之功。"同时，柿蒂、柿霜、柿叶均可入药。

表 14-1　柿子的营养成分（每 100 g 果实中的含量）

营养成分	含量	营养成分	含量	营养成分	含量
钾	151 mg	铁	0.2 mg	烟酸	0.3 mg
磷	23 mg	锌	0.08 mg	胡萝卜素	0.12 μg
镁	19 mg	膳食纤维	1.4 g	脂肪	0.1 g
钙	9 mg	蛋白质	0.7 g	维生素 C	30 mg

（二）品种简介

'西村早生'：系不完全甜柿，早熟品种。果实扁圆形，果顶略尖。果皮浅橙黄色，完全成熟后带橙红色，细腻有光泽。果肉松软，汁液少，糖度 18%。无核果的果肉为淡橙黄色，略有涩味，品种优良。

'上西早生'：系完全甜柿，早熟品种。果实扁圆形，果皮朱红色。果顶广圆。果肉橙黄色，褐斑小而稀，种子少，肉质致密，汁少，味较甜，品质极上。

'禅寺丸'：系不完全甜柿，中熟品种。果实短圆筒形或扁心形，果皮暗红色。果肉内有密集的黑斑，种子多，肉质松脆细嫩，汁多味甜，品质中上。

'阳丰'：系完全甜柿，亲本为富有×次郎。果实呈扁圆形，平均果重 230 g，最大果重 400 g，成熟时果面橙红色，果顶浓红色，外观艳丽迷人。果肉橙红色，肉质

硬脆，味甜，甘美爽口，存放后肉质致密，味浓甜，品质特佳。

'富有'：系完全甜柿，它像苹果一样坚实，不用脱涩，摘下来就可以食用，颜色鲜艳，品质较好，着色良好，脱涩完全，松脆，糖度高，风味好，储藏性能好，供应期长，有较高的商品价值及营养价值。

（三）贮藏特性

甜柿属于呼吸跃变型果实，对乙烯较为敏感，不耐贮运，常温下保脆期仅为18~20 d。冷藏可以有效抑制甜柿果实采后软化，但其对低温敏感，易受冷害，表现为果实内部凝胶化，失去其特有的商品价值。

二、甜柿的冷害症状

甜柿的冷害症状主要表现为果实外观色泽灰暗，有褐色斑点，表面局部凹陷并呈水渍状，腐烂，失去风味及丧失成熟能力、果肉褐变且凝胶化，果汁黏稠难以挤出果汁等症状。甜柿冷害发生后在低温条件下症状不易表现，直到温度上升后才会表现出严重的冷害症状（图14-1）。

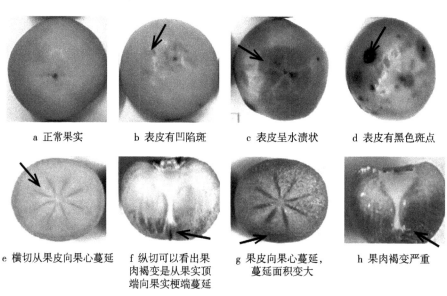

a 正常果实　　b 表皮有凹陷斑　　c 表皮呈水渍状　　d 表皮有黑色斑点

e 横切从果皮向果心蔓延　f 纵切可以看出果肉褐变是从果实顶端向果实梗端蔓延　g 果皮向果心蔓延，蔓延面积变大　h 果肉褐变严重

图14-1　甜柿冷害症状

三、影响甜柿采后冷害的因素

（一）种类与品种

不同品种甜柿对冷害的敏感性不同。'富有'甜柿在5 ℃下贮藏10 d后即表现出冷害，而'阳丰'甜柿则在1 ℃下至少冷藏35 d，后熟期间才会表现出冷害症状。

（二）温度

温度不同，所表现的冷害程度也不同。'富有'甜柿在5℃下贮藏10 d后即表现出冷害，在8℃下35 d后部分果实开始腐烂，12℃下在25 d后就有部分果实腐烂，35 d后基本全部腐烂。

'扁花柿'在1℃或4℃下冷藏50 d再移到20℃下后熟4 d，前者的冷害指数为后者的1.65倍。在8℃或12℃下贮藏，二者贮藏期间均无冷害发生。但在8℃下35 d后部分果实开始腐烂，在12℃下25 d后就有部分果实腐烂，35 d后全部腐烂。

（三）湿度

提高环境的湿度可以降低产品的蒸腾强度，减轻冷害发生。对于'阳丰''富有'柿，相对湿度和冷害呈明显的负相关。'阳丰''富有'柿相对湿度在80%下易发生冷害，相对湿度达85%~90%时不易发生冷害。

（四）采收成熟度

一般来说，在相同的生长条件下，一般成熟度低的果实对低温较敏感，更易发生冷害。另外，不同成熟期的果实在低温贮藏条件下表现出的冷害症状也有所不同，'阳丰'甜柿充分成熟后在0~3℃低温条件下可贮藏3个月，'阳丰'甜柿在七成熟时不易发生冷害。

四、甜柿采后冷害调控措施

（一）物理处理

选择七八成熟（果实开始转黄）、直径6~9 cm，大小基本一致、无病虫害的柿果，采后当天运回冷库预处理室。将柿果移到48℃热处理3 h，为避免热风带走柿子过多的水分，在外筐的托盘内放入少量水，并用聚乙烯薄膜覆盖塑料筐。

已有研究证明，用48℃热处理'扁花柿'，可有效控制柿果在贮藏过程中的冷害，推迟冷害发生时间，减轻冷害程度。

热处理诱导柿果抗冷性可能机制：①热处理延缓CAT、APX和GR活性降低，抑制ROS积累，维持ROS代谢平衡，避免产生过多的自由基，从而减少了自由基对膜的破坏和伤害，保护了膜的完整性，使膜具有正常生理功能。②热处理抑制LOX活性的上升，从而既可延缓亚油酸、亚麻酸与总不饱和脂肪酸的相对含量，特别是亚麻酸与总不饱和脂肪酸相对含量下降，又可抑制脂质过氧化过程中自由基的产生，从而减轻对细胞膜的伤害，使膜尽可能具有正常结构和生理功能。③热处理提高柿果内源多胺含量，捕获自由基，稳定膜脂双层和阻止膜脂过氧化作用，保护膜的完整性，减轻细胞膜的损伤，起到膜稳定剂的作用。④热处理使柿果后熟时内切-多聚半乳糖醛酸酶、β-半乳糖苷酶、阿拉伯聚糖酶和木聚糖酶活性得以正常恢复，促进果实正常成熟软化，减轻冷害症状。

（二）化学处理

1. 1-MCP

1-MCP 处理对不同种类和品种果实冷害的影响也不同。研究证明外源乙烯的使用会增加冷害率，而 1-MCP 能有效抑制冷害率。

选取果顶着色面积达 70%左右且成熟度一致，果个均匀，直径 6~9 cm，无病虫害的柿果，采后 2 h 运回冷库预处理室。用 1.00 μL/L 1-MCP 在密闭试验箱中以室温熏蒸甜柿 24 h，通风 0.5 h，然后取出果实贮藏于（4±0.5）℃、相对湿度 90%~95%的冷库中。

已有研究证明，1-MCP 处理'阳丰''富有'柿子可有效控制柿果在贮藏过程中的冷害，推迟冷害发生时间，减轻冷害程度。

一方面，1-MCP 处理可以有效降低呼吸强度及乙烯释放量的异常升高，提高柿果 SOD、CAT 活性，维持组织 ROS 代谢的平衡，有效抑制果实相对膜透性和 MDA 含量的上升，控制冷害的发生；另一方面，1-MCP 处理可以抑制果实 PPO、POD 活性的升高，从而减轻果肉褐变等冷害症状的出现。

2. 草酸

当果实达初熟（果面开始转色）时，采摘成熟度一致、大小均匀，直径 6~9 cm，无病虫害、无机械损伤的甜柿，采后当天运回冷库预处理室。用 5 mmol/L 草酸溶液处理 10 min，晾干后入冷库贮藏，冷库条件为（1±0.5）℃、相对湿度 90%±5%。

已有研究证明，'阳丰'柿用 5 mmol/L OA 溶液处理 10 min，晾干后入冷库贮藏，可有效控制柿果在贮藏过程中的冷害，推迟冷害发生时间，减轻冷害程度。

一方面，草酸处理提高了 SOD 和 CAT 的活性，并降低了 LOX 活性，抑制'阳丰'果实相对膜透性和 MDA 含量增加，从而减轻冷害对'阳丰'果实的膜损伤，减轻果实冷害程度；另一方面，草酸处理抑制 PPO、POD 活性升高，促进了果实原果胶含量的下降及可溶性果胶含量的上升，并使 PG 活性和出汁率维持在较高水平。

3. 水杨酸甲酯

水杨酸及其甲酯是植物中天然存在的生长调节因子，在调节植物胁迫反应和发育过程方面发挥着重要作用。目前，已在黄瓜、香蕉上得到应用。

当果实达初熟（果面开始转色）时，采摘成熟度一致、大小均匀，直径 6~9 cm，无病虫害、无机械损伤的涩柿，采后当天运回冷库预处理室。把果实放入气调箱，充入 CO_2，室温下放置 2 d 进行脱涩处理，脱涩完后用 0.1 mmol/L 水杨酸甲酯密闭 15 h，再用厚度为 0.05 mm 的聚乙烯保鲜袋包装，放于纸箱中，在 0~2 ℃的冷库内贮藏。

已有研究证明，水杨酸甲酯处理脱涩'方柿'，能明显减轻冷害程度，但机制尚不十分明确。

4. H₂O₂

H₂O₂是活性氧的一种，甚至被称为"可移动的信号分子"。当进入果实内部时，可诱导上游的蛋白磷酸化或脱磷酸化作用，并诱导其他信号分子 Ca^{2+} 通道的打开。另外，可提高酶御冷系统和非酶御冷系统物质的作用，提高清除超氧自由基的能力，抑制和消除膜的损伤，抑制膜脂过氧化，减缓 MDA 的积累，调节呼吸和乙烯等基础生理代谢，提高低温适应能力。在果实上直接作用表现为抑制冷害的发生，如降低冷害发生率，果皮细胞超微结构发生变化，果蔬品质指标发生改变等。

当果实达初熟（果面开始转色）时，采摘成熟度一致、大小均匀，直径 6~9 cm，无病虫害、无机械损伤的涩柿，采后当天运回冷库预处理室。把果实放入气调箱，充入 CO_2，室温下放置 2 d 进行脱涩处理，脱涩完后用 1 mmol/L H_2O_2 溶液浸泡 10 min，用厚度为 0.05 mm 的聚乙烯保鲜袋包装，放于纸箱中，在 0~2 ℃ 的冷库内冷藏。

已有研究证明，H_2O_2 处理脱涩'方柿'可以延缓冷害出现时间，但对冷害指数无明显影响。H_2O_2 延缓冷害机制尚不十分明确。

五、甜柿采后冷害调控实例

挑选直径 6~9 cm，成熟度一致、大小均匀、无病虫害、无机械损伤的'富有'柿果实。随机分成 2 组，每组设 3 个重复，每个重复用果 10 kg。分别做如下处理：①对照（Control）40 mg/L ClO_2 杀菌 1 min，用蒸馏水浸泡 10 min；②100 μmol/L MT 溶液处理 10 min，晾干果实表面水分，平铺装入有隔板和垫片塑料筐，塑料筐外套厚度为 0.05 mm 的聚乙烯保鲜袋，放入（1±0.5）℃、相对湿度 90%±5% 冷库中贮藏。定期随机取样用于观察冷害发生状态和相关指标测定。

（一）MT 处理对柿果实冷害指数和冷害率的影响

由图 14-2 可知，贮藏前 14 d 没有出现冷害现象，贮藏 21 d 时对照果实开始出现冷害，MT 处理果实在贮藏 28 d 出现冷害，随着贮藏时间延长，冷害指数呈上升趋

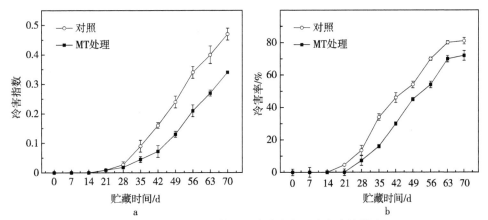

图 14-2　MT 处理对柿果实冷害指数和冷害率的影响

势。与对照处理相比，MT 处理抑制了冷害指数和冷害率的上升，贮藏结束时，MT 处理的冷害指数为对照果实的 72.4%，冷害率为对照的 88.9%，说明 MT 处理可抑制柿果实冷害发生。

（二）MT 处理对柿果实腐烂率和失重率的影响

由图 14-3a 可以看出，贮藏 70 d 时，对照和 MT 处理果实的腐烂率为 9.80% 和 4.40%，二者差异达极显著水平（$P<0.05$）。由图 14-3b 显示，贮藏 70 d 时，对照和 MT 处理果实的失重率分别为 3.63% 和 2.50%，二者差异达极显著水平（$P<0.05$）。

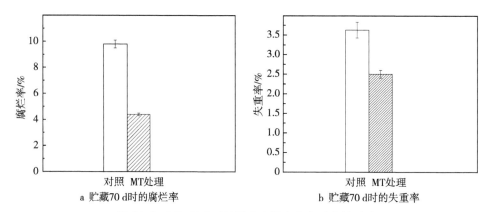

图 14-3　MT 处理对柿果实腐烂率和失重率的影响

（三）MT 处理对柿果实硬度和可溶性固形物的影响

由图 14-4a 可知，柿果实在贮藏前期果实硬度下降迅速，中后期下降较为缓慢。MT 处理果实硬度在整个贮藏期始终高于对照，在冷藏 70 d 时 MT 处理比对照提高了 20.59%，说明 MT 处理抑制了果实硬度的下降。

由图 14-4b 可知，与果实硬度变化趋势相反，TSS 含量呈上升趋势，且在冷藏前 28 d 上升迅速，之后上升较为缓慢。MT 处理的 TSS 含量在贮藏期间始终高于对照，

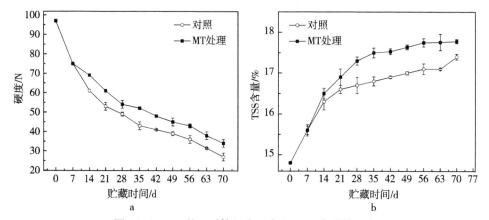

图 14-4　MT 处理对柿果实硬度和 TTS 含量的影响

且在贮藏 14 d 后差异达显著水平（$P<0.05$），说明 MT 处理可抑制柿果实软化，保持果实品质。

（四）MT 处理对柿果实 SOD 和 CAT 活性的影响

由图 14-5a 可以看出，SOD 活性呈现先上升后下降的变化趋势。MT 处理的 SOD 活性整体高于对照，21 d 至贮藏结束二者差异达显著水平（$P<0.05$）。

由图 14-5b 可以看出，在甜柿贮藏期间 CAT 活性在 MT 处理和对照中均呈现先上升后下降的变化趋势。MT 处理的 CAT 活性在贮藏期间均高于对照，且差异均达显著水平（$P<0.05$）。

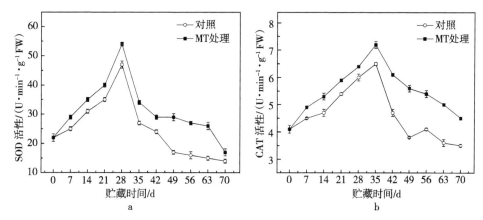

图 14-5　MT 处理对柿果实 SOD 和 CAT 活性的影响

MT 作为一种抗氧化剂，可直接清除活性氧，提高保护酶的基因转录水平来增加酶活性，同时促进抗氧化物质的形成，从而有效清除自由基。本研究中，外源 MT 处理提高果实 SOD 和 CAT 抗氧化酶活性，清除活性氧。相似的有关外源 MT 提高抗氧化酶活性而减轻冷害已在桃、黄瓜等果蔬中发现。

（五）MT 处理对柿果实 MDA 含量和相对膜透性的影响

由图 14-6 可以看出，柿果实的 MDA 含量和相对膜透性呈逐渐上升趋势。MT 处理抑制 MDA 含量和相对膜透性上升，21 d 至贮藏结束与对照差异达显著水平（$P<0.05$）。

本研究中，外源 MT 减少细胞膜脂过氧化产物 MDA 积累和相对膜透性的提高，可能与外源 MT 提高抗氧化酶活性和内源 MT 含量有关。MT 及其下游代谢产物环型-3-羟基褪黑素（C3OHM）、N-乙酰基-N-甲酰基-5-甲氧基犬脲胺（AFMK）和 N-乙酰基-5-甲氧基犬脲胺都是极好的自由基清除剂。

（六）MT 处理对柿果实 LOX 活性的影响

LOX 可以启动膜脂过氧化反应，产生自由基，伤害膜系统。由图 14-7 可以看出，在甜柿贮藏期间，LOX 活性均呈现上升的趋势。对照和 MT 处理抑制 LOX 活性

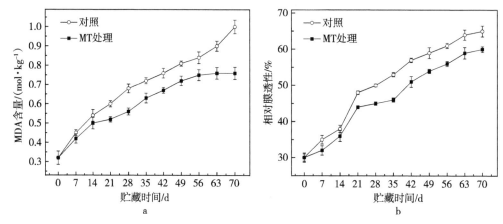

图 14-6　MT 处理对柿果实 MDA 含量和相对膜透性的影响

上升，21 d 至贮藏结束与对照差异达显著水平（*P*<0.05）。说明 MT 处理抑制果实细胞膜脂化进程。

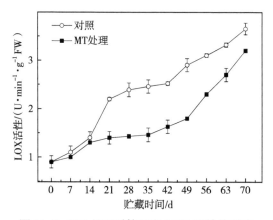

图 14-7　MT 处理对柿果实 LOX 活性的影响

（七）MT 处理对柿果实原果胶、可溶性果胶、PG 活性和出汁率的影响

由图 14-8a 可知，柿果实的原果胶含量呈下降的变化趋势。对照果实的原果胶含量冷藏 21~35 d 时迅速下降，冷藏 35 d 后下降较为缓慢。与之相比，MT 处理的原果胶含量在冷藏 35 d 前呈迅速下降的变化趋势，之后较为缓慢，且始终低于对照，14 d 至贮藏结束二者差异达显著水平（*P*<0.05）。

由图 14-8b 可知，与果实原果胶含量变化趋势相反，可溶性果胶含量呈上升的变化趋势。MT 处理的可溶性果胶含量在冷藏 7~21 d 迅速上升，之后较为缓慢，且始终高于对照，21 d 至贮藏结束二者差异达显著水平（*P*<0.05）。

由图 14-8c 可知，柿果实的 PG 活性整体呈先上升后下降的变化趋势。MT 处理促进 PG 活性上升并抑制其下降，21 d 至贮藏结束二者差异达显著水平（除 49 d 和56 d）（*P*<0.05）。

由图 14-8d 可知，在果实冷藏期间，果实出汁率呈下降的变化趋势。与对照相比，MT 处理抑制了果实出汁率的下降，且在冷藏 28 d 后，始终显著高于对照（$P<$ 0.05）。

采后果实成熟过程中，PG 可降解果胶，从而使原果胶含量下降，可溶性果胶含量增加。冷害可影响果胶溶解，使 PG 活性降低，而果胶主要成分多聚半乳糖醛酸去甲酯化后不能降解，导致果胶酸盐积累，这些果胶酸盐与 Ca^{2+} 离子结合形成凝胶，束缚果实中的游离水，使果肉出汁率下降。本研究结果表明；MT 处理保持较高的 PG 活性，有助于果胶正常降解，从而抑制甜柿果实发生冷害。

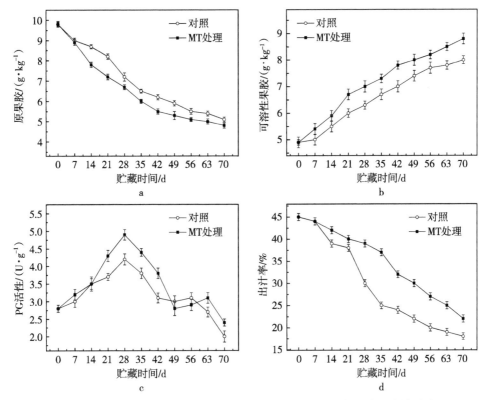

图 14-8　MT 处理对柿果实原果胶、可溶性果胶、PG 活性和出汁率的影响

根据上述研究，主要结论如下。

MT 处理提高了超氧化物歧化酶和过氧化氢酶的活性，使脂氧合酶活性维持在较低水平，延缓了细胞膜脂化进程，抑制 MDA 含量增加和相对膜透性上升，减轻了果实冷害程度。

MT 处理促进了果胶溶解，并使多聚半乳糖醛酸酶活性和出汁率维持在较高水平。

参考文献

[1] AGHDAM M S, BODBODAK S. Physiological and biochemical mechanisms regulating chilling tolerance in fruits and vegetables under postharvest salicylates and jasmonates treatments [J]. Scientia horticulturae, 2013, 156 (7): 73-85.

[2] AHMAD P, JALEEL C A, SALEM M A, et al. Roles of enzymatic and nonenzymatic antioxidants in plants during abiotic stress [J]. Crit Rev Biotechnol, 2010, 30: 161-175.

[3] ALBA-JIMÉNEZA J E, BENITO-BAUTISTAB P, NAVA G M, et al. Chilling injury is associated with changes in microsomal membrane lipids inguava fruit (*Psidium guajava* L.) and the use of controlled atmospheres reduce these effects [J]. Scientia horticulturae, 2018, 240: 94-101.

[4] ALCÁZAR R, CUEVAS J C, PLANAS J, et al. Integration of polyamines in the cold acclimation response [J]. Plant science, 2011, 180: 31-38.

[5] AMBUKOL J, ZANOL G C, SEKOZAWA Y, et al. Reactive oxygen species (ROS) scavenging in hot air preconditioning mediated alleviation of chilling injury in banana fruits [J]. Journal of agricultural science, 2013, 5 (1): 319-331.

[6] ANTUNES M D C, SFAKIOTAKIS E M. Changes in fatty acid composition and electrolyte leakage of 'Hayward' kiwifruit during storage at different temperatures [J]. Food Chem, 2008, 110 (4): 891-896.

[7] AURELIO B G, MISAEL V G, JOSÉ C C, et al. Effect of gradual cooling storage on chilling injury and phenylalanine ammonialyase activity in tomato fruit [J]. Journal of food biochemistry, 2010, 34: 295-307.

[8] BARMAN K, ASREY R, PAL R K. Putrescine and carnauba wax pretreatments alleviate chilling injury, enhance shelf life and preserve pomegranate fruit quality during cold storage [J]. Scientia horticulturae, 2011, 130: 795-800.

[9] BASSALA M, EL-HAMAHMY M. Hot water dip and preconditioning treatments to reduce chilling injury and maintain postharvest quality of Navel and Valencia oranges during cold quarantine [J]. Postharvest biology and technology, 2011, 60: 186-191.

[10] BURDON J, LALLU N, FRANCIS K, et al. The susceptibility of kiwifruit to low temperature breakdown is associated with pre-harvest temperatures and at-harvest soluble solids content [J]. Postharvest biology and technology, 2007, 43: 283-290.

[11] CAI C, CHEN K S, XU W P, et al. Effect of 1-MCP on postharvest quality of lo-

quat fruit [J]. Postharvest biology and technology, 2006, 40: 155-162.

[12] CAI H, YUAN X, PAN J, et al. Biochemical and proteomic analysis of grape berries (Vitis labruscana) during cold storage upon postharvest salicylic acid treatment [J]. Journal of agricultural and food chemistry, 2014, 62 (41): 10118-10125.

[13] CAI Y T, CAO S F, YANG Z F, et al. MeJA regulates enzymes involved in ascorbic acid and glutathione metabolism and improves chilling tolerance in loquat fruit [J]. Postharvest biology and technology, 2011, 59: 324-326.

[14] CANDAN A P, GRAELL J, LARRIGAUDIÉRE C. Roles of climacteric ethylene in the development of chilling injury in plums [J]. Postharvest biology and technology, 2008, 47 (1): 107-112.

[15] CAO S F, HU Z C, ZHENG Y H, et al. Synergistic effect of heat treatment and salicylic acid on alleviating internal browning in cold-stored peach fruit [J]. Postharvest biology and technology, 2010, 58 (2): 93-97.

[16] CAO S F, YANG Z F, CAI Y T, et al. Fatty acid composition and antioxidant system in relation to susceptibility of loquat fruit to chilling injury [J]. Food chemistry, 2011, 127: 1777-1783.

[17] CAO S F, YANG Z F, ZHENG Y H. Effect of 1-methylcyclopene on senescence and quality maintenance of green bell pepper fruit during storage at 20 ℃ [J]. Postharvest biology and technology, 2012, 70: 1-6.

[18] CAO S F, ZHENG Y H, WANG K T, et al. Effect of Methyl jasmonate on cell wall modification of loquat fruit in relation to chilling injury after harvest [J]. Food chemistry, 2010, 118: 641-648.

[19] CHEN B X, YANG H Q. 6-benzylaminopurine alleviates chilling injury of postharvest cucumber fruit through modulating antioxidant system and energy status [J]. J Sci Food Agric, 2013, 93: 65-73.

[20] CHEN J, HE L, JIANG Y, et al. Role of phenylalanine ammonia-lyase in heat pretreatment-induced chilling tolerance in banana fruit [J]. Physiologia plantarum, 2008, 132: 318-328.

[21] DING C K, WANG C Y, GROSS K C, et al. Jasmonate and salicylate induce the expression of pathogenesis-related-protein genes and increase resistance to chilling injury in tomato fruit [J]. Planta, 2002, 214 (6): 895-901.

[22] DING Z S, TIAN S P, ZHENG X L, et al. Responses of reactive oxygen metabolism and quality in mango fruit to exogenous oxalic acid or salicylic acid under chilling temperature stress [J]. Physiologia plantarum, 2007, 130 (1): 112-121.

[23] DONG J F, YU Q, LU LI, et al. Effect of yeast saccharide treatment on nitric oxide accumulation and chilling injury in cucumber fruit during cold storage [J]. Postharvest biology and technology, 2012, 68: 1-7.

[24] FUKUSHIMA T, YAMAZAKI M, TSUGIYAMA T. Chilling-injury in cucumber fruits. I. Effects of storage temperature on symptoms and physiological changes [J]. Sci

Hortic-Amsterdam, 2003, 6: 185-197.

[25] GAO H, LU Z M, YANG Y, et al. Melatonin treatment reduces chilling injury in peach fruit through its regulation of membrane fatty acid contents and phenolic metabolism [J]. Food chemistry, 2018, 245: 659-666.

[26] GIRARDI C L, CORRENT A R, LUCCHETTA L, et al. Effect of ethylene, intermittent warming and controlled atmosphere on postharvest quality and occurrence of woolliness in peach (*Prunus persica* cv. Chiripa) during cold storage [J]. Postharvest biology and technology, 2005, 38: 25-33.

[27] GONZÁLEZ-AGUILAR G A, GAYOSSO L, CRUZ R, et al. Polyamines induced by hot water treatments reduce chilling injury and decay in pepper fruit [J]. Postharvest biology and technology, 2009, 18: 19-26.

[28] GUPTA K, DEY A, GUPTA B. Plant polyamines in abiotic stress responses [J]. Acta Physiol Plant, 2013, 35: 2015-2036.

[29] HUANG H, JIAN Q J, JIANG Y M, et al. Enhanced chilling tolerance of banana fruit treated with malic acid prior to low-temperature storage [J]. Postharvest biology and technology, 2016 (111): 209-213.

[30] HUANG H, JING G, GUO L, et al. Effect of oxalic acid on ripening attributes of banana fruit during storage [J]. Postharvest biology and technology, 2013, 84 (5): 22-27.

[31] JIANG Y M, CHEN F. A study on polyamine change and browning of fruit during cold storage of litchi [J]. Postharvest biology and technology, 1995, 5: 245-250.

[32] JIN P, CAO S F, ZHANG Y H. Managing chilling injury in fruits [J/OL]. Acta horticulturae, 2013, 1012: 1087-1096. Doi: 10. 17660 /actahortic. 2013. 1012. 147.

[33] JIN P, SHANG H T, CHEN J J, et al. Effect of 1-methylcyclopropene on chilling injury and quality of peach fruit during cold storage [J]. Journal of food science, 2011, 76: 5485-5491.

[34] JIN P, ZHU H, WANG L, et al. Oxalic acid alleviates chilling injury in peach fruit by regulating energy metabolism and fatty acid contents [J]. Food chemistry, 2014, 161: 87-93.

[35] KIENZLE S, SRUAMSIRI P, CARLE R, et al. Harvest maturity specification for mango fruit (*Mangifera indica* L. 'Chok Anan') in regard to long supply chains [J]. Postharvest biology and technology, 2011, 61: 41-55.

[36] KONDO S, PONROD W, KANLAYANARAT S, et al. Relationship between ABA and chilling injury in mangosteen fruit treated with spermine [J]. Plant growth regul, 2003, 39: 119-124.

[37] KOO A J K, GAO X, JONES A D, et al. A rapid wound signal activates the systemic synthesis of bioactive jasmonates in arabidopsis [J]. The plant journal,

2009, 59 (6): 974-986.

[38] KOUTSOFLINI A, GERASOPOULOS D, VASILAKAKIS M. The effects of fruit maturation, delayed storage and ethylene treatment on the incidence of low temperature breakdown of 'Hayward' kiwifruit [J]. J Sci Food Agric, 2013, 93: 410-414.

[39] LAFUENTE M T, ZACARIAS L, MARTÍNEZ-TÉLLEZ M A, et al. Phenylalanine ammonialyase and ethylene in relation to chilling injury as affected by fruit age in citrus [J]. Postharvest biology and technology, 2003, 29: 308-317.

[40] LI P Y, YIN F, SONG L J, et al. Alleviation of chilling injury in tomato fruit by exogenous application of oxalic acid [J]. Food chemistry, 2016, 202: 125-132.

[41] LIM B S, KIM J K, GROSS K C, et al. Gradual postharvest cooling reduces blackening disorder in 'Niitaka' pear (*Pyrus pyrifolia*) fruits [J]. Journal of the korean society for horticultural science, 2005, 46: 311-316.

[42] LIU D J, SUI G L, HE Y Z, et al. Effect of ice-temperature and spermidine on chilling sensitivity of pepper [J]. Food and nutrition sciences, 2013, 4: 156-162.

[43] LIU L, WEI Y N, SHI F, et al. Intermittent warming improves postharvest quality of bell peppers and reduces chilling injury [J]. Postharvest biology and technology, 2015, 101: 18-25.

[44] LUKATKIN A S, BRAZAITYT A R, BOBINAS E, et al. Chilling injury in chilling-sensitive plants a review [J]. Agriculture, 2012, 99 (2): 111-124.

[45] LUO Z S, CHEN C, XIE J. Effect of salicylic acid treatment on alleviating postharvest chilling injury of 'Qingnai' plum fruit [J]. Postharvest biology and technology, 2011, 62: 115-120.

[46] LYONS J M. Phase transitions and control of cellular metabolism at low temperatures [J]. Cryobiology, 1972, 9: 341.

[47] MAHMOUD KOUSHESH SABA, SAMIRA MORADI. Sodium nitroprusside (SNP) spray to maintain fruit quality and alleviate postharvest chilling injury of peach fruit [J]. Scientia horticulturae, 2017, 216: 193-199.

[48] MAO L, PANG H, WANG G. Phospholipase D and lipoxygenase activity of cucumber fruit in response to chilling stress [J]. Postharvest biology and technology, 2007, 44: 42-47.

[49] MARTINEZ-ROMERO D, SERRANO M, CARBONELL A, et al. Effects of postharvest putrescine treatment on extending shelf life and reducing mechanical damage in apricot [J]. J Food Sci, 2002, 67: 1706-1712.

[50] MIRDEHGHAN S H, RAHEMI M, MARTÍNEZ-ROMERO D, et al. Reduction of pomegranate chilling injury during storage after heat treatment: role of polyamines [J]. Postharvest biology and technology, 2007, 44: 19-25.

[51] MOHAMMED M, BRECHT J K. Reduction of chilling injury in 'Tommy Atkins' mangoes during ripening [J]. Scientia horticulture, 2002, 95: 297-308.

[52] NASEF I N. Short hot water as safe treatment induces chilling tolerance and antioxidant enzymes, prevents decay and maintains quality of cold-stored cucumbers [J]. Postharvest biology and technology, 2018, 138: 1-10.

[53] PROMYOU S, KESTA S, VAN D W. Hot water treatments delay cold-induced banana peel blackening [J]. Postharv Biol Technol, 2008, 48: 132-138.

[54] PROMYOU S, SUPAPVANICH S, BOODKORD B, et al. Alleviation of chilling injury in jujube fruit (*Ziziphus jujuba* Mill) by dipping in 35 ℃ water [J]. Kasetsart journal (Natural science), 2012, 46: 107-119.

[55] PUSITTIGUL I, KONDO S, SIRIPHANICH J. Internal browning of pineapple (*Ananas comosus* L.) fruit and endogenous concentrations of abscisic acid and gibberellins during low temperature storage [J]. Sci Hortic-Amsterdam, 2012, 146: 45-51.

[56] PUSITTIGUL I, SIRIPHANICH J. Relationship between calcium content and internal browning of pineapples [J]. Agric Sci J, 2008, 39 (Special): 176-179.

[57] QIAN C L, HE Z P, ZHAO Y Y, et al. Maturity-dependent chilling tolerance regulated by the antioxidative capacity in postharvest cucumber (*Cucumis sativus* L.) fruits [J]. J Sci Food Agric, 2012, 3: 626-633.

[58] RAO T V R, GOL N B, SHAH K K. Effect of postharvest treatments and storage temperatures on the quality and shelf life of sweet pepper (*Capsicum annum* L) [J]. Sci Hortic, 2011, 132: 18-26.

[59] RUI H J, CAO S F, SHANG H T, et al. Effects of heat treatment on internal browning and membrane fatty acid in loquat fruit in response to chilling stress [J]. Journal of the science of food and agriculture, 2010, 90 (9): 1557-1561.

[60] SABA M K, ARZANI K, BARZEGAR M. Postharvest polyamine application alleviates chilling injury and affects apricot storage ability [J]. Journal of agricultural and food chemistry, 2012, 60: 8947-8953.

[61] SALA J M. Involvement of oxidative stress in chilling injury in cold-stored mandarin fruits [J]. Postharvest biology and technology, 1998, 13: 255-261.

[62] SAQUET A, STREIF J, BANGERTH F. Energy metabolism and membrane lipid alterations in relation to brown heart development in 'Conference' pears during delayed controlled atmosphere storage [J]. Postharvest biology and technology, 2003, 30: 123-132.

[63] SEVILLANO L, SANCHEZ-BALLESTA M T, ROMOJARO F, et al. Physiological, hormonal and molecular mechanisms regulating chilling injury in horticultural species: postharvest technologies applied to reduce its impact [J]. J Sci Food Agric, 2009, 89: 555-573.

[64] SFAKIOTAKIS E, CHLIOUMIS G, GERASOPOULOS D. Preharvest chilling reduces low temperature breakdown incidence of kiwifruit [J]. Postharvest biology and technology, 2005, 38: 169-174.

［65］ SHAN T M, JIN P, ZHANG Y, et al. Exogenous glycine betaine treatment en-hances chilling tolerance of peach fruit during cold storage ［J］. Postharvest biology and technology, 2016, 114: 104-110.

［66］ SHANG H T, CAO S F, YANG Z F, et al. Effect of exogenous γ-aminobutyric acid treatment on proline accumulation and chilling injury in peach fruit after long-term cold storage ［J］. Journal of agricultural and food chemistry, 2011, 59: 1264-1268.

［67］ SHEN W, NADA K, TACHIBANA S. Involvement of polyamines in the chilling tolerance of cucumber cultivars ［J］. Plant Physiol, 2000, 124: 431-439.

［68］ SINGH S P, SINGH Z. Controlled and modified atmospheres influence chilling inju-ry, fruit quality and antioxidative system of Japanese plums (*Prunussalicina Lindel* L) ［J］. International journal of food science and technology, 2013, 48: 363-374.

［69］ SINGH S P, SINGH Z. Postharvest cold storage-induced oxidative stress in Japanese plums (*Prunus salicina Lindl.* cv. Amber Jewel) in relation to harvest maturity ［J］. Australian journal of crop science, 2013, 7 (3): 391-400.

［70］ SINGH S P, SINGH Z. Role of membrane Lipid peroxidation, enzymatic and non-enzymatic antioxidative systems in the development of chilling injury in Japanese plums ［J］. Journal of the American society for horticultural science, 2012, 137 (6): 473-481.

［71］ SIRIPHANICH J, CHANJIRAKUL K, NUKULTHORNPRAKIT O. Chilling injury symptom, lipid peroxidation, electrolyte leakage and antioxidant capacity in queen and smooth cayenne pineapple ［C］. Symposium on the Australasian Postharvest Horticulture Conference, Royal Lakeside Novote, Rotorua, New Zealand, 2005.

［72］ SKUPIEN J, WOJTOWICZ J, KOWALEWSKA L, et al. Dark-chilling induces substantial structural changes and modifiesgalactolipid and carotenoid composition during chloroplast biogenesisin cucumber (*Cucumis sativus* L.) cotyledons ［J］. Plant physiology and biochemistry, 2017, 111: 107-118.

［73］ SOMBOONKAEW N, TERRY L A. Physiological and biochemical profiles of impor-ted litchi fruit under modified atmosphere packaging ［J］. Postharvest biology and technology, 2010, 56: 246-253.

［74］ SONG H M, XU X B, WANG H, et al. Exogenous γ-aminobutyric acid alleviates oxidative damage caused by aluminium and proton stresses on barley seedlings ［J］. Journal of science of food and agriculture, 2010, 90: 1410-1416.

［75］ SONG L L, GAO H Y, CHEN H J, et al. Effects of short term anoxic treatment on antioxidant ability and membrane integrity of postharvest kiwifruit during storage ［J］. Food chemistry, 2009, 114: 1216-1221.

［76］ SUN H P, LI L, WANG X, et al. Ascorbate-glutathione cycle of mitochondria in osmoprimed soybean cotyledons in response to imbibitional chilling injury ［J］.

Journal of plant physiology, 2011, 168: 226-232.

[77] SUN J H, CHEN J Y, KUANG J F, et al. Expression of sHSP genes as affected by heat shock and cold acclimation in relation to chilling tolerance in plum fruit [J]. Postharvest biology and technology, 2010, 55: 91-96.

[78] SUN Y J, JIN P, SHAN T M, et al. Effect of glycine betaine treatment on postharvest chilling injury and active oxy-gen metabolism in loquat fruits [J]. Food science, 2014, 35: 210-215.

[79] SUN Y, GU X Z, SUN K, et al. Hyperspectral reflectance imaging combined with chemometrics andsuccessive projections algorithm for chilling injury classification in Peaches [J]. Lwt-food science and technology, 2017, 75: 557-564.

[80] VICENTE A R, PINEDA C, LEMOINE L, et al. UV-C treatments reduce decay, retain quality and alleviate chilling injury in pepper [J]. Postharvest biology and technology, 2005, 35: 69-78.

[81] WANG B G, WANG J H, LIANG H, et al. Reduced chilling injury in mango fruit by 2, 4-dichlorophenoxyacetic acid and the antioxidant response [J]. Postharvest biology and technology, 2008, 48: 172-181.

[82] WANG L, CHEN S, KONG W, et al. Salicylic acid pretreatment alleviates chilling injury and affects the antioxidant system and heat shock proteins of peaches during cold storage [J]. Postharvest biology and technology, 2006, 41: 244-251.

[83] WANG L, SHAN T M, XIE B, et al. Glycine betaine reduces chilling injury in peach fruit by enhancing phenolic and sugar metabolisms [J]. Food chemistry, 2019, 272: 530-538.

[84] WANG Q, DING T, GAO L P, et al. Effect of brassinolide on chilling injury of green bell pepper in storage [J]. Scientia horticulturae, 2012, 144: 195-200.

[85] WANG Q, DING T, ZUO J H, et al. Amelioration of postharvest chilling injury in sweet pepper by glycine betaine [J]. Postharvest biology and technology, 2016, 112: 114-120.

[86] WANG Y S, LUO Z S, MAO L C, et al. Contribution of poly-amines metabolism and GABA shunt to chilling tolerance induced by nitric oxide in cold-stored banana fruit [J]. Food chemistry, 2016, 197: 333-339.

[87] WANG Z G, CHEN L J, YANG H, et al. Effect of exogenous glycine betaine on qualities of button mushrooms (Agaricus bisporus) during postharvest storage [J]. European food research and technology, 2015, 240 (1): 41-48.

[88] WANG Z, CAO J K, JIANG W B. Changes in sugar metabolism caused by exogenous oxalic acid related to chilling tolerance of apricot fruit [J]. Postharvest biology and technology, 2016, 114: 10-16.

[89] WONSHEREE T, KESTA S, DOORN W G. The relationship between chilling injury and membrane damage in lemon basil (Ocimum × citriodourum) leaves [J]. Postharv Biol Technol, 2009, 51: 91-96.

［90］ WOOLF A B, REQUEJO-TAPIA C, COX K A, et al. 1-MCP reduces physiological storage disorders of 'Hass' avocados ［J］. Postharvest biology and technology, 2005, 35: 43-60.

［91］ WU J, WU J J, LIANG J, et al. Effects of exogenous NO on ASA-GSH circulation metabolism in young loquat fruit mitochondria under low temperature stress ［J］. Pak J Bot, 2012, 44 (3): 847-851.

［92］ YANG A P, CAO S F, YANG Z F, et al. γ-Aminobutyric acid treatment reduces chilling injury and activates the defence response of peach fruit ［J］. Food chemistry, 2011, 129 (4): 1619-1622.

［93］ YANG H Q, WU F H, CHENG J Y. Reduced chilling injury in cucumber by nitric oxide and the antioxidant response ［J］. Food chemistry, 2011 (127): 1287-1242.

［94］ YANG Q Z, RAO J P, YI S C, et al. Antioxidant enzyme activity and chilling injury during low-temperature storage of kiwifruit cv. Hongyang exposed to gradual postharvest cooling ［J］. Hort Environ Biotechnol, 2012, 53 (6): 505-512.

［95］ YANG Q Z, WANG F, RAO J P. Effect of putrescine treatment on chilling injury, fatty acid compositions and antioxidant system in kiwifruit ［J/OL］. PLoS ONE, 2016, 11 (9): e0162159. Doi: 10. 1371/journal. pone. 0162159.

［96］ YANG Q Z, ZHANG X P, WANG F, et al. Effect of pressurized argon combined with controlled atmosphere on the postharvest quality and browning of sweet cherries ［J］. Postharvest biology and technology, 2019, 147: 59-67.

［97］ YANG Q Z, ZHANG X P, WANG F, et al. Exogenous melatonin delays postharvest fruit senescence and maintains the fruit quality of sweet cherries ［J］. Food chemistry (under review).

［98］ YANG Q Z, ZHANG Z K, RAO J P, et al. Low temperature conditioning induces chilling tolerance in 'Hayward' kiwifruit by enhancing antioxidant enzyme activity and regulating endogenous hormones levels ［J］. Journal of the science of food and agriculture, 2013, 93 (15): 3691-3699.

［99］ YANG Z F, CAO S F, ZHENG Y H, et al. Combined salicylic acid and ultrasound treatments for reducing the chilling injury on peach fruit ［J］. J Agric Food Chem, 2012, 60: 1209-1212.

［100］ YIN X R, CHEN K S, ALLAN A C, et al. Ethylene-induced modulation of genes associated with the ethylene signaling pathway in ripening kiwifruit ［J］. Journal of experimental botany, 2008, 59 (8): 2097-2108.

［101］ ZHANG C F, TIAN S P. Peach fruit acquired tolerance to low temperature stress by accumulation of linolenic acid and N-acylphosphatidylethanolamine in plasma membrane ［J］. Food chemistry, 2010, 120: 864-872.

［102］ ZHANG C, DING Z, XU X, et al. Crucial roles of membrane stability and its related proteins in the tolerance of peach fruit to chilling injury ［J］. Amino acids,

2010, 39: 181-194.

[103] ZHANG F, WAN X Q, ZHANG H Q, et al. The effect of cold stress on endogenous hormones and CBF_1 homolog in four contrasting bamboo species [J]. J Forest Res, 2012, 17: 72-78.

[104] ZHANG R Q, YANG J, JIN X L, et al. Dynamic activity of endogenous plant hormones in zelkova schneideriana during the growth of seedlings [J]. Nonwood forest research, 2011, 29 (4): 1-5.

[105] ZHANG T, CHE F B, RAO J P. Changes of polyaminesand CBFs expressions of two Hami melon (*Cucumis melo* L.) cultivars during low temperature storage [J/OL]. Scientia horticulturae, 2017: 5-33. DIO: 10. 1016/j. scienta.

[106] ZHANG W P, JIANG B, LI W G, et al. Polyamines enhance chilling tolerance of cucumber (*Cucumis sativus* L.) through modulating antioxidative system [J]. Scientia horticulturae, 2009, 122: 200-208.

[107] ZHANG X H, SHEN L, LI F J, et al. Hot air treatment-induced arginine catabolism is associated with elevated polyamines and proline levels and alleviates chilling injury in postharvest tomato fruit [J]. J Sci Food Agric, 2013, 93: 3245-3251.

[108] ZHANG X H, SHENG J P, LI F J, et al. Methyl jasmonate alters arginine catabolism and improves postharvest chilling tolerance in cherry tomato fruit [J]. Postharvest biology and technology, 2012, 64: 160-167.

[109] ZHANG Y, LUO Y, HOU Y X, et al. Chilling acclimation induced changes in the distribution of H_2O_2 and antoxidant system of strawberry leaves [J]. Agriculture journal, 2008, 3 (4): 286-291.

[110] ZHANG Z K, ZHANG Y, HUBER D J, et al. Changes in prooxidant and antioxidant enzymes and reduction of chilling injury symptoms during low-temperature storage of 'Fuyu' persimmon treated with 1-methylcyclopropene [J]. Hortscience, 2010, 45: 1713-1718.

[111] ZHAO Y Y, CHEN J J, JIN P, et al. Effect of low temperature conditioning on chilling injury and energy status in cold-stored peach fruit [J]. Food science, 2012, 33: 276-281.

[112] ZHAO Z L, CAO J K, JIANG W B, et al. Maturity-related chilling tolerance in mango fruit and the antioxidant capacity involved [J]. J Sci Food Agric, 2009, 89: 304-309.

[113] ZHAO Z L, JIANG W B, CAO J K, et al. Effect of cold-shock treatment on chilling injury in mango (*Mangifera indicaL.* cv. 'Wacheng') fruit [J]. J Sci Food Agric, 2006, 86: 2458-2462.

[114] ZHENG Y H, RAYMOND W M F, WANG S Y, et al. Transcript levels of antioxidative genes and oxygen radical scavenging enzyme activities in chilled zucchini squash in response to superatmospheric oxygen [J]. Postharvest biology and technology, 2008, 47: 151-158.

［115］ ZHOU H W, DONG L, RUTH BEN-ARIE1, et al. The role of ethylene in the prevention of chilling injury in nectarines ［J］. J Plant Physiol, 2001, 158: 55-61.

［116］ ZHOU Z, JIANG W, CAO J, et al. Effect of cold-shock treatment on chilling injury in mango (*Mangifera indica* L. cv. 'Wacheng') fruit ［J］. J Sci Food Agric, 2006, 86: 2458-2462.

［117］ 蔡琰, 余美丽, 邢宏杰, 等. 低温预贮处理对冷藏水蜜桃冷害和品质的影响 ［J］. 农业工程学报, 2010, 26 (6): 334-338.

［118］ 陈发河, 蔡慧农, 吴光斌, 等. 热激处理对采后甜椒果实抗冷害的生理效应 ［J］. 食品科学, 2002 (6): 139-142.

［119］ 陈发河, 张维一, 吴光斌, 等. 变温处理后甜椒果实对低温胁迫的生理反应 ［J］. 园艺学报, 1994, 21 (4): 351-356.

［120］ 陈健华, 张敏, 车贞花, 等. 不同贮藏温度及时间对黄瓜果实冷害发生的影响 ［J］. 食品工业科技, 2012, 33 (9): 11-15.

［121］ 陈京京, 金鹏, 李会会, 等. 低温贮藏对桃果实冷害和能量水平的影响 ［J］. 农业工程学报, 2012, 28 (4): 275-281.

［122］ 单体敏, 金鹏, 许佳, 等. 外源甜菜碱处理对冷藏桃果实冷害和品质的影响 ［J］. 园艺学报, 2015, 42 (11): 2244-2252.

［123］ 丁天, 庞杰, 王清, 等. 外源甜菜碱对辣椒抗冷性的影响 ［J］. 广东农业科学, 2012 (21): 2244-2252.

［124］ 丁天, 史君彦, 王清, 等. 水杨酸对青椒抗冷性的影响 ［J］. 北方园艺, 2014 (9): 154-158.

［125］ 丁天. 外源因子处理减轻青椒冷害机理的研究 ［D］. 福州: 福建农林大学, 2013.

［126］ 都凤华, 王秀春, 郭菊曼, 等. 李子贮藏温度及冷害的研究 ［J］. 吉林农业大学学报, 1997, 19 (3): 91-96.

［127］ 范蓓, 杨杨, 王锋, 等. 外源 NO 处理对采后芒果抗冷性的影响 ［J］. 核农学报, 2013, 27 (6): 800-804.

［128］ 冯志宏, 赵迎丽, 李建华, 等. 亚精胺处理对大久保桃果实冷敏性的影响 ［J］. 农业机械学报, 2009, 40 (12): 151-155.

［129］ 高慧, 饶景萍. 冷害对贮藏油桃膜脂脂肪酸及相关酶活性的影响 ［J］. 西北植物学报, 2007, 27 (4): 710-714.

［130］ 高慧. 油桃果实冷害及冷害生理机制研究 ［D］. 杨凌: 西北农林科技大学, 2007.

［131］ 郜海燕, 陈杭君, 陈文炬. 采收成熟度对冷藏水蜜桃果实品质和冷害的影响 ［J］. 中国农业科学, 2009, 42 (2): 612-618.

［132］ 谷会, 弓德强, 朱世江, 等. 冷激处理对辣椒冷害及抗氧化防御体系的影响 ［J］. 中国农业科学, 2011, 44 (12): 2523-2530.

［133］ 郭雨萱, 郝利平, 卢银洁. 不同处理对茄子采后冷害及相关酶活性的影响

　　　　　　［J］. 山西农业大学学报（自然科学版），2016，36（9）：668-684.

［134］ 韩聪，高丽朴，王兆升，等. 蔬菜冷害控制的研究进展［J］. 中国蔬菜，2013（12）：1-8.

［135］ 韩金宏. 高压静电场处理对油桃耐冷性的影响［J］. 食品科技，2016，41（9）：76-79.

［136］ 韩军岐，张有林，史向向. 冬枣减压和臭氧联用保鲜技术研究［J］. 西北农林科技大学学报（自然科学版），2006（11）：141-147.

［137］ 侯媛媛，朱璇，韩江，等. 水杨酸处理对杏果实冷害及组织结构的影响［J］. 食品科技，2013，38（10）：51-55.

［138］ 胡位荣，张昭其，季作梁，等. 冷害对荔枝果皮膜脂过氧化和保护酶活性的影响［J］. 华南农业大学学报，2004，25（3）：6-9.

［139］ 纪秀娥，杜红阳. 多胺与水果、蔬菜贮藏时的冷害关系［J］. 周口师范学院学报，2006，23（5）：90-92.

［140］ 季作梁，张昭其，王燕. 芒果低温贮藏及其冷害的研究［J］. 园艺学报，1994，21（4）：111-116.

［141］ 姜云北，陶乐仁，梅娜. 冷激处理对青椒生理及品质的影响［J］. 食品与发酵科技，2015（6）：27-31.

［142］ 焦桂芝，孙井泉. 浅析西瓜冷害的症状及防御措施［J］. 吉林蔬菜，2010（2）：57-59.

［143］ 金鹏，吕慕雯，孙萃萃，等. MeJA 与低温预贮对枇杷冷害和活性氧代谢的影响［J］. 园艺学报，2012，39（2）：461-468.

［144］ 金鹏，王静，朱虹，等. 果蔬采后冷害控制技术及机制研究进展［J］. 南京农业大学学报，2012，35（5）：167-174.

［145］ 孔祥佳，林河通，陈雅平，等. 低温贮藏对'长营'橄榄果实采后生理和品质的影响［J］. 包装与食品机械，2011，29（2）：1-5.

［146］ 李丽萍，韩涛. 果蔬采后冷害的控制［J］. 北京农学院学报，1998，13（1）：122-130.

［147］ 李佩艳. 草酸处理对冷敏型果实采后冷害的缓解效应及其机制研究［D］. 杭州：浙江工商大学，2014.

［148］ 李青芝，王红星. 多胺与采后果蔬贮藏时冷害的关系研究［J］. 安徽农业科学，2008，36（25）：11087-11088.

［149］ 李清明，谭兴和，王锋. 冷冲击处理对柰李贮藏品质的影响［J］. 保鲜与加工，2007（2）：24-26.

［150］ 李雪萍，张昭其，戴宏芬，等. 低温锻炼对冷藏芒果膜脂过氧化作用的影响［J］. 华南农业大学学报，2000，21（4）：15-17.

［151］ 刘宾，王学君，毛江胜，等. 精胺处理对凯特杏低温贮藏期间生理特性的影响［J］. 食品科学，2009，30（22）：358-360.

［152］ 刘辉，李江阔，农绍庄，等. 不同温度对冬枣冷害程度的影响［J］. 食品工业科技，2012，33（12）：344-348.

[153] 刘辉. 樱桃和冬枣冷害机理及保鲜技术研究 [D]. 大连：大连工业大学，2012.

[154] 刘文英. 植物逆境与基因 [M]. 北京：北京理工大学出版社，2015.

[155] 刘祖祺，林定波. ABA/GA$_3$调控特异蛋白质与柑桔的耐冷性 [J]. 园艺学报，1993，20 (4)：335-340.

[156] 刘祖祺，张石城. 植物抗性生理学 [M]. 北京：中国农业出版社，1994：40-45.

[157] 龙翰飞，陈建学，李彩屏. 中华猕猴桃最佳采收期指标研究 [J]. 果树科学，1998，5 (2)：65-69.

[158] 陆旺金，张昭其，季作梁. 热带亚热带果蔬低温贮藏冷害及御冷技术 [J]. 植物生理学通讯，1999，35 (2)：158-163.

[159] 罗自生，席玛芳，楼健. 热处理减轻柿果冷害与内源多胺的关系 [J]. 中国农业科学，2003，36 (4)：429-432.

[160] 罗自生，徐晓玲，蔡侦侦，等. 热激减轻柿果冷害与活性氧代谢的关系 [J]. 农业工程学报，2007，23 (8)：249-253.

[161] 罗自生. 热激减轻柿果冷害及其与脂氧合酶的关系 [J]. 果树学报，2006，23 (3)：454-457.

[162] 马秋诗，杨青珍，李秀芳，等. 低温预贮对'红阳'猕猴桃果实冷害及 CBF 转录因子表达的影响 [J]. 西北农业学报，2014，23 (9)：152-159.

[163] 马文月. 植物冷害和抗冷性的研究进展 [J]. 安徽农业科学，2000，32 (5)：1003-1006.

[164] 茅林春，王阳光，张上隆. 热处理减缓桃果实采后冷害的研究 [J]. 浙江大学学报，2000，26 (3)：137-140.

[165] 茅林春，张上隆. 果胶酶和纤维素酶在桃果实成熟和絮败中的作用 [J]. 园艺学报，2001，28 (2)：107-111.

[166] 孟雪雁. 不同温度下桃贮藏效果及冷害症状的发生 [J]. 山西农业大学学报，2001，21 (1)：66-69.

[167] 潘永贵，谢江辉. 现代果蔬采后生理 [M]. 北京：化学工业出版社，2009：120-123.

[168] 庞学群，陈燕妮，黄雪梅，等. 冷害导致砂糖橘果实品质劣变 [J]. 园艺学报，2008，35 (4)：509-514.

[169] 乔勇进，冯双庆，李丽萍，等. 多胺处理对黄瓜冷害及品质的影响 [J]. 吉林农业大学学报，2005，27 (1)：55-58.

[170] 乔勇进，孙蕾，房用，等. 多胺在果蔬冷藏中生理效应和作用机制 [J]. 经济林研究，2003，21 (1)：14-17.

[171] 饶景萍. 园艺产品贮运学 [M]. 北京：科学出版社，2015.

[172] 任小林. 亚精胺对李果实乙烯产生与呼吸速率的影响 [J]. 植物生理学通讯，1995，31 (3)：186.

[173] 芮怀瑾，尚海涛，汪开拓，等. 热处理对冷藏枇杷果实活性氧代谢和木质化

的影响 [J]. 食品科学, 2009, 30 (14): 304-308.

[174] 尚海涛. 桃果实絮败和木质化两种冷害症状形成机理研究 [D]. 南京: 南京农业大学, 2011.

[175] 申博文, 王锋, 赵旗峰, 等. 甜樱桃采后特性与保鲜技术研究 [J]. 农家参谋 (录用).

[176] 索江涛. 猕猴桃采后冷害木质化特点及其果实抗冷机制研究 [D]. 杨凌: 西北农林科技大学, 2018.

[177] 田世平, 徐勇, 姜爱丽. 冬雪蜜桃在气调冷藏期间品质及相关酶活性的变化 [J]. 中国农业科学, 2001, 34 (6): 656-661.

[178] 王宝山. 逆境植物生物学 [M]. 北京: 高等教育出版社, 2010.

[179] 王丹, 张子德, 刘升, 等. 热处理和间歇升温低温贮藏对辣椒冷害的影响 [J]. 安徽农业科学, 2012 (3): 1449-1451.

[180] 王贵禧, 王友升, 梁丽. 不同贮藏温度模式下大久保桃果实冷害及其品质劣变研究 [J]. 林业科学研究, 2005, 18 (2): 114-119.

[181] 王慧, 张艳梅, 王大鹏, 等. 热激处理对青椒耐冷性及抗氧化体系的影响 [J]. 食品科学, 2013, 34 (3): 312-316.

[182] 王仁才, 谭兴和, 吕长平. 猕猴桃不同品系耐贮性与采后生理生化变化 [J]. 湖南农业大学学报, 2000, 26 (1): 46-49.

[183] 王善广, 张华云, 郭埋. 生物膜与果树抗寒性 [J]. 天津农业科学, 2000, 6 (1): 37-40.

[184] 王艳颖, 胡文忠, 刘程惠. 低温贮藏引起果蔬冷害的研究进展 [J]. 食品科技, 2010, 35 (1): 72-80.

[185] 王勇, 陆旺金, 张昭其, 等. ABA 和腐胺处理减轻香蕉果实贮藏冷害 [J]. 植物生理与分子生物学学报, 2003 (29): 549-554.

[186] 王友升, 王贵禧. 冷害桃果实品质劣变及其控制措施 [J]. 林业科学研究, 2003, 16 (4): 465-472.

[187] 王玉萍, 饶景萍, 杨青珍, 等. 猕猴桃 3 个品种果实耐冷性差异研究 [J]. 园艺学报, 2013, 40 (2): 341-349.

[188] 魏云潇, 王兰菊, 胡青霞. 多胺与果蔬采后冷害及衰老的关系 [J]. 安徽农业科学, 2006, 34 (16): 4093-4094.

[189] 吴彬彬, 饶景萍, 李百云, 等. 采收期对猕猴桃果实品质及其耐贮性的影响 [J]. 西北植物学报, 2008, 28 (4): 788-792.

[190] 夏向东, 于梁, 赵瑞平. 苦瓜适宜贮藏温度的研究 [J]. 食品科学, 2001, 22 (8): 77-79.

[191] 夏源苑, 饶景萍, 辛付存. 1-MCP 处理对 '红阳' 和 '徐香' 猕猴桃保鲜效果的影响 [J]. 北方园艺, 2010 (24): 180-183.

[192] 熊兴淼, 饶景萍, 戴思琴, 等. 冷激处理对油桃贮藏品质和抗氧化酶活性的影响 [J]. 西北植物学报, 2006, 26 (3): 473-477.

[193] 徐利伟, 岑啸, 李林香. 外源褪黑素对低温胁迫下桃果实蔗糖代谢的影响

[J]. 核农学报, 2017, 31 (10): 1963-1971.

[194] 许包玲, 海清. 冷害对甜椒果实外部形态及细胞结构的影响 [J]. 八一农学院报, 1993, 16 (1): 69-72.

[195] 许玲, 张维一, 田允温. 低温冷害对哈密瓜外部形态和细胞结构的影响 [J]. 植物学报, 1990, 32 (10): 772-776.

[196] 闫师杰, 梁丽雅, 陈计峦, 等. 降温方法对不同采收期鸭梨采后果心褐变和膜脂组分的影响 [J]. 农业工程学报, 2010, 26 (8): 356-362.

[197] 杨青珍, 饶景萍, 王玉萍. '徐香'猕猴桃采收后逐步降温处理对其冷害、品质和活性氧代谢的影响 [J]. 园艺学报, 2013, 40 (4): 651-662.

[198] 杨青珍, 王锋. PVP 对大久保桃贮藏品质和褐变的影响 [J]. 食品科学, 2016, 37 (14): 264-269.

[199] 杨青珍. 一种单个水果保鲜盒: 中国, 201820173881.0 [P]. 2018-09-04.

[200] 杨青珍. 一种水果加压保鲜设备: 中国, 201820173875.5 [P].

[201] 杨青珍. 一种水果涂膜保鲜设备: 中国, 201820173789.4 [P].

[202] 杨青珍. 猕猴桃采后生理与贮藏保鲜 [M]. 杨凌: 西北农林科技大学出版社, 2011.

[203] 余挺, 席玛芳. $CaCl_2$, AsA 和 GSH 对冷害低温下茄子果实氧化胁迫的抑制作用 [J]. 江西农业大学学报, 1997, 19 (4): 67-70.

[204] 余小林, 徐步前, 梁佳伟. 加热预处理减轻茄子冷害的效果 [J]. 食品科学, 2000, 21 (3): 63-66.

[205] 张海燕, 饶景萍, 戴斯琴, 等. 外源腐胺对油桃采后生理及与其相关酶活性的影响 [J]. 植物生理学通讯, 2007, 43 (6): 1061-1064.

[206] 张海燕, 饶景萍, 郭敏. 外源腐胺对油桃贮藏冷害的影响 [J]. 西北农林科技大学学报 (自然科学版), 2008, 36 (7): 40-44.

[207] 张俊巧. 果蔬低温保鲜低温伤害综述 [J]. 广西园艺, 2007, 18 (5): 71-73.

[208] 张敏, 解越. 采后果蔬低温贮藏冷害研究进展 [J]. 食品与生物技术学报, 2016 (35): 1-11.

[209] 张平, 张鹏, 刘辉, 等. 不同低温处理对樱桃冷害发生的影响 [J]. 食品科学, 2012, 33 (12): 303-308.

[210] 张婷婷, 姚文思, 朱惠文, 等. 冷激处理减轻茄子冷害与活性氧代谢的关系 [J]. 食品科学, 2018 (23): 205-211.

[211] 张银志, 孙秀兰, 刘兴华. 低温胁迫和变温处理对李子生理特性的影响 [J]. 食品科学, 2003, 24 (2): 134-38.

[212] 张宇, 饶景萍, 孙允静, 等. 1-甲基环丙烯对甜柿贮藏中冷害的控制作用 [J]. 园艺学报, 2010, 37 (4): 547-552.

[213] 张昭其, 李雪萍, 洪汉君. 外源腐胺减轻芒果冷害的研究 [J]. 福建农业学报, 2000, 15 (2): 32-36.

[214] 赵迎丽, 李建华, 施俊凤, 等. 缓慢降温对石榴果实冷害发生及生理变化的

影响 [J]. 中国农学通报, 2009, 25 (18)：102-105.

[215] 赵迎丽, 王春生, 郝利平. 青椒果实低温贮藏及冷害生理的研究 [J]. 山西农业大学学报, 2003, 23 (2)：129-132.

[216] 赵颖颖, 陈京京, 金鹏, 等. 低温预贮对冷藏桃果实冷害及能量水平的影响 [J]. 食品科学, 2012, 33 (4)：276-281.

[217] 赵云峰, 郑瑞生. 冷害对茄子果实贮藏品质的影响 [J]. 食品科学, 2010, 31 (10)：321-325.

[218] 郑永华, 李三玉, 席玙芳, 等. 多胺与枇杷果实冷害的关系 [J]. 植物学报, 2000, 42 (8)：824-827.

[219] 周娴, 郁志芳, 杜传来, 等. 几种林果低温贮藏的冷害及其调控研究进展 [J]. 南京林业大学学报 (自然科学版), 2004, 28 (3)：105-110.

[220] 周小辉, 陶乐仁, 梅娜, 等. 青椒果实低温贮藏技术的研究进展 [J]. 食品与发酵科技, 2017 (3)：98-101.

[221] 朱璇, 侯媛媛, 贾燕, 等. 水杨酸处理对冷藏杏果实细胞超微结构的影响 [J]. 食品科学, 2014, 35 (14)：193-197.